零基础电工
入门与实战

孙克军　主编　　王忠杰　井成豪　副主编

化学工业出版社

·北京·

内容简介

本书内容包括电工基础知识、电工工具和电工仪表、变压器、电动机、低压电器、电气控制电路、低压配电线路、电气照明、可编程控制器和变频器。全书重点讲述了常用低压电气设备的选择、安装、使用、维护、常见故障及排除方法，以及电气控制电路的安装与调试等。

为便于读者使用，书中配有大量的短视频和微课。

本书适合具有初中以上文化程度的维修电工自学使用，也可作为大中专、职业院校及各种短期培训班和再就业工程培训的教学参考书，对工程技术人员、电工管理人员也有参考价值。

图书在版编目（CIP）数据

零基础电工入门与实战/孙克军主编；王忠杰，井成豪副主编. —北京：化学工业出版社，2023.1

ISBN 978-7-122-42421-1

Ⅰ.①零…　Ⅱ.①孙…　②王…　③井…　Ⅲ.①电工–基本知识　Ⅳ.①TM

中国版本图书馆CIP数据核字（2022）第200000号

责任编辑：宋　辉　　　　　　　　　文字编辑：吴开亮
责任校对：杜杏然　　　　　　　　　装帧设计：张　辉

出版发行　化学工业出版社
　　　　　（北京市东城区青年湖南街 13 号　邮政编码 100011）
印　　装　北京缤索印刷有限公司
787mm×1092mm　1/16　印张 18　字数 440 千字
2023 年 7 月北京第 1 版第 1 次印刷

购书咨询：010-64518888　　　售后服务：010-64518899
网　　址：http://www.cip.com.cn
凡购买本书，如有缺损质量问题，本社销售中心负责调换。

定　　价：79.00元　　　　　　　　　版权所有　违者必究

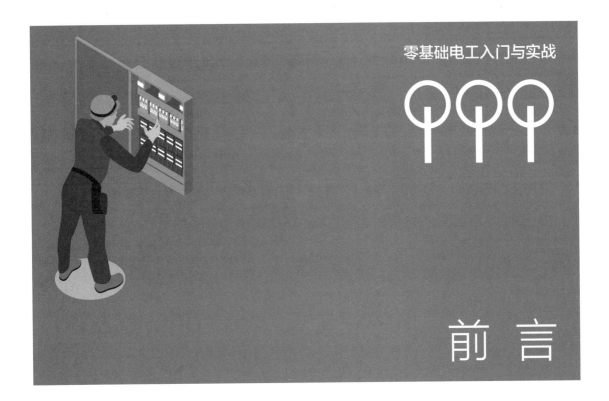

零基础电工入门与实战

前 言

　　随着国民经济的飞速发展，电能在工农业生产、军事、科技及人民日常生活中的应用越来越广泛。各行各业对电工的需求越来越多，新电工不断涌现，新知识也需要不断补充。为了满足广大再就业人员学习电工技能的要求，我们组织编写了此书。本书内容由浅入深、简明实用、可操作性强，力求帮助广大读者快速掌握行业技能，顺利实现上岗就业。

　　本书是根据广大电工的实际需要而编写的，以帮助电工提高电气技术理论水平及处理实际问题的能力。在编写过程中，从当前电工的实际情况出发，面向生产实际，收集、查阅了大量有关资料，归纳了常用低压电器的使用与维护、常用电动机的使用与维护、电力变压器的运行与维护、常用电气控制电路的安装与调试、可编程控制器的使用与维护、变频器的使用与维护、常用电动工具及电工仪表的使用等方面的内容。力求突出实用性，做到理论联系实际。

　　本书不仅可作为零基础人员的就业培训用书，也可供已经就业的维修电工在技能考评和工作中使用，还可作为职业院校相关专业师生的教学参考书。为便于读者学习，书中配有大量的短视频和微课。

本书由孙克军主编，王忠杰、井成豪副主编。第1章由王晓毅编写，第2章由张宏伟编写、第3章由薛智宏编写，第4章由安国庆编写，第5章由井成豪编写，第6章由张旭编写，第7章由刘旺编写，第8章由王军平编写，第9章由王忠杰编写，第10章由孙克军编写。

对关心本书出版、热心提出建议和提供资料的单位和个人表示衷心的感谢。

由于编者水平所限，书中难免有不足之处，希望广大读者批评指正。

编　者

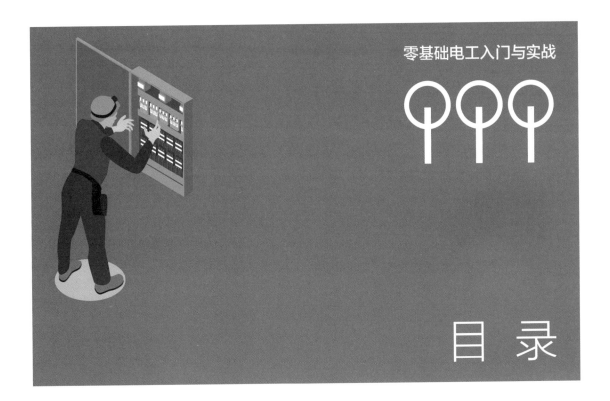

零基础电工入门与实战

目　录

第 7 章 低压配电线路 ——————————————— 155

第 8 章 电气照明 ——————————————————— 186

第 9 章 可编程控制器 ——————————————— 212

第 10 章 变频器 ——————————————————— 241

第1章
电工基础知识

1.1 电路概述

1.1.1 电路的组成

　　由电源、负载、导线和开关等组成的闭合回路是电流所经之路，称为电路。例如，在日常生活中，把一个灯泡通过开关、导线和电池连接起来，就组成了一个照明电路，其实物接线图如图1-1所示，与之对应的电路图如图1-2所示，当合上开关后，电路中就有电流通过，灯泡就会亮起来。

　　图1-1是用电气设备的实物图形表示的实际电路，它的优点是很直观，但画起来很复杂，不便于分析和研究。因此，在设计、安装、分析和研究电路时，总是把这些实际设备抽象成一些理想化的模型，用规定的图形符号表示。这种用统一规定的图形符号画出的电路模型图

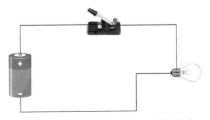

图1-1　电路的组成（实物接线图）

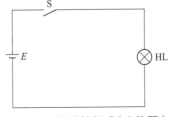

图1-2　电路的组成（电路图）

电路的组成

称为电路图。

电路一般由以下四部分组成。

① 电源。电源是提供电能的装置，其作用是将其他形式的能量转换为电能，如发电机、蓄电池、光电池等都是电源。发电机将机械能转换成电能；蓄电池将化学能转换成电能；光电池将光能转换成电能。

② 负载。负载是消耗电能的电器或设备，其作用是将电能转换为其他形式的能量，如电灯、电炉、电动机等都是负载。电灯将电能转换成光能；电炉将电能转换成热能；电动机将电能转换成机械能。

③ 导线。连接电源与负载的金属线称为导线。导线用于将电路的各种元件、各个部分连接起来，形成完整的电路。导线通过一定的电流，以实现电能或电信号的传输与分配。

④ 开关。开关是控制电路接通和断开的装置。

另外，在实际电路中，根据需要还装配有其他辅助设备，如测量仪表用来测量电路中的电量；熔断器用来执行保护任务等。

1.1.2 电路的工作状态

电路的工作状态有以下三种。

① 通路。通路就是电源与负载连接成闭合电路。这时，电路中有电流通过。必须注意，处于通路状态的各种电气设备的电压、电流、功率等数值不能超过其额定值。

② 断路。断路就是电源与负载未接成闭合电路，这时电路中没有电流通过。断路又称开路。如果将电路的回路切断或发生断线，电路中的电流不能通过，就称为断路。在实际电路中，电气设备与电气设备之间、电气设备与导线之间连接时，接触不良也会使电路处于断路状态。

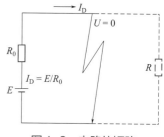

图1-3 电路的短路

③ 短路。短路就是电源未经负载而直接由导线（导体）构成通路，如图1-3所示。短路时，电路中流过的电流将会比正常工作时允许的工作电流大很多倍。一般情况下，短路时的大电流会损坏电源和导线等，应该尽量避免。

1.1.3 电路中的常用物理量

常用物理量

（1）直流电路常用物理量和计算公式

① 电流。

a. 电流的形成。在正常状况下，原子核所带的正电荷数等于核外电子所带的负电荷数，所以原子是中性的，不显电性，物质也不显带电的性能。当给予一定外加条件（如接上电源）时，金属中的电子就被迫发生有规则运动。电荷有规则地定向移动称为电流。在金属导体中，电流是电子在外电场作用下有规则地运动形成的。电流不仅有大小，而且有方向，习惯上规定以正电荷移动的方向为电流的方向。

b. 电流的大小。为了比较准确地衡量某一时刻电流的大小或强弱，引入了电流这个物理量，用符号 I 表示（直流电流用大写字母 I 表示，交流电流用小写字母 i 表示）。电流的大小等于通过导体横截面的电荷量与通过这些电荷量所用的时间的比值。如果在时间 t 内通过导体横截面的电荷量为 q，那么，电流 I 为

$$I=\frac{q}{t} \qquad\qquad (1\text{-}1)$$

式中，电流 I 的单位名称是安培，简称安，用字母 A 表示；电量 q 的单位名称是库仑，简称库，用字母 C 表示；时间 t 的单位为秒，用字母 s 表示。

如果在 1 秒（1s）内通过导体横截面的电量为 1 库仑（1C），则导体中的电流就是 1 安培（1A）。除安培外，常用的电流单位还有千安（kA）、毫安（mA）和微安（μA）等，其换算关系如下。

$$1kA = 10^3A；1A = 10^3mA；1mA = 10^3μA。$$

② 电压。电压又称电位差，是衡量电场力做功本领的物理量。

水要有水位差才能流动，与此相似，要使电荷有规则地移动，必须在电路两端有一个电位差，也称电压。电压用符号 U 表示（直流电压用大写字母 U 表示，交流电压用小写字母 u 表示）。

电压的基本单位是伏特，简称伏，用字母 V 表示，例如干电池两端电压一般是 1.5V，家用电灯电压为 220V 等。有时采用比伏更大或更小的单位，如千伏（kV）、毫伏（mV）、微伏（μV）等。这些单位之间的换算关系如下。

$$1kV = 10^3V；1V = 10^3mV；1mV = 10^3μV。$$

电压和电流一样，不仅有大小，而且有方向，即有正负。对于负载来说，规定电流流进端为电压的正端，电流流出端为电压的负端。电压的方向由正指向负。

电压的方向在电路图中有两种表示方法：一种用箭头表示，如图 1-4（a）所示；另一种用极性符号表示，如图 1-4（b）所示。

对于电阻负载来说，没有电流就没有电压，有电压一定有电流。电阻两端的电压被称为电压降。

③ 电动势。电动势是衡量电源将非电量转换成电量本领的物理量。电动势是指在电源内部，外力将单位正电荷从电源的负极移动到电源的正极所做的功。

一个电源（例如发电机、电池等）能够使电流持续不断地沿电路流动，就是因为它能使电路两端维持一定的电

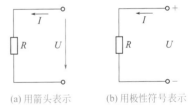

(a) 用箭头表示　　(b) 用极性符号表示

图 1-4　电压的方向

位差，这种使电路两端产生和维持电位差的能力就叫作电源的电动势。电动势常用符号 E 表示（直流电动势用大写字母 E 表示，交流电动势用小写字母 e 表示）。

电动势的单位与电压相同，也是伏特（V）。电动势的方向规定是在电源内部由负极指向正极。

对于一个电源来说，既有电动势，又有端电压，电动势只存在于电源内部，而端电压则是电源加在外电路两端的电压，其方向由正极指向负极。一般情况下，电源的端电压总是低于电源内部的电动势，只有当电源开路时，电源的端电压才与电源的电动势相等。

④ 电阻与电导。

a. 电阻。电流在导体中通过时所受到的阻力称为电阻。电阻是反映导体对电流起阻碍作

用大小的一个物理量。不但金属导体有电阻，其他物体也有电阻。

电阻常用字母 R 或 r 表示，其单位是欧姆，简称欧，用字母 Ω 表示。若导体两端所加的电压为 1V，导体内通过的电流是 1A，这段导体的电阻就是 1Ω。

除欧姆外，常用的电阻单位还有千欧（$k\Omega$）、兆欧（$M\Omega$），它们之间的换算关系如下。

$$1k\Omega = 10^3\Omega;1M\Omega = 10^3\,k\Omega = 10^6\Omega。$$

b. 电阻定律。导体的电阻是客观存在的，它不随导体两端电压大小而变化。即使没有电压，导体仍然有电阻。试验证明，导体的电阻 R 与导体的长度 l 成正比，与导体的横截面积 A 成反比，并与导体的材料性质有关，即

$$R=\rho\frac{l}{A} \tag{1-2}$$

式（1-2）称为电阻定律。ρ 是与导体材料性质有关的物理量，称为导体的电阻率或电阻系数。

c. 电导。我们把电阻的倒数称为电导。电导用符号 G 表示：

$$G=\frac{1}{R} \tag{1-3}$$

电导的电位名称是"西门子"，简称西，用符号"S"表示。导体的电阻越小，电导就越大。电导大表示导体的导电性能好。

各种材料的导电性能有很大的差别。在电工技术中，各种材料按照它们的导电能力，一般可分为导体、绝缘体、半导体和超导体。

⑤ 电功率。一个用电设备在单位时间内所消耗的电能称为电功率。电功率用英文字母 P 表示，电功率的计算公式为

$$P=\frac{W}{t}=\frac{UIt}{t}=UI \tag{1-4}$$

在式（1-4）中，若电功 W 的单位为焦耳（J），时间 t 的单位为秒（s），则电功率 P 的单位为 J/s 或 W（称为瓦特，简称瓦）。在直流电路或纯电阻交流电路中，电功率等于电压和电流的乘积，当电压 U 的单位为 V，电流 I 的单位为 A 时，则电功率 P 的单位为 W。

在实际应用中，电功率的单位还有兆瓦（MW）、千瓦（kW）、毫瓦（mW），它们的换算关系如下。

$$1MW = 10^3kW;1kW = 10^3W;1W = 10^3mW。$$

根据欧姆定律，电阻消耗的电功率还可以用下式表达：

$$P=UI=\frac{U^2}{R}=I^2R \tag{1-5}$$

式（1-5）表明，当电阻一定时，电阻上消耗的功率与其两端电压的平方成正比，或与通过电阻的电流的平方成正比。

（2）交流电路常用物理量和计算公式

在前面讨论的电路中，所有的电流、电压、电动势，其大小和方向都是不随时间变化的

恒定量，称为直流电，用 DC 表示。但在工程中应用更为广泛的还是交流电，用 AC 表示，正弦交流电则是交流电中最普遍的一种表示形式。

电流、电压、电动势大小和方向都随时间呈现周期性变化的称为交流电，简称交流。其中，随时间按正弦规律变化的交流电称为正弦交流电；不按正弦规律变化的交流电称为非正弦交流电。交流电路常用物理量和计算公式扫右侧二维码获取。

交流电路常用
物理量和计算
公式

1.1.4 串联电路

将两个或两个以上的电阻器（简称电阻），一个接一个地依次连接起来，组成无分支的电路，使电流只有一条通道的连接方式叫作电阻的串联。图 1-5（a）所示为由 3 个电阻构成的串联电路。

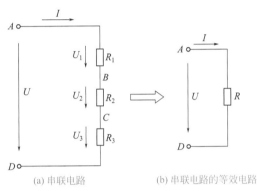

（a）串联电路   （b）串联电路的等效电路

图 1-5 电阻的串联及等效电路

微课：
电阻的串联

电池的串联

（1）串联电路的基本特点

① 串联电路中流过每个电阻的电流都相等，即

$$I = I_1 = I_2 = I_3 = \cdots = I_n$$

② 串联电路两端的总电压等于各电阻两端的电压（即各电阻上的电压降）之和，即

$$U = U_1 + U_2 + U_3 + \cdots + U_n$$

（2）串联电路的总电阻

在分析串联电路时，为了方便起见，常用一个电阻来表示几个串联电阻的总电阻，这个电阻称为串联电路的总电阻（又称等效电阻），如图 1-5（b）所示。

用 R 代表串联电路的总电阻，I 代表串联电路的电流，在图 1-5 中，总电阻应该等于总电压 U 除以电流 I，即

$$R = \frac{U}{I} = \frac{U_1 + U_2 + U_3}{I} = \frac{IR_1 + IR_2 + IR_3}{I} = R_1 + R_2 + R_3$$

也就是说，串联电路的总电阻等于各个电阻之和。同理，可以推导出

$$R = R_1 + R_2 + R_3 + \cdots + R_n \qquad (1\text{-}6)$$

1.1.5　并联电路

把两个或两个以上的电阻并列连接在两点之间，使每一个电阻两端都承受同一电压的连接方式叫作电阻的并联。图 1-6（a）所示电路是由 3 个电阻构成的并联电路。

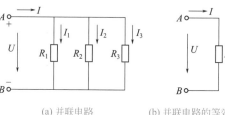

微课
电阻的并联

　　(a) 并联电路　　　　　(b) 并联电路的等效电路

图 1-6　电阻的并联及等效电路

（1）并联电路的基本特点

① 并联电路中，各电阻（或各支路）两端的电压相等，并且等于电路两端的电压，即

$$U = U_1 = U_2 = U_3 = \cdots = U_n$$

② 并联电路中的总电流等于各电阻（或各支路）中的电流之和，即

$$I = I_1 + I_2 + I_3 + \cdots + I_n$$

（2）并联电路的总电阻

在分析并联电路时，为了方便起见，常用一个电阻来表示几个并联电阻的总电阻，这个电阻称为并联电路的总电阻（又称等效电阻），如图 1-6（b）所示。

用 R 代表并联电路的总电阻，U 代表并联电路各支路两端的电压，在图 1-6 中，根据欧姆定律可得

$$I = \frac{U}{R}, \; I_1 = \frac{U}{R_1}, \; I_2 = \frac{U}{R_2}, \; I_3 = \frac{U}{R_3}$$

因为

$$I = I_1 + I_2 + I_3$$

即

$$\frac{U}{R} = \frac{U}{R_1} + \frac{U}{R_2} + \frac{U}{R_3}$$

所以

电池的并联

$$\frac{1}{R} = \frac{1}{R_1} + \frac{1}{R_2} + \frac{1}{R_3} + \cdots + \frac{1}{R_n} \qquad (1\text{-}7)$$

① 当只有两个电阻并联时，可得

$$R = R_1 // R_2 = \frac{R_1 R_2}{R_1 + R_2} \tag{1-8}$$

式中，"//"是并联符号。

② 若并联的 n 个电阻值都是 R_0，则

$$R = \frac{R_0}{n} \tag{1-9}$$

可见，并联电路的总电阻比任何一个并联电阻的阻值都小。

1.1.6　混联电路

若在一个电路中既有电阻的串联，又有电阻的并联，则这类电路就称为混联电路。图 1-7 所示的电路就是一些电阻的混联电路。

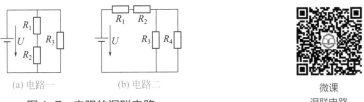

(a) 电路一　　　　　(b) 电路二

微课
混联电路

图 1-7　电阻的混联电路

在计算混联电路时，只要按串联和并联的计算方法，一步一步把电路化简，最后就可以求出总的等效电阻。

对于某些较为繁杂的电阻混联电路，一般不容易判别出各电阻的串、并联关系，就无法求得等效电阻。比较有效的方法就是根据电路的具体结构，按照串联和并联电路的定义和性质进行电路的等效变换，画出等效电路图，使电阻之间的关系一目了然，然后再计算等效电阻。

1.2　电路的基本定律

微课
欧姆定律

1.2.1　欧姆定律

（1）部分电路欧姆定律

欧姆定律是用来说明电压、电流、电阻三者之间关系的定律，是电路分析的基本定律之一，实际应用非常广泛。

部分电路欧姆定律的内容：在某一段不含电源的电路（又称部分电路）中，流过该段电路的电流与该电路两端的电压成正比，与这段电路的电阻成反比，如图 1-8 所示，其数学表达式为

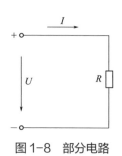

图 1-8　部分电路

$$I = \frac{U}{R} \tag{1-10}$$

式中　I——流过电路的电流，A；

　　　U——电路两端电压，V；

　　　R——电路中的电阻，Ω。

式（1-10）还可以改写成 $U = IR$ 和 $R = \dfrac{U}{I}$ 两种形式。这样就可以很方便地从已知的两个量求出第三个未知量。

（2）全电路欧姆定律

全电路是指含有电源的闭合电路，如图 1-9 所示。

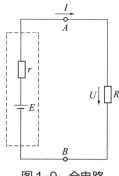

图 1-9　全电路

由图 1-9 可以看出，全电路是由内电路和外电路组成的闭合电路的整体。图 1-9 中的虚线框代表一个实际电源的内部电路，称为内电路。电源内部一般都是有电阻的，这个电阻称为电源的内电阻（内阻），一般用字母 r（或 R_0）表示。为了看起来方便，通常在电路图中把内电阻 r 单独画出。事实上，内电阻 r 在电源内部，与电动势 E 是分不开的。因此，内电阻也可以不单独画出，而在电源符号的旁边注明内电阻的数值就行了。

全电路欧姆定律是用来说明当温度不变时，一个含有电源的闭合回路中电动势、电流、电阻之间关系的基本定律。

全电路欧姆定律的内容：在全电路中，电流与电源的电动势成正比，与整个电路的内、外电阻之和成反比，其数学表达式为

$$I = \frac{E}{R+r} \tag{1-11}$$

式中　E——电源的电动势，V；

R ——外电路（负载）的电阻，Ω；

r ——内电路（电源）的电阻，Ω；

I ——电路中的电流，A。

1.2.2 基尔霍夫第一定律

（1）电路的基本术语

① 支路。电路中的每一个分支称为支路，它由一个或几个相互串联的电路元件所构成。在同一支路内，流过所有元件的电流相等。在图 1-10 中有 3 条支路，即 $bafe$、be、$bcde$。其中，含有电源的支路称为有源支路，不含电源的支路称为无源支路。

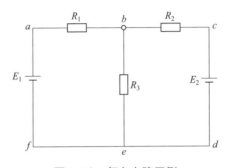

图 1-10　复杂电路示例

② 节点。3 条或 3 条以上支路的连接点称为节点。在图 1-10 中，b 点和 e 点都是节点。

③ 回路。电路中任意一个闭合路径称为回路。在图 1-10 中，$abefa$、$bcdeb$、$abcdefa$ 都是回路。

④ 网孔。内部不含多余支路的单孔回路称为网孔。在图 1-10 中，只有 $abefa$、$bcdeb$ 回路是网孔。

（2）基尔霍夫第一定律介绍

基尔霍夫第一定律又称节点电流定律（KCL）。此定律说明了连接在同一个节点上的几条支路中电流之间的关系，内容是对电路中的任意一个节点，在任一时刻流入节点的电流之和恒等于流出该节点的电流之和。

$$\sum I_{入} = \sum I_{出} \tag{1-12}$$

例如，对于图 1-11 中的节点 A，有 6 条支路会聚于该点，其中，I_1 和 I_4 是流入节点的，I_2、I_3、I_5 和 I_6 是流出节点的，于是可得

$$I_1 + I_4 = I_2 + I_3 + I_5 + I_6$$

或

$$I_1 + I_4 - I_2 - I_3 - I_5 - I_6 = 0$$

基尔霍夫第一定律也可以表达如下：设流入节点的电流为正，流出节点的电流为负，则电路中任何一个节点在任意时刻，全部电流的代数和恒等于零。

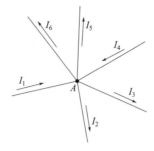

图1-11 节点电流

$$\sum I = 0 \qquad (1\text{-}13)$$

基尔霍夫第一定律不仅适用于节点，也可以推广应用于任意假定的封闭面。如图1-12所示的电路，假定一个封闭面S把电阻$R_1 \sim R_5$构成的电路全部包围起来，则流进封闭面S的电流应等于从封闭面S流出的电流，故得

$$I_1 = I_2$$

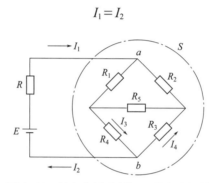

图1-12 流入与流出封闭面的电流相等

这说明电路中的任何一处的电流都是连续的，在节点上不会有电荷积累，更不会自然生成。

应该指出，在分析与计算复杂电路时，往往事先不知道每一支路中电流的实际方向，这时可以任意假定各个支路中电流的方向（称为参考方向），并且标在电路图上。然后根据参考方向进行分析计算，若计算结果中某一支路的电流为正值，则表明该支路电流实际方向与参考方向相同；如果某一支路的电流为负值，则表明该支路电流实际方向与参考方向相反。

1.2.3 基尔霍夫第二定律

基尔霍夫第二定律也称回路电压定律（KVL）。此定律说明了在同一个闭合回路中各部分电压之间的相互关系。其内容是在任意一个闭合回路中，在任一时刻，沿回路绕行方向的各段电压的代数和等于零。

$$\sum U = 0 \qquad (1\text{-}14)$$

根据基尔霍夫第二定律可以列写出任何一个回路的电压方程。在列写回路电压方程之前，除要指定各支路电流的参考方向之外，还必须选定回路绕行方向。回路绕行方向可任意选定，通常选为顺时针方向。

沿回路绕行方向列写回路电压方程时，凡电压方向与回路绕行方向一致的，该电压取正号；凡电压方向与回路绕行方向相反的，该电压取负号。例如，在图1-13中，沿图中虚线所示绕行方向，各部分电压分别如下：

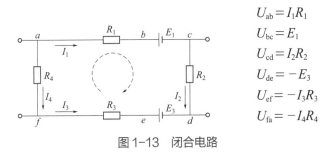

$$U_{ab} = I_1 R_1$$
$$U_{bc} = E_1$$
$$U_{cd} = I_2 R_2$$
$$U_{de} = -E_3$$
$$U_{ef} = -I_3 R_3$$
$$U_{fa} = -I_4 R_4$$

图1-13　闭合电路

沿整个闭合回路的电压方程应为

$$U_{ab} + U_{bc} + U_{cd} + U_{de} + U_{ef} + U_{fa} = 0$$

即

$$I_1 R_1 + E_1 + I_2 R_2 - E_3 - I_3 R_3 - I_4 R_4 = 0 \quad (1\text{-}15)$$

将式（1-15）中的电动势移到等号右端得

$$I_1 R_1 + I_2 R_2 - I_3 R_3 - I_4 R_4 = -E_1 + E_3 \quad (1\text{-}16)$$

式（1-16）表明，对于电路中任意一个闭合回路，在任一时刻，沿闭合回路各个电阻上电压的代数和恒等于各个电动势的代数和。这是基尔霍夫第二定律的另一种表达形式。

$$\sum IR = \sum E \quad (1\text{-}17)$$

应用基尔霍夫第二定律列写回路电压方程时，通常采用上述表达形式，其方法步骤如下。

① 假设各支路电流的参考方向。

② 选定回路绕行方向。

③ 将闭合回路中全部电阻上的电压 IR 写在等号的左边，若通过电阻的电流方向与绕行方向一致，则该电阻上的电压取正号，反之取负号。

④ 将闭合回路中全部电动势写在等号的右边，若电动势的方向（由负极指向正极）与绕行方向一致，则该电动势取正号，反之取负号。

基尔霍夫
第二定律

零基础电工入门与实战

第2章
电工工具和电工仪表

2.1 常用电工工具

2.1.1 电工刀

（1）电工刀的用途

电工刀可用来削割导线绝缘层、木榫、切割圆木缺口等。多用电工刀汇集了多项功能，使用时只需一把电工刀便可完成连接导线的各项操作，无需携带其他工具，具有结构简单、使用方便、功能多样等优点。

（2）电工刀的种类

电工刀是电工常用的一种切削工具。普通的电工刀由刀片、刀刃、刀柄、刀挂等构成，如图 2-1 所示。电工刀分为一用（普通式）、两用和多用三种。两用电工刀是在普通式电工刀的基础上增加了引锥（钻子）；三用电工刀增加了引锥和锯片；多用电工刀则增加了引锥、锯片和螺丝刀，如图 2-2 所示。

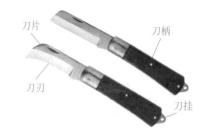

图 2-1 普通式电工刀

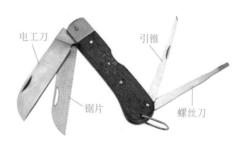

图 2-2 多用电工刀

（3）电工刀的使用方法

使用电工刀削割导线绝缘层的方法：左手持导线，右手握刀柄，刀口倾斜向外，刀口一般以 45° 角倾斜切入绝缘层，当切近线芯时，即停止用力，接着应使刀面的倾斜角度改为 15° 左右，沿着线芯表面向线头端推削，然后把残存的绝缘层剥离线芯，再用刀口插入背部，以 45° 角削断。图 2-3 是塑料绝缘线绝缘层的剖削方法。

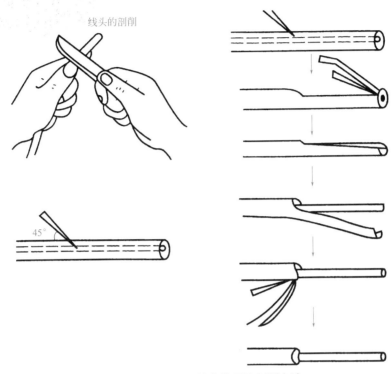

图 2-3　塑料绝缘线绝缘层的剖削方法

2.1.2　螺丝刀

（1）螺丝刀的结构与用途

螺丝刀的学名是螺钉旋具，也被称为改锥或起子，是一种紧固或拆卸螺钉的工具。螺丝刀由头部、握柄、绝缘套管等组成。

螺丝刀通常有一个薄楔形头，可插入螺钉头的槽缝或凹口内。十字形螺丝刀专供紧固和拆卸十字槽的螺钉。

（2）螺丝刀的种类

螺丝刀尺寸规格很多，按头部形状的不同分为一字形和十字形两种；按握柄材料可分为木柄和塑料柄两种；按结构特点还可以分为普通螺丝刀和组合型螺丝刀（又称多用螺丝刀或多功能螺丝刀）。一字形螺丝刀和十字形螺丝刀如图 2-4 所示，多用螺丝刀如图 2-5 所示。

另外，有的螺丝刀的头部焊有磁性金属材料，可以吸住待拧的螺钉，可以准确定位、拧紧，使用方便。

图2-4 一字形螺丝刀和十字形螺丝刀

图2-5 多用螺丝刀

（3）使用方法

① 大螺丝刀一般用来紧固较大的螺钉。使用时除大拇指、食指和中指要夹住握柄外，手掌还要顶住柄的末端，这样就可防止螺丝刀转动时滑脱，如图2-6（a）所示。

② 小螺丝刀一般用来紧固电气装置接线桩头上的小螺钉，使用时可用手指顶住木柄的末端捻旋，如图2-6（b）所示。

(a) 大螺丝刀的使用方法　　(b) 小螺丝刀的使用方法

图2-6 螺丝刀的使用方法

③ 使用大螺丝刀时，还可用右手压紧并转动手柄，左手握住螺丝刀中间部分，以使螺丝刀不滑落。此时左手不得放在螺钉的周围，以免螺丝刀滑出时将手划伤。

2.1.3 钢丝钳

（1）钢丝钳的结构与用途

钢丝钳俗称克丝钳、手钳、电工钳，是电工用来剪切或夹持电线、金属丝和工件的常用工具。常用钢丝钳的外形如图2-7所示，主要由钳头和钳柄组成。钳头由钳口、齿口、刀口和铡口4个工作口组成，如图2-8所示。

图2-7 常用钢丝钳的外形

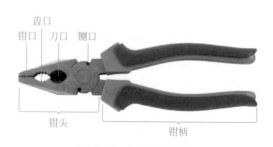

图2-8 钢丝钳的结构

钢丝钳用于夹持或弯折薄片形、圆柱形金属零件及切断金属丝，其旁刃口也可用于切断细金属丝。

（2）钢丝钳的规格

常用钢丝钳的规格（总长度）以6英寸（152.4mm）、7英寸（177.8mm）、8英寸（203.2mm）三种为主，7英寸的用起来比较合适，8英寸的力量比较大，但是略显笨重，6英寸的比较小巧，剪切稍微粗点的钢丝就比较费力。5英寸的就是迷你的钢丝钳了。

（3）使用方法

使用时，一般用右手操作，将钳头的刀口朝内侧，即朝向操作者，以便控制剪切部位。再用小指伸在两钳柄中间来抵住钳柄，张开钳头，这样分开钳柄比较灵活。如果不用小指而用食指伸在两个钳柄中间，不容易用力。钢丝钳的使用方法如图2-9所示。

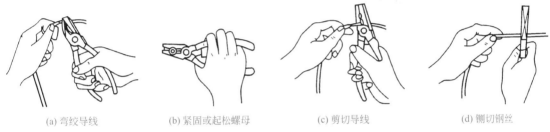

(a) 弯绞导线　　　　　　(b) 紧固或起松螺母　　　　　(c) 剪切导线　　　　　(d) 铡切钢丝

图2-9　钢丝钳的使用方法

钢丝钳可用于剥离塑料导线的绝缘层，具体操作方法为：根据线头所需长度，用钳头刀口轻切塑料层，不可切着线芯；左手紧握导线，右手握住钢丝钳的头部，两只手同时向反方向用力向外剥去塑料层，如图2-10所示。

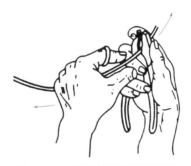

图2-10　用钢丝钳剥离绝缘层

2.1.4　剥线钳

（1）剥线钳的结构、用途

剥线钳主要由钳头和钳柄两部分组成。剥线钳的钳头部分由刀口和压线口构成，剥线钳的钳头有0.5～3mm多个不同孔径的切口，用于剥除不同规格导线的绝缘层。

剥线钳为内线电工、电动机修理、仪器仪表电工常用的工具之一。专供电工剥除电线头部的表面绝缘层用。其特点是操作简便，绝缘层切口整齐且不会损伤线芯。

（2）剥线钳的分类

剥线钳的种类很多，根据形式可分为自动剥线钳和多功能剥线钳等，常用剥线钳的结构分别如图 2-11 和图 2-12 所示。

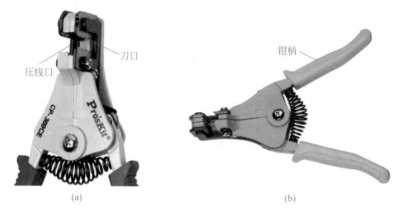

图 2-11　自动剥线钳的结构

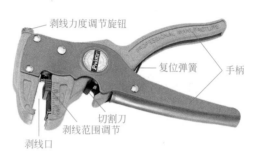

图 2-12　多功能剥线钳的结构

（3）剥线钳的使用方法

剥线钳是用来剥除 6mm^2 以下小直径导线绝缘层的专用工具，使用时，左手持导线，右手握钳柄，用钳刃部轻轻剪破绝缘层，然后一手握住剥线钳前端，另一手捏紧电线，两手向相反方向抽拉，适当用力就能剥掉线头绝缘层。

当剥线时，先握紧钳柄，使钳头的一侧夹紧导线的另一侧，要根据导线直径，选用剥线钳刀片的孔径。通过刀片的不同刃孔可剥除不同导线的绝缘层。

方法步骤如下（图 2-13）。

图 2-13　剥线步骤示意图

① 将准备好的电缆放在剥线工具的刀刃中间，选择好要剥线的长度。

② 握住剥线工具手柄，将电缆夹住，缓缓用力使电缆外表皮慢慢剥落。

③ 松开工具手柄，取出电缆线，这时电缆金属整齐露在外面，其余绝缘层完好无损。

2.1.5　验电笔

（1）用途与结构

验电笔又称低压验电器或试电笔，通常简称电笔。验电笔是电工中常用的一种辅助安全用具，用于检查500V以下导体或各种用电设备的外壳是否带电，操作简便，可随身携带。

验电笔常做成钢笔式结构，有的也做成小型螺钉旋具结构。氖管式验电笔由笔尖（工作探头）、电阻、氖管、笔筒、弹簧和笔挂等组成，其结构如图2-14所示。

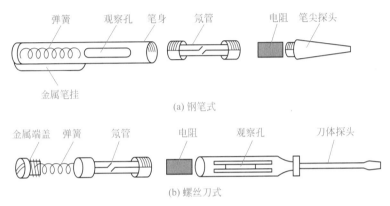

图2-14　低压验电笔的结构

数字（数显）式验电笔结构如图2-15所示。

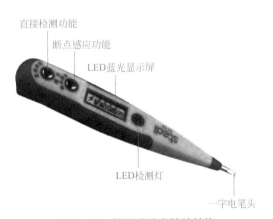

图2-15　数显式验电笔的结构

（2）分类

验电笔按结构与原理可分为氖管式验电笔、数字（数显）式验电笔和感应式验电笔；按测试方法可分为接触式和非接触式两种。常用验电笔的外形如图2-16所示。

（3）使用方法

使用验电笔测试带电体时，操作者应用手触及验电笔笔尾的金属体（中心螺钉），如图2-17所示。用工作探头与被检测带电体接触，此时便由带电体经验电笔工作探头、电阻、

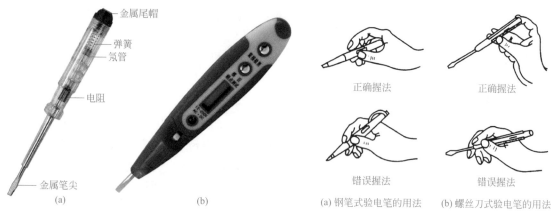

图 2-16　常用验电笔的外形　　　　　　　图 2-17　验电笔的用法

氖管、人体和大地形成回路。当被测物体带电时，电流便通过回路，使氖管起辉；如果氖管不亮，则说明被测物体不带电。测试时，操作者即使穿上绝缘鞋（靴）或站在绝缘物上，也同样形成回路。因为绝缘物的泄漏电流和人体与大地之间的电容电流足以使氖管起辉。只要带电体与大地之间存在一定的电位差，验电笔就会发出辉光。

使用数显式验电笔测交流电时，切勿按感应检测按钮，将笔尖插入相线孔时，指示灯发亮，则表示有交流电；若需要电压显示时，则按直接检测按钮，显示数字为所测电压值。

使用数显式验电笔间接检测时，按住间接检测按钮，将探头靠近电源线，如果电源线带电的话，数显式验电笔的显示器上将有显示。

使用数显式验电笔进行断点检测时，按住感应检测按钮，将探头沿电源线纵向移动时，显示窗内无显示处即为断点处。

2.2　常用电动工具

2.2.1　电钻

（1）电钻的特点与用途

电钻又称手枪钻、手电钻，是一种手提式电动钻孔工具，适用于在金属、塑料、木材等材料或构件上钻孔。通常，对于因受场地限制，加工件形状或部位不能用钻床等设备加工时，一般都用电钻来完成。单相电钻由钻夹头、减速箱、外壳、电动机、开关、手柄等组成，外形如图 2-18 所示。三相电钻如图 2-19 所示。

电钻的工作原理：小容量电动机的转子运转，通过传动机构驱动作业装置，带动齿轮加大钻头的动力，从而使钻头刮削物体表面，更好地洞穿物体。

（2）使用方法

① 应根据使用场所和环境条件选用电钻。对于不同的钻孔直径，应尽可能选择相应的电钻规格，以充分发挥电钻的性能及结构上的特点，达到良好的切削效率，以免过载而烧坏电动机。

<table>
<tr><td>(a) 单相电钻</td><td>(b) 充电式单相电钻</td></tr>
</table>

图 2-18 单相电钻　　　　　　　　　　图 2-19 三相电钻

② 与电源连接时，应注意电源电压与电钻的额定电压是否相符（一般电源电压不得超过或低于电钻额定电压的 10%），以免烧坏电动机。

③ 使用前，应检查接地线是否良好。在使用电钻时，应戴绝缘手套、穿绝缘鞋或站在绝缘板上，以确保安全。

④ 使用前，应空转 1min 左右，检查电钻的运转是否正常。三相电钻试运转时，还应观察钻轴的旋转方向是否正确，若转向不对，可将电钻的三相电源线任意对调两根，以改变转向。

⑤ 在金属材料上钻孔，应首先用在被钻位置处冲打上样冲眼。

⑥ 在钻较大孔眼时，预先用小钻头钻穿，然后再使用大钻头钻孔。

2.2.2 电锤

（1）电锤的特点与用途

电锤是一种具有旋转和冲击复合运动机构的电动工具，可用来在混凝土、砖石等脆性建筑材料或构件上钻孔、开槽和打毛等作业，功能比冲击电钻更多，冲击能力更强。

常用电锤的外形如图 2-20 所示。

由于电锤的钻头在转动的同时还产生了沿电钻杆方向的快速往复运动（频繁冲击），所以它可以在脆性大的水泥混凝土及石材等材料上快速打孔。高档电锤可以利用转换开关，使电锤的钻头处于不同的工作状态，即只转动不冲击、只冲击不转动、既冲击又转动。

电锤具有一个用于"冲击钻孔"及"凿钎"的工作类型转换开关，该工作类型转换开关具有一个可手动操作的转换旋钮及一个与转换旋钮连接的转换机构。

图 2-20　常用电锤的外形

（2）使用方法

① 电锤应符合下列要求：外壳、手柄不出现裂缝、破损；电缆软线及插头等完好无损，开关动作正常，保护接零连接正确、牢固可靠；各部防护罩齐全牢固，电气保护装置可靠。

② 确认现场所接电源与电锤铭牌是否相符，是否接有漏电保护器。

③ 锤头与夹持器应适配，并妥善安装。

④ 确认电锤上的开关是否切断，若电源开关接通，则插头插入电源插座时，电动工具将出其不意地立刻转动，可能招致人员伤害危险。

⑤ 新电锤在使用前，应检查各部件是否紧固，转动部分是否灵活。如果都正常，可通电空转一下，观察其运转灵活程度，有无异常声响。

⑥ 在使用电锤钻孔时，要选择无暗配电源线处，并应避开钢筋。对钻孔深度有要求的场所，可使用辅助手柄上的定位杆来控制钻孔深度；对上楼板钻孔时，应装上防尘罩。

⑦ 工作时，应先将钻头顶在工作面上，然后再按下开关。在钻孔中若发现冲击停止，应断开开关，并重新顶住电锤，然后再接通开关。

⑧ 操作者要戴好防护眼镜，以保护眼睛，当面部朝上作业时，要戴上防护面罩。长期作业时，塞好耳塞，以减轻噪声的影响。

⑨ 作业时应使用侧柄，双手操作，以免堵转时反作用力扭伤胳膊。

2.2.3 电动扳手

（1）电动扳手的特点与用途

电动扳手就是以电源或电池为动力的扳手，是一种拧紧螺栓的工具。主要分为冲击扳手、扭剪扳手、定扭矩扳手、转角扳手、角向扳手、液压扳手、扭力扳手、充电式电动扳手。电动扳手拆装扭力矩大，比手工更保险可靠，方便、实用，便于随车携带，广泛用于钢结构桥梁、厂房、发电设备等设施的施工作业。

常用电动扳手的外形如图 2-21 所示。

(a) 单相电动扳手

(b) 充电式电动扳手

图 2-21　常用电动扳手的外形

一般的对于高强螺栓的紧固都要先初紧再终紧，而且每步都需要有严格的扭矩要求。大六角高强螺栓的初紧和终紧都必须使用定扭矩扳手，因此各种电动扳手就是为各种紧固需要而来的。

　　冲击电动扳手主要是初紧螺栓的，它的使用很简单，就是对准螺栓扳动电源开关就行。电动扭剪扳手主要是终紧扭剪型高强螺栓的，使用时就是对准螺栓扳动电源开关，直到把扭剪型高强螺栓的梅花头打断为止。电动定扭矩扳手既可初紧又可终紧，它的使用是先调节扭矩，再紧固螺栓。电动转角扳手也属于定扭矩扳手，它的使用是先调节旋转度数，再紧固螺栓。电动角向扳手是一种专门紧固钢架夹角部位螺栓的电动扳手，它的使用原理和电动扭剪扳手一样。

（2）使用方法与注意事项

　　电动扳手和电动螺丝刀使用前的检查及使用中注意事项基本上同电钻，但是还必须做到以下几点。

　　① 严格遵守在持续率25%以下工作，持续率过高会损坏电动机。若需高持续率，则应更换大规格的扳手。

　　② 电动扳手应采用机动套筒，不应使用手动套筒，以避免由于强度不够造成套筒爆裂飞溅而引起事故。

　　③ 合理地选择电动扳手的额定力矩，额定力矩必须满足螺纹件拧紧力矩的要求。选用的规格小，螺纹件达不到夹紧张力而不能紧固；选用的规格太大，则螺纹件因夹紧张力过大而破坏。

　　④ 若拆卸螺栓，必须在电源切断后，方允许拨动正反转开关。

　　⑤ 对于牙嵌式离合器结构，在需调整输出扭矩值时，可更换或调整工作弹簧。

　　⑥ 尽可能在使用时找好反向力矩支靠点，以防反作用力伤人。

　　⑦ 站在梯子上工作或高处作业时应做好防止高处坠落的措施，梯子应有地面人员扶持。

2.3　常用电工仪表

2.3.1　指针式万用表

（1）指针式万用表的组成

　　指针式万用表主要由表头（又称测量机构）、测量线路和转换开关三大部分组成。表头用来指示被测量的数值；测量线路用来把各种被测量转换到适合表头测量的直流微小电流；转换开关用来实现对不同测量线路的选择，以适应各种测量要求。转换开关有单转换开关和双转换开关两种。

　　在万用表的面板上带有多条标度尺的刻度盘、转换开关的旋钮、在测量电阻时实现欧姆调零的电阻调零旋钮、供接线用的接线柱（或插孔）等。MF-47A型指针式万用表如图2-22所示。

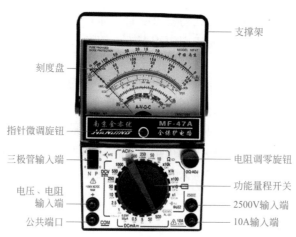

图 2-22　MF-47A 型指针式万用表的表盘及面板

（2）指针式万用表的选择

① 接线柱（插孔）的选择。在测量前，检查表笔应接插孔的位置，测量直流电流或直流电压时，红表笔的连接线应接在红色接线柱或标有"+"的插孔内，另一端接被测对象的正极；黑表笔的连接线应接在黑色接线柱或标有"COM"的插孔内，另一端接被测对象的负极。测量电流时，应将万用表串联在被测电路中；测量电压时，应将万用表并联在被测电路中。

若不知道被测部分的正负极性，应先将转换开关置于直流电压最高挡，然后将一表笔接入被测电路任意一极上，再将另一端表笔在被测电路的另一极上轻轻一触，立即拿开，观察指针的偏转方向，若指针往正方向偏转，则红表笔接触的为正极，另一极为负极；若指针往反方向偏转，则红表笔接触的为负极，另一极为正极。

② 种类的选择。根据被测的对象，将转换开关旋至需要的位置。例如：需要测量交流电压，则将转换开关旋至标有"V"的区间，其余类推。

有的万用表面板上有两个旋钮：一个是种类选择旋钮；另一个是量限变换旋钮。使用时，应先将种类选择旋钮旋至对应被测量所需的种类，然后再将量限变换旋钮旋至相应的种类及适当的量限。

在进行种类选择时要认真，若误选择，就有可能带来严重后果。例如：若需测量电压，而误选了测量电流或测量电阻的种类，则在测量时，将会使万用表的表头受到严重损伤，甚至被烧毁。所以，在选择种类以后，要仔细核对确认无误后，再进行测量。

③ 量限的选择。根据被测量的大致范围，将转换开关旋至该种类区间适当量限上。例如：测量 220V 交流电压，应选用 250V 的量程挡。通常在测量电流、电压时，应使指针的偏转在满量程的 1/2 或 2/3 附近，读数较为准确。若预先不知被测量的大小，为避免量程选得过小而损坏万用表，应选择该种类最大量程预测，然后再选择合适的量程（测量时，使万用表的指针偏转到满量程的 1/2 ～ 2/3 处为宜），以减小测量误差。

④ 灵敏度的选择。万用表的性能主要以测量灵敏度来衡量，灵敏度以测量电压时每伏若干欧来表示，一般为 1000Ω/V、2000Ω/V、5000Ω/V、10000Ω/V 等，数值越大，灵敏度越高，测量结果越准确。

（3）指针式万用表的使用方法

万用表的型号很多，但其基本使用方法是相同的。现以 MF30 型万用表为例，介绍它的使用方法。

① 使用万用表之前，必须熟悉量程选择开关的作用。明确要测什么，怎样去测，然后将量程选择开关拨在测试挡的位置。切不可弄错挡位，例如：测量电压时，如果误将选择开关拨在电流或电阻挡时，容易把表头烧坏。

② 测量前观察一下表针是否指在零位。如果不指零位，可用螺丝刀调节表头上机械调零螺钉，使表针回零（一般不必每次都调）。红表笔要插入正极插口，黑表笔要插入负极插口。

③ 测量交流电压时，将量程选择开关的尖头对准标有 V 的范围内。若是测直流电压，则应指向 V 处。测量电压时，要把万用表的表笔并接在被测电路上。根据被测电路的大约数值，选择一个合适的量程位置。依此类推，如果要改测电阻，开关应指向欧姆挡范围。测电流应指向 mA 或 μA。

④ 在实际测量中，当不能确定被测电压的大约数值时，可以把开关先拨到最大量程挡，再逐挡减小量程到合适的位置。测量直流电压时应注意正、负极性，若表笔接反了，表针会反偏。如果不知道电路正负极性，可以把万用表量程放在最大挡，在被测电路上很快试一下，看笔针怎么偏转，就可以判断出正、负极性。测量交流电压时，表笔没有正负之分。

（4）正确读数

万用表的标度盘上有多条标度尺，它们代表不同的测量种类。测量时，应根据转换开关所选择的种类及量程，在对应的标度尺上读数，并应注意所选择的量程与标度尺上读数的倍率关系。例如：标有"DC"或"—"的标度尺用于测量直流；标有"AC"或"～"的标度尺用于测量交流（有些万用表的交流标度尺用红色特别标出）；在有些万用表上还有交流低电压挡的专用标度尺，如 6V 或 10V 等专用标度尺；标有"Ω"的标度尺用于测量电阻。

测 220V 交流电时应把量程开关拨到交流 500V 挡，这时满刻度为 500V，读数按照刻度1 : 1 来读。将两表笔插入供电插座内，表针所指刻度处即为测得的电压值。

测量干电池的电压时应注意，因为干电池每节最大值为 1.5V，所以可将转换开关放在 5V 量程挡。这时在面板上表针满刻度读数的 500 应作 5 来读数，即缩小 100 倍。如果表针指在 300 刻度处，则读为 3V。注意：量程开关尖头所指数值即为表头上表针满刻度读数的对应值，读表时只要据此折算，即可读出实际值。除电阻挡外，量程开关所有挡均按此方法读测量结果。

电阻挡有 R×1、R×10、R×100、R×1k、R×10k 各挡，分别说明刻度的指示值还要乘以的倍数，才得到实际的电阻值（单位为欧姆）。例如，用 R×100 挡测量一个电阻，指针指示为"10"，那么它的电阻值应为 10Ω×100=1000Ω，即 1kΩ。

需要注意的是，电压挡、电流挡的指示原理不同于电阻挡，例如，5V 挡表示该挡只能测量 5V 以下的电压，500mA 挡只能测量 500mA 以下的电流，若是超过量程，就会损坏万用表。

（5）欧姆挡的正确使用

在使用万用表欧姆挡测量电阻时，还应注意以下几点。

① 选择适当的倍率。在用万用表测量电阻时，应选择好适当的倍率挡，使指针指示在刻度较稀的部分。由于电阻挡的标度尺是反刻度方向，即最左边是"∞"（无穷大），最右边是"0"，并且刻度不均匀，越往左，刻度越密，读数准确度越低，因此，应使指针偏转在刻

度较稀处，且以偏转在标度尺的中间附近为宜。例如：要测量一个阻值为100Ω的电阻，若选用R×1挡来测量，万用表的指针将靠近高电阻的一端，读数较密，不易读取标度尺上的示值，因此，应选用R×10挡来测量。

② 调零。在测量电阻之前，首先应进行调零，将红、黑两表笔短接，同时转动欧姆调零旋钮，使指针指到电阻标度尺的"0"刻线上。每更换一次倍率挡，都应先调零才能进行测量。若指针调不到零位，应更换新的电池。

③ 不能带电测量。测量电阻的欧姆挡是由干电池供电的，因此，在测量电阻时，决不能带电进行测量。

④ 被测对象不能有并联支路。当被测对象有并联支路存在时，应把被测电阻的一端断开，然后再进行测量，以确保测量结果的准确。

⑤ 在使用万用表欧姆挡的间歇中，不要让两只表笔短接，以免浪费干电池。若万用表长期不用，应将表内电池取出，以防电池腐蚀损坏其他元件。

2.3.2 数字式万用表

（1）数字式万用表的组成

数字式万用表是指能将被测量的连续电量自动变成断续电量，然后进行数字编码，并将测量结果以数字显示出来的电测仪表。

直流数字电压表主要由A/D转换器、计数器、译码显示器和控制器等组成，数字式万用表的电路是在它的基础上扩展而成的，主要部分是由功能转换器、A/D转换器、显示器、电源和功能/量程转换开关等组成。数字式万用表如图2-23所示。

图2-23　数字式万用表的外形及面板

数字式万用表的选择方法可参考指针式万用表选择方法中的有关内容。下面以对比的方式介绍指针式万用表和数字式万用表的选用。

① 指针式万用表读取精度较差，但指针摆动的过程比较直观，其摆动速度幅度有时也能比较客观地反映被测量的大小[如测电视机数据总线（SDL）在传送数据时的轻微抖动]；数字式万用表读数直观，但数字变化的过程看起来很杂乱，不太容易观看。

② 指针式万用表内一般有两块电池：一块是低电压的（1.5V），另一块是高电压的（9V或15V），其黑表笔相对红表笔来说是正端。数字式万用表则常用一块 6V 或 9V 的电池。在电阻挡，指针式万用表的表笔输出电流相对数字式万用表来说要大很多，用 R×1 挡可以使扬声器发出响亮的"哒"声，用 R×10k 挡甚至可以点亮发光二极管（LED）。

③ 在电压挡，指针式万用表的内阻相对数字式万用表的内阻来说比较小、测量精度比较差。某些高电压微电流的场合甚至无法测准，因为其内阻会对被测电路造成影响（例如在测电视机显像管的加速级电压时，测量值会比实际值低很多）。数字式万用表电压挡的内阻很大，至少在兆欧级，对被测电路影响很小。但极高的输出阻抗使其易受感应电压的影响，在一些电磁干扰比较强的场合测出的数据可能是虚的。

总之，在大电流、高电压的模拟电路测量中，可选用指针式万用表，如电视机、音响功放。在低电压、小电流的数字电路测量中，可选用数字式万用表，如 BP 机、手机等。但是，这不是绝对的，应根据情况选用指针式万用表或数字式万用表。

（2）数字式万用表的使用

数字式万用表具有自动调零和极性转换功能。当万用表内部电池电压低于工作电压时，在显示屏上显示"←"。表内的快速熔断器用来进行超载保护。另外，还设有蜂鸣器，可以快速实现连续查找，并配有三极管和二极管测试。

① 测量直流电压。首先将万用表的功能转换开关拨到适当的"DC V"的量程上，黑色表笔插入"COM"插孔（以下各种测量黑色表笔的位置都相同），红色表笔插入"V Ω"插孔，将表的电源开关拨到"ON"的位置，然后再将两个表笔与被测电路并联后，就可以从显示屏上读数了。如果将量程开关拨到"200mV"挡位，此时，显示值以 mV（毫伏）为单位，其余各挡均以 V（伏）为单位。

注意：一般"V Ω"和"COM"两插孔的输入直流电压最大不得超过 1000V。同时，还需注意以下几点。

a. 在测量直流电压时，要将万用表并联接在被测电路中。

b. 在无法知道被测电压的大小时，应先将量程开关置于最高量程，然后再根据实际情况选择合适的量程（在交流电压、直流电流、交流电流的测量中也应如此）。

c. 若万用表的显示器上仅在最高位显示"1"，其他各位均无显示，则表明已发生过载现象，应选择更高量程。

d. 如果用直流电压挡去测交流电压（或用交流电压挡去测直流电压），万用表显示均为 0。

e. 由于数字万用表电压挡的输入电阻很高，当表笔开路时，万用表的低位上会出现无规律变化的数字，这属于正常现象，并不影响测量的准确度。

f. 测量高压（100V 以上）或大电流（0.5A 以上）时，严禁拨动量程开关。

② 测量交流电压。将万用表转换开关拨到适当的"AC V"的量程上，红、黑表笔接法以

及测量与测量直流电压基本相同，一般输入的交流电压不得超过 750V。同时，在使用时要注意以下几点。

a. 在测交流电压时，应将黑表笔接在被测电压的低电位端，这样可以消除万用表输入端对地的分布电容影响，从而减小测量误差。

b. 由于数字万用表频率特性比较差，所以，交流电压频率不得超出 45～500Hz。

③ 测量直流电流。将万用表的转换开关转换到"DC A"的量程上，当被测电流小于 200mA 时，红表笔插入"mA"插孔，把两个表笔串联接入电路，接通电源，即可显示被测的电流值了。另外，还需注意以下几点。

a. 在测量直流电流时，要将两个表笔串联接在被测电路中。

b. 当被测的电流源内阻很低时，应尽量选用较大的量程，以提高测量的准确度。

c. 当被测电流大于 200mA 时，应将红表笔插在"10A"的插孔内。在测量大电流时，测量时间不得超过 15s。

④ 测量交流电流。将万用表的转换开关转换到适当的"AC A"的量程上，其他操作与测量直流电流基本相同。

⑤ 测量电阻。将万用表的转换开关拨到适当的"Ω"量程上，红表笔插入"V Ω"或"V/Ω"插孔。若将转换开关置于 20M 或 2M 的挡位上，显示值以 MΩ 为单位；若将转换开关置于 200Ω 挡，显示值以 Ω 为单位，其余各挡显示值均以 kΩ 为单位。

在使用电阻挡测电阻时，不得用手碰触电阻两端的引线，否则会产生很大的误差。因为人体本身就是一个导体，含有一定的阻值，如果用双手碰触到被测电阻的两端引线，就相当于在原来被测的电阻上又并联上一个电阻。另外，还需注意以下几点。

a. 测电阻值时，特别是在用 20M 挡位时，一定要待显示值稳定后方可读数。

b. 测小阻值电阻时，要使两个表笔与电阻的两个引线紧密接触，防止产生接触电阻。

c. 测二极管的正反向电阻时，要把量程开关置于二极管挡位。

d. 当将功能开关置于电阻挡时，由于万用表的红表笔带的是正电，黑表笔带的是负电，所以，在检测有极性的元件时，必须注意表笔的极性。同时，在测电路上的电阻时，一定要将电路中的电源断开，否则，将会损坏万用表。

⑥ 测量三极管。将被测的三极管插入"h_{FE}"插孔，可以测量晶体三极管共发射极连接时的电流放大系数。根据被测管类型选择"NPN"或"PNP"位置，然后将 c、b、e 三个极插入相应的插孔里，接通电源，显示被测值。通常 h_{FE} 的显示值在 40～1000 之间。在使用 h_{FE} 挡时，应注意以下几点。

a. 三极管的类型和三极管的三个电极均不能插错，否则，测量结果将是错误的。

b. 用"h_{FE}"插孔测量晶体管放大系数时，内部提供的基极电流仅有 10μA，晶体管工作在小信号状态，这样一来所测出来的放大系数与实用时的值相差较大，所以测量结果仅供参考。

⑦ 测量电容。将功能转换开关置于"F"挡。以 DT890 型数字万用表为例，它具有 5 个量程，分别为 2000pF、20nF、200nF、2μF 和 20μF。在使用时可根据被测电容的容量来选择合适的挡位。同时，在使用电容挡测电容时，不得用手碰触电容器两端的引线，否则会产生很大的误差。

⑧ 检查线路通断。将万用表的转换开关拨到蜂鸣器位置，红表笔插入"V Ω"插孔。如果被测线路电阻低于 20Ω，蜂鸣器发声，说明电路是通的；否则就不通。

2.3.3 钳形电流表

（1）钳形电流表的用途与特点

钳形电流表又称卡表，它是用来在不切断电路的条件下测量交流电流（有些钳形电流表也可测直流电流）的携带式仪表。

钳形电流表由电流互感器和电流表组合而成。电流互感器的铁芯在捏紧扳手（又称扳机或手柄）时可以张开。被测电流所通过的导线不必切断就可穿过铁芯张开的缺口，当放开扳手后，铁芯闭合，即可测量导线中的电流。为了使用方便，表内还有不同量程的转换开关，供测不同等级的电流及电压。

通常用普通电流表测量电流时，需要将电路切断停机后，才能将电流表或电流互感器的一次绕组接入被测回路中进行测量，这是很麻烦的，有时正常运行的电动机不允许这样做。此时，使用钳形电流表就显得方便多了，无需切断被测电路即可测量电流。例如，用钳形电流表可以在不停电的情况下测量运行中的交流电动机的工作电流，从而很方便地了解负载的工作情况。正是由于这一独特的优点，钳形电流表在电气测量中得到了广泛的应用。

钳形电流表只限于在被测线路电压不超过 500V 的情况下使用，且准确度较低，一般只有 2.5 级和 5.0 级。

（2）钳形电流表的分类

① 按工作原理分类。可分为整流系和电磁系两种。

② 按指示形式分类。可分为指针式和数字式两种。

③ 按测量功能分类。可分为钳形电流表和钳形多用表。钳形多用表兼有许多附加功能，不但可以测量不同等级的电流，还可以测量交流电压、直流电压、电阻等。

指针式钳形电流表的外形如图 2-24 所示。

图 2-24　常用指针式钳形电流表的外形

数字式钳形电流表的结构如图 2-25 所示。数字式钳形电流表具有自动量程转换（小数点自动移位）、自动显示极性、数据保持、过量程指示等功能，有的还具有测量电阻、电压、二极管及温度等功能。常用数字式钳形多用表的结构如图 2-26 所示。

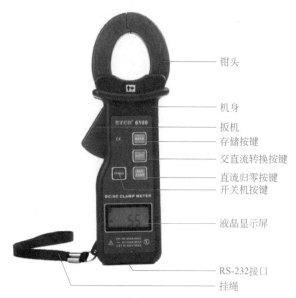

图 2-25　数字式钳形电流表的结构

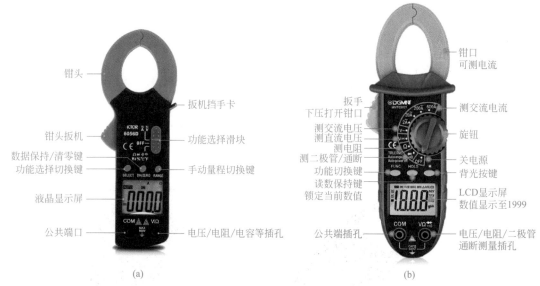

图 2-26　常用数字式钳形多用表的结构

（3）指针式钳形电流表的使用

① 测量前，应检查钳形电流表的指针是否在零位，若不在零位，应调至零位。

② 用钳形电流表检测电流时，一定要夹住一根被测导线（电线）。若夹住两根（平行线），则不能检测电流。

③ 钳形电流表一般通过转换开关来改变量程，也有通过更换表头来改变量程的。测量时，应对被测电流进行粗略估计，选好适当的量程。如被测电流无法估计时，应将转换开关置于最高挡，然后根据测量值的大小，变换到合适的量程。对于指针式电流表，应使指针偏转满刻度的 2/3 以上。

④ 应注意不要在测量过程中带电切换量程，应该先将钳口打开，将载流导线退出钳口，

再切换量程，以保证设备及人身安全。

⑤ 进行测量时，被测载流导线应置于钳口的中心位置，以减少测量误差。

⑥ 为了使读数准确，钳口的结合面应保持良好的接触。当被测量的导线卡入钳形电流表的钳口后，若发现有明显噪声或表针振动厉害时，可将钳口重新开合一次；若噪声依然存在，应检查钳口处是否有污物，若有污物，可用汽油擦净。

⑦ 在变、配电所或动力配电箱内要测量母排的电流时，为了防止钳形电流表钳口张开而引起相间短路，最好在母排之间用绝缘隔板隔开。

⑧ 测量 5A 以下的小电流时，为得到准确的读数，在条件允许时，可将被测导线多绕几圈放进钳口内测量，实际电流值应为仪表读数除以钳口内的导线根数。

⑨ 为了消除钳形电流表铁芯中剩磁对测量结果的影响，在测量较大的电流之后，若立即测量较小的电流，应将钳口开、合数次，以消除铁芯中的剩磁。

⑩ 禁止用钳形电流表测量高压电路中的电流及裸线电流，以免发生事故。

⑪ 钳形电流表不用时，应将其量程转换开关置于最高挡，以免下次误用而损坏仪表，并将其存放在干燥的室内，钳口铁芯相接处应保持清洁。

⑫ 在使用带有电压测量功能的钳形电流表时，电流、电压的测量必须分别进行。

⑬ 在使用钳形电流表时，为了保证安全，一定要戴上绝缘手套，并要与带电设备保持足够的安全距离。

⑭ 在雷雨天气，禁止在户外使用钳形电流表进行测试工作。

（4）数字式钳形电流表的使用

使用数字式钳形电流表，读数更直观，使用更方便，其使用方法及注意事项与指针式钳形电流表基本相同，下面仅介绍在使用过程中可能遇到的几个常见问题。

① 在测量时，如果显示的数字太小，说明量程过大，可以转换到较低量程后重新测量。

② 如果显示过载符号，说明量程过小，应转换到较高量程后重新测量。

③ 不可在测量过程中转换量程，应将被测导线退出铁芯钳口，或者按"功能"键 3s 关闭数字钳形电流表的电源，然后再转换量程。

④ 如果需要保存数据，可在测量过程中按一下"功能"键，听到"嘀"的一声提示声，此时的测量数据就会自动保存在 LCD 显示屏上。

⑤ 使用具有万用表功能的钳形表测量电路的电阻、交流电压、直流电压，将表笔插入数字钳形表的表笔插孔，量程选择开关根据需要分别置于"～ V"（交流电压）、"–V"（直流电压）、"Ω"（电阻）等挡位，用两只表笔去接触被测对象，LCD 显示屏即显示读数。其具体操作方法与用数字万用表测量电阻、交流电压、直流电压时一样。

2.3.4 绝缘电阻表

（1）绝缘电阻表的用途与特点

电气设备的绝缘性能是评价其绝缘好坏的重要标志之一，也是评价电器产品生产质量和电气设备修理质量的重要指标，而电气设备绝缘性能是通过绝缘电阻反映出来的。

绝缘电阻表俗称摇表，又称兆欧表或绝缘电阻测量仪。它是专供用来检测电气设备、供电线路绝缘电阻的一种可携式仪表，本身带有高压电源。绝缘电阻表标度尺上的单位是兆欧，单位符号为 MΩ。

绝缘电阻表适用于测量各种绝缘材料的电阻值以及变压器、电动机、电缆、电气设备等的绝缘电阻。

数字兆欧表在工作时，自身产生高电压，而测量对象又是电气设备，所以必须正确使用，否则就会造成人身或设备事故。

（2）绝缘电阻表的分类

绝缘电阻表有许多类型，按照工作原理可分为采用手摇发电机的绝缘电阻表和采用晶体管电路的绝缘电阻表；按绝缘电阻的读数方式可分为指针式绝缘电阻表和数字式绝缘电阻表。

手摇发电机供电的绝缘电阻表的外部主要由表头盖、接线柱、刻度盘、提把、发电机手摇柄等组成。绝缘电阻表上有 3 个接线柱，分别为 L（线路）接线柱、E（接地）接线柱和G（屏蔽）接线柱。由于绝缘电阻表中没有游丝装置，所以平时表针没有固定的位置。

常用手摇发电机供电的指针式绝缘电阻表的结构如图 2-27 所示，常用数字式绝缘电阻表的外形如图 2-28 所示。

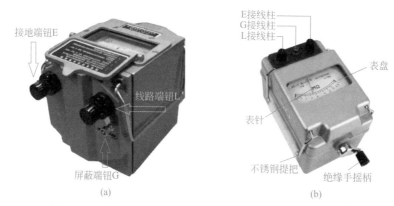

图 2-27　常用手摇发电机供电的指针式绝缘电阻表的结构

图 2-28　常用数字式绝缘电阻表的外形

（3）绝缘电阻表的选择

选用绝缘电阻表的标准主要是测量电压值，另一个是看需要测量的范围是否能满足需要。如测量频繁，最好选带有报警设定功能的绝缘电阻表。

① 电压等级的选择。选用绝缘电阻表的电压时，应使其额定电压与被测电气设备或线路的工作电压相适应，不能用电压过高的绝缘电阻表测量低电压电气设备的绝缘电阻，以免损坏被测设备的绝缘。不同额定电压的绝缘电阻表的使用范围见表2-1。

表 2-1　不同额定电压的绝缘电阻表的使用范围

被测对象	被测设备额定电压	绝缘电阻表额定电压
线圈的绝缘电阻	500V 以下	500V
线圈的绝缘电阻	500V 以上	1000V
电力变压器、发电机、电动机线圈的绝缘电阻	500V 以上	1000 ～ 2500V
电气设备的绝缘电阻	500V 以下	500 ～ 1000V
电气设备的绝缘电阻	500V 以上	2500V

应按被测电气元件工作时的额定电压来选择仪表的电压等级。测量埋置在绕组内和其他发热元件中的热敏元件等的绝缘电阻时，一般应选用 250V 规格的绝缘电阻表。

② 测量范围的选择。在选择绝缘电阻表测量范围时，应注意不能使绝缘电阻表的测量范围过多地超出所需测量的绝缘电阻值，以减少误差的产生。另外，还应注意绝缘电阻表的起始刻度，对于刻度不是从零开始的绝缘电阻表（例如从 1MΩ 或 2MΩ 开始的绝缘电阻表），一般不宜用来测量低电压电气设备的绝缘电阻。因为这种电气设备的绝缘电阻值较小，有可能小于 1MΩ，在仪表上得不到读数，容易误认为绝缘电阻值为零，而得出错误的结论。

（4）绝缘电阻表的接线方法

绝缘电阻表的接线柱共有三个：一个为"L"（即线端）；一个为"E"（即地端）；一个为"G"（即屏蔽端，也叫保护环）。一般被测绝缘电阻都接在"L"和"E"端之间，但当被测绝缘体表面漏电严重时，必须将被测物的屏蔽层或外壳（即不需测量的部分）与"G"端相连接。这样漏电流就经由屏蔽端"G"直接流回发电机的负端形成回路，而不再流过兆欧表的测量机构（可动线圈），从根本上消除了表面漏电流的影响。

当用兆欧表摇测电气设备的绝缘电阻时，一定要注意"L"和"E"端不能接反。正确的接法是"L"（线）端钮接被测设备的导体，"E"（地）端钮接被测设备的外壳，"G"（屏蔽）端钮接被测设备的绝缘部分。如果将"L"和"E"接反了，则流过绝缘体内及表面的漏电流经外壳汇集到地，由地经"L"流进测量线圈，使"G"失去屏蔽作用而给测量带来很大误差。

由此可见，要想准确地测量出电气设备的绝缘电阻，必须对兆欧表进行正确的接线。测量电气设备对地电阻时，"L"端与回路的裸露导体连接，E 端连接接地线或金属外壳；测量回路的绝缘电阻时，回路的首端与尾端分别与"L""E"端连接；测量电缆的绝缘电阻时，为防止电缆表面泄漏电流对测量精度产生影响，应将电缆的屏蔽层接至"G"端。否则，将失去测量的准确性和可靠性。

（5）手摇发电机供电的绝缘电阻表的使用

① 在使用绝缘电阻表测量前，先对其进行一次开路和短路试验，以检查绝缘电阻表是否良好。将绝缘电阻表平稳放置，先使"L"和"E"两个端钮开路，摇动手摇发电机的手柄，使发电机转速达到额定转速（转速约 120r/min），这时指针应指向标尺的"∞"位置（有的绝

缘电阻表上有"∞"调节器，可调节使指针指在"∞"位置）；然后再将"L"和"E"两个端钮短接，缓慢摇动手柄，指针应指在"0"位。

② 测量时，应将兆欧表保持水平位置，一般左手按住表身，右手摇动绝缘电阻表摇柄。

③ 摇动绝缘电阻表时，不能用手接触兆欧表的接线柱和被测回路，以防触电。

④ 摇动绝缘电阻表后，各接线柱之间不能短接，以免损坏。

⑤ 当绝缘电阻表没有停止转动和被测物没有放电前，不可用手触及被测物的测量部分，或进行拆除导线的工作。

⑥ 测量大电容的电气设备绝缘电阻时，在测定绝缘电阻后，应先将"L"连接线断开，再松开手柄，以免被测设备向绝缘电阻表倒充电而损坏仪表。

（6）数字式绝缘电阻表的使用

① 测量前要先检查数字绝缘电阻表是否完好，即在数字绝缘电阻表未接上被测物之前，打开电源开关，检测数字绝缘电阻表电池情况，如果数字绝缘电阻表电池欠压，应及时更换电池，否则测量数据不可取。

② 将测试线插入接线柱"线（L）"和"地（E）"，选择测试电压，断开测试线，按下测试按钮，观察是否显示无穷大。再将接线柱"线（L）"和"地（E）"短接，按下测试按钮，观察是否显示"0"。如液晶屏不显示"0"，表明数字绝缘电阻表有故障，应检修后再用。

③ 测试线与插座的连接。将带测试棒（红色）的测试线的插头插入仪表的插座"L"，将带大测试夹子的测试线的插头插入仪表的插座"E"。将带表笔（表笔上带夹子）的测试线的插头插入仪表的插座 G。

④ 测试接线。根据被测电气设备或电路进行接线，一般仪表的插座"E"的接线为接地线，插座 L 的接线为线路线，插座"G"的接线为屏蔽线，接在被测试物的表面（如电缆芯线的绝缘层上），以防止表面泄漏电流影响测试阻抗，从而影响测量准确度。接线时应先将转换开关置于"POWER OFF"位置，然后把大测试夹子接到被测设备的接地端，带表笔的小夹子接到绝缘物表面，红色高压测试棒接线路或被测极上。

⑤ 额定电压选择。根据被测电气设备或电路的额定电压等级选择与之相适应的测试电压等级，这一点与指针式绝缘电阻表是一样的。

⑥ 测试操作。当把测试线与被测设备或电路连接好了以后，按一下高压开关"PUSH"，此时"PUSH ON"的红色指示灯点亮，表示测试用高压输出已经接通。当测试开始后，液晶显示屏显示读数，所显示的数字即为被测设备或电路的绝缘电阻值。如果按下高压开关后，指示灯不亮，说明电池容量不足或电池连接有问题（例如极性连接有错误或接触不良）。

⑦ 关机。测试完毕后，按一下高压开关"PUSH"，此时"PUSH ON"的红色指示灯熄灭，表示测试高压输出已经断开。将转换开关置于"POWER OFF"位置，液晶显示屏无显示。对大电感及电容性负载，还应先将被测试物上的残余电荷泄放干净，以防残余电荷放电伤人，再拆下测试线。至此测试工作结束。

💡 **注意**

不同的数字绝缘电阻表所采用的操作步骤略有不同，应根据说明书的要求和操作方法进行操作。

第3章 变压器

3.1 变压器概述

3.1.1 变压器的用途与分类

(1)变压器的用途

变压器是一种静止的电气设备。它是利用电磁感应作用把一种电压等级的交流电能变换成频率相同的另一种电压等级的交流电能。变压器是电力系统中的重要设备，它在电能检测、控制等诸多方面也得到广泛的应用。另外，变压器还有变换电流、变换阻抗、改变相位和电磁隔离等作用。

由于变压器是利用电磁感应原理工作的，因此它的构成原则是两个（或两个以上）相互绝缘的绕组套在一个共同的铁芯上，它们之间有磁的耦合，但没有电的直接联系。所以，如同旋转电机一样，变压器也是以磁场为媒介的。

在电力系统中，一方面，向远方传输电能时，因线路的功率损失与电流的平方成正比，为减少线路上的电能损耗，需要通过升高电压、降低电流来传输电能；另一方面，又因用户的用电设备一般不能直接使用高压，又需要降低电压，这就需要能实现电压变换的变压器。

此外，还有以大电流和恒流为特性的某些特殊工艺装备用变压器，如弧焊变压器（又称电焊变压器）、电炉变压器和电解或化工用的整流变压器等。

变压器在电力系统中的应用如图 3-1 所示。

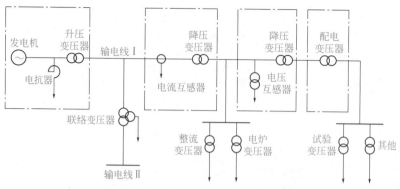

图 3-1　变压器在电力系统中的应用

（2）变压器的分类

1）变压器按用途可分为电力变压器、仪用变压器和特殊用途变压器。

① 电力变压器。电力变压器用于电力系统中的升压或降压，供输电、配电和厂矿企业用电使用，是一种最普通的常用变压器。电力变压器可分为以下几种。

a. 升压变压器。将发电厂的低电压升高后输送到远距离的用电区。

b. 降压变压器。将输送来的高电压降下来供各电网需要。

c. 配电变压器。安装在各配电网络系统中，供工农业生产使用。

d. 联络变压器。供两变电所联络信息使用。

e. 厂用变压器。供厂矿企业使用。

② 仪用变压器。仪用变压器用于测量仪表和继电保护装置。仪用变压器可分为电压互感器和电流互感器。

③ 特殊用途变压器。特殊用途变压器可分为电炉变压器、整流变压器、试验变压器、电焊变压器（又称弧焊变压器）。

2）变压器按冷却介质和冷却方式可分为油浸式变压器、干式变压器等。

3）变压器按绕组个数可分为自耦变压器、双绕组变压器和三绕组变压器等。

4）变压器按调压方式可分为无励磁调压变压器和有载调压变压器。

5）变压器按相数可分为单相变压器和三相变压器等。

3.1.2　变压器的基本结构与工作原理

（1）变压器的基本结构

单相双绕组变压器的工作原理如图 3-2 所示。通常两个绕组中一个接到交流电源，称为一次绕组（又称原绕组或初级绕组）；另一个接到负载，称为二次绕组（又称副绕组或次级绕组）。

（2）变压器的工作原理

当一次绕组接上交流电压 $\dot{U}_1$ 时，一次绕组中就会有交流电流 $\dot{I}_1$ 通过，并在铁芯中产生交变磁通 $\dot{\Phi}$，其频率和外施电压的频率一样。这个交变磁通同时交链一、二次绕组，根据电磁感应定律，便在一、二次绕组中分别感应出电动势 $\dot{E}_1$ 和 $\dot{E}_2$。此时，如果二次绕组与负载接通，便有二次电流 $\dot{I}_2$ 流入负载，二次绕组端电压 $\dot{U}_2$ 就是变压器的输出电压，于是变压器

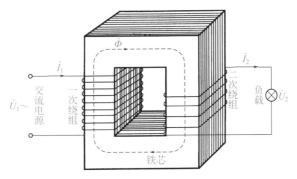

图 3-2 单相双绕组变压器的工作原理

就有电能输出，实现了能量传递。在这个过程中，一、二次绕组感应电动势的频率都等于磁通的交变频率，即一次侧外施电压的频率。根据电磁感应定律，感应电动势的大小与磁通、绕组匝数和频率成正比，即

$$E_1 = 4.44 f N_1 \Phi_{\mathrm{m}} \tag{3-1}$$

$$E_2 = 4.44 f N_2 \Phi_{\mathrm{m}} \tag{3-2}$$

式中　E_1，E_2——一、二次绕组的感应电动势，V；

$\quad\quad$ N_1，N_2——一、二次绕组的匝数；

$\quad\quad\quad$ f——交流电源的频率，Hz；

$\quad\quad\quad$ Φ_{m}——主磁通的最大值，Wb。

将式（3-1）除以式（3-2）可得

$$\frac{E_1}{E_2} = \frac{N_1}{N_2} \tag{3-3}$$

因为在常用的电力变压器中，绕组本身的电压降很小，仅占绕组电压的 0.1% 以下，因此，$U_1 \approx E_1$、$U_2 \approx E_2$，代入式（3-3）得

$$\frac{U_1}{U_2} = \frac{E_1}{E_2} = k \tag{3-4}$$

式（3-4）表明，一、二次绕组的电压比等于一、二次绕组的匝数比。因此，只要改变一、二次绕组的匝数，便可达到改变电压的目的。这就是利用电磁感应作用，把一种电压的交流电能转变成频率相同的另一种电压的交流电能的基本工作原理。

通常把一、二次绕组匝数的比值 k 称为变压器的电压比（或变比）。只要使 k 不等于 1，就可以使变压器原、副边的电压不等，从而起到变压的作用。如果 $k > 1$，则为降压变压器；若 $k < 1$，则为升压变压器。

对于三相变压器来说，变比是指相电压（或相电动势）的比值。

3.1.3　变压器的额定值

额定值是制造厂对变压器在指定工作条件下运行时所规定的一些量值。在额定状态下运行时，可以保证变压器长期可靠地工作，并具有优良的性能。额定值也是变压器厂进行产品

设计和试验的依据。额定值通常标在变压器的铭牌上，又称铭牌值。

变压器的额定值主要参数如下。

① 额定容量 S_N。在铭牌上规定的额定状态下，变压器的额定输出视在功率，以 V·A、kV·A 或 MV·A 表示。由于变压器效率高，通常把一、二次额定容量设计得相等。

② 额定电压 U_{1N} 和 U_{2N}。一次额定电压 U_{1N} 是指电网施加到变压器一次绕组上的额定电压值。二次额定电压 U_{2N} 是指变压器一次绕组上施加额定电压 U_{1N} 时，二次绕组的空载电压值。额定电压用 V 或 kV 表示。对三相变压器的额定电压均指线电压。

③ 额定电流 I_{1N} 和 I_{2N}。额定电流是指变压器在额定运行情况下允许发热所规定的线电流，以 A 表示。根据额定容量和额定电压可以求出一、二次绕组的额定电流。

对单相变压器，一、二次绕组的额定电流为

$$I_{1N}=\frac{S_N}{U_{1N}} \qquad I_{2N}=\frac{S_N}{U_{2N}}$$

对三相变压器，一、二次绕组的额定电流为

$$I_{1N}=\frac{S_N}{\sqrt{3}U_{1N}} \qquad I_{2N}=\frac{S_N}{\sqrt{3}U_{2N}}$$

④ 额定频率 f_N。我国规定工频为 50Hz。

⑤ 效率 η。变压器的效率为输出的有功功率与输入的有功功率之比的百分数。

⑥ 温升。变压器在额定状态下运行时，所考虑部位的温度与外部冷却介质温度之差。

⑦ 阻抗电压。阻抗电压曾称短路电压，指变压器二次绕组短路（稳态），一次绕组流过额定电流时所施加的电压。

⑧ 空载损耗。当把额定交流电压施加于变压器的一次绕组上，而其他绕组开路时的损耗，单位以 W 或 kW 表示。

⑨ 负载损耗。在额定频率及参考温度下，稳态短路时所产生的相当于额定容量下的损耗，单位以 W 或 kW 表示。

⑩ 联结组标号。用来表示变压器各相绕组的连接方法以及一、二次绕组线电压之间相位关系的一组字母和序数。

3.1.4 变压器的并联运行

（1）变压器并联运行的优点

现代发电厂和变电站的容量都很大，单台电力变压器通常无法承担起全部负载，因此常采用多台电力变压器并联运行的供电方式。变压器的并联运行是指将两台或两台以上变压器的一、二次侧绕组分别接到一、二次侧所对应的公共母线上的运行方式，如图 3-3 所示。

变压器并联运行有以下优点。

① 提高供电的可靠性。如果并联运行中的某台变压器发生故障或需要检修，可以将它从电网上切除，使其退出并联运行，其他几台变压器可继续向负载供电，不至于供电中断。

② 提高供电的经济性。如果变压器所供给的负载随昼夜或季节有较大变化，则可根据实际负载的大小来适当地调整并联运行变压器的台数，从而可提高运行效率。

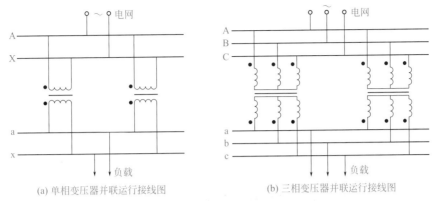

|(a) 单相变压器并联运行接线图|(b) 三相变压器并联运行接线图|

图 3-3　两台变压器并联运行的接线图

③ 减小初次投资。变压器的台数可随变电站负载的增加而适当地增加，也有利于减少总的备用容量，即减少了安装时的一次性投资。

值得注意的是，并联变压器的台数也不宜过多，否则会使总投资和安装面积增加，造成运行复杂化。

（2）什么是理想并联运行

变压器理想并联运行是指以下几种情况。

① 空载时，各变压器的二次侧之间没有环流，这样，空载时各变压器二次绕组没有铜（铝）耗，一次绕组的铜（铝）耗也较小。

② 负载时各变压器所负担的负载电流按容量成比例分配，防止其中某一台变压器过载或欠载，使并联运行的各台变压器能同时达到满载状态，并使并联的各个变压器的容量得到充分利用。

③ 负载时，各变压器所分担的电流应与总负载电流同相位，这样，当总的负载电流一定时，各变压器所分担的电流最小；如各变压器的电流一定，则共同承担的总的负载电流最大。

（3）理想并联运行的条件

要达到上述理想并联运行，并联运行的各变压器需满足下列条件。

① 各变压器一、二次侧额定电压分别相等（变比相等）。

② 各变压器的联结组别必须相同。

③ 各变压器的短路阻抗标幺值 Z_k^*（或阻抗电压 u_k）要相等，阻抗角要相同。

在上述 3 个条件中，满足条件①、②，可以保证并联合闸后，并联运行的各变压器之间无环流，条件③决定了并联运行的各变压器承担的负载合理分配。上述 3 个条件中，条件②必须严格满足，条件①、③允许有一定误差。

3.1.5　电力变压器容量的选择

电力变压器的容量选择很重要，如果容量选小了，会使变压器经常过载运行，甚至会烧毁变压器；如果容量选大了，会使变压器得不到充分利用，不仅会增加设备投资，还会使功率因数变低，增大线路和变压器本身耗损，效率降低。因此，变压器的容量一般按下式选择：

$$变压器容量 = \frac{用电设备总容量 \times 同时率}{用电设备功率因数 \times 用电设备效率}$$

式中，同时率表示同一时间投入运行的设备实际容量与用电设备总容量的比值，一般为0.7；用电设备功率因数一般为 0.8 ～ 0.9；用电设备效率一般为 0.85 ～ 0.9。

选择变压器容量时还应注意：一般用电设备的启动电流与额定电流不同，如三相异步电动机的启动电流为额定电流的 4 ～ 7 倍。因此，选择变压器时应考虑这种电流的冲击。一般直接启动的电动机中最大的一台电动机的容量，不宜超过变压器容量的 30%。

3.2 油浸式电力变压器

3.2.1 油浸式电力变压器的结构

目前，油浸式电力变压器的产量最大，应用面最广。油浸式电力变压器的结构如图 3-4 所示，其主要由下列几部分组成。

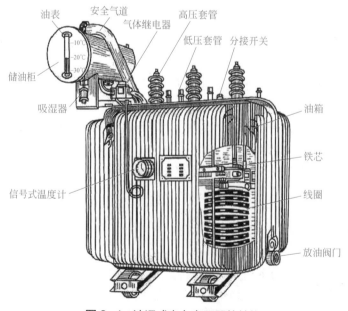

图 3-4 油浸式电力变压器的结构

图 3-5 所示为常用油浸式电力变压器的外形。

图 3-5 常用油浸式电力变压器的外形

3.2.2 油浸式电力变压器运行前应做的检查

新装或检修后的变压器，投入运行前应进行全面检查，确认符合运行条件时，方可投入试运行。

① 检查变压器的铭牌与所要求选择的变压器规格是否相符。例如各侧电压等级、联结组标号、容量、运行方式和冷却条件等是否与实际要求相符。

② 检查变压器的试验合格证是否在有效期内。

③ 检查储油柜上的油位计是否完好，油位是否在与当时环境温度相符的油位线上，油色是否正常。

④ 检查变压器本体、冷却装置和所有附件及油箱各部分有无缺陷、渗油、漏油情况。

⑤ 检查套管是否清洁、完整，有无破裂、裂纹，有无放电痕迹及其他异常现象，检查导电杆有无松动、渗漏现象。

⑥ 检查温度计指示是否正常，温度计毛细管有无硬度弯、压扁、裂开等现象。

⑦ 检查变压器顶上有无遗留杂物。

⑧ 检查吸湿器是否完好，呼吸应畅通、硅胶应干燥。

⑨ 检查安全气道及其保护膜是否完好。

⑩ 检查变压器高、低压两侧出线管以及引线、母线的连接是否良好，三相的颜色标记是否正确无误，引线与外壳及电杆的距离是否符合要求。

⑪ 气体继电器内应无残存气体，其与储油柜之间连接的阀门应打开。

⑫ 检查变压器的报警、继电保护和避雷等保护装置工作是否正常。

⑬ 检查变压器各部位的阀门位置是否正确。

⑭ 检查分接开关位置是否正确，有载调压切换装置的远方操作机构动作是否可靠。

⑮ 检查变压器外壳接地是否牢固可靠，接地电阻是否符合要求。

⑯ 检查变压器的安装是否牢固，所有螺栓是否紧固。

⑰ 对于油浸风冷式变压器，应检查风扇电动机转向是否正确，电动机是否正常。经过

一定时间的试运转，电动机有无过热现象。

⑱ 对于采用跌落式熔断器保护的变压器，应检查熔丝是否合适，有无接触不良现象。

⑲ 对于采用断路器和继电器保护的变压器，要对继电保护装置进行检查和核实，保护装置动作整定值要符合规定。操作和联动机构动作要灵活、正确。

⑳ 对大、中型变压器，要检查有无消防设施，如 1211 灭火器、黄沙箱等。

3.2.3 油浸式电力变压器的使用与维护

(1) 变压器的试运行

试运行就是指变压器开始送电并带上一定的负载，运行 24h 所经历的全部过程。试运行中应做好以下几方面的工作。

1) 试运行的准备。

① 变压器投入试运行前，再一次对变压器本体工作状态进行复查，没有发现安装缺陷，或在全部处理完安装缺陷后，方可进行试运行。

② 变压器试运行前，应对电网保护装置进行试验和整定，要求动作准确可靠。

2) 变压器的空载试运行。

① 变压器投入前，必须确认变压器符合运行条件。

② 试运行时，先将分接开关放在中间一挡位置上，空载试运行；然后再切换到各挡位置，观察其接触是否良好，工作是否可靠。

③ 变压器第一次投入运行时，可全压冲击合闸，如有条件时，应从零逐渐升压。冲击合闸时，变压器一般由高压侧投入。

④ 变压器第一次带电后，运行时间不应少于10min，以便仔细监听变压器内部有无不正常杂声（可用干燥细木棒或绝缘杆一端触在变压器外壳上，一端放耳边细听变压器送电后的声响是否轻微和均匀）。若有断续的爆炸或突发的剧烈声响，应立即停止试运行（切断变压器电源）。

⑤ 不论新装或大修后的变压器，均应进行 5 次全电压冲击合闸，应无异常现象发生，励磁涌流不应引起继电保护装置误动作，以考验变压器绕组的绝缘性能、力学性能、继电保护、熔断器是否合格。

⑥ 对于强风或强油循环冷却的变压器，要检查空载下的温升。具体做法如下：在不开动冷却装置的情况下，使变压器空载运行 12 ～ 24h，记录环境温度与变压器上部油温；当油温升至 75℃时，启动 1 ～ 2 组冷却器进行散热，继续测温并记录油温，直到油温稳定为止。

3) 变压器的负载试运行。

变压器空载运行 24h 无异常后，可转入负载试运行。具体做法如下。

① 逐步增加负载，一般从 25% 负载开始投运，接着增加到 50%、75%，最后满负载试运行。这时各密封面及焊缝不应有渗漏油现象。

② 在带负载试运行中，随着变压器温度的升高，应陆续启动一定数量的冷却器。

③ 带负载试运行中，尤其是满负载试运行中，应检查变压器本体及各组件、附件是否正常。

(2) 变压器运行中的监视与检查

对运行中的变压器应经常进行仪表监视和外部检查，以便及时发现异常现象或故障，避免发生严重事故。

① 检查变压器的声响是否正常，是否有不均匀的响声或放电声等。均匀的"嗡嗡"声为正常声音。

② 检查变压器的油位是否正常，有无渗、漏油现象。

③ 检查变压器的油温是否正常。变压器正常运行时，上层油温一般不应超过85℃，另外，用手抚摸各散热器，其温度应无明显差别。

④ 检查变压器的套管是否清洁，有无裂纹、破损和放电痕迹。

⑤ 检查各引线接头有无松动和过热现象（用示温蜡片检查）。

⑥ 检查安全气道有无破损或喷油痕迹，防爆膜是否完好。

⑦ 检查气体继电器是否漏油，其内部是否充满油。

⑧ 检查吸湿器有无堵塞现象，吸湿器内的干燥剂（吸湿剂）是否变色。如硅胶（带有指示剂）由蓝色变成粉红色，则表明硅胶已失效，需及时处理与更换。

⑨ 检查冷却系统是否运行正常。对于风冷油浸式电力变压器，检查风扇是否正常，有无过热现象；对于强迫油循环水冷却的变压器，检查油泵运行是否正常、油的压力和流量是否正常，冷却水压力是否低于油压力，冷却水进口温度是否过高。对于室内安装的变压器，检查通风是否良好等。

⑩ 检查变压器外壳接地是否良好，接地线有无破损现象。

⑪ 检查各种阀门是否按工作需要，应打开的都已打开，应关闭的都已关闭。

⑫ 检查变压器周围有无危及安全的杂物。

⑬ 当变压器在特殊条件下运行时，应增加检查次数，对其进行特殊巡视检查。

（3）变压器的特殊巡视检查

当变压器过负载或供电系统发生短路事故，以及遇到特殊的天气时，应对变压器及附属设备进行特殊巡视检查。

① 在变压器过负载运行的情况下，应密切监视负载、油温、油位等的变化情况；注意观察接头有无过热、示温蜡片有无熔化现象。应保证冷却系统运行正常，变压器室通风良好。

② 当供电系统发生短路故障时，应立即检查变压器及油断路器等有关设备，检查有无焦臭味、冒烟、喷油、烧损、爆裂和变形等现象，检查各接头有无异常。

③ 在大风天气时，应检查变压器引线和周围线路有无摆动过近引起闪弧现象，以及有无杂物搭挂。

④ 在雷雨或大雾天气时，应检查套管和绝缘子有无放电闪络现象，变压器有无异常声响，以及避雷器的放电记录器的动作情况。

⑤ 在下雪天气时，应根据积雪融化情况检查接头发热部位，并及时处理积雪和冰凌。

⑥ 在气温异常时，应检查变压器油温和是否有过负载现象。

⑦ 在气体继电器发生报警信号后，应仔细检查变压器的外部情况。

⑧ 在发生地震后，应检查变压器及各部分构架基础是否出现沉陷、断裂、变形等情况；有无威胁安全运行的其他不良因素。

（4）变压器重大故障的紧急处理

当发现变压器有下列情况之一时，应停止变压器运行。

① 变压器内部响声过大，不均匀，有爆裂声等。

② 在正常冷却条件下，变压器油温过高并不断上升。

③ 储油柜或安全气道喷油。

④ 严重漏油，致使油面降到油位计的下限，并继续下降。

⑤ 油色变化过甚或油内有杂质等。

⑥ 套管有严重裂纹和放电现象。

⑦ 变压器起火（不必先报告，立即停止运行）。

3.2.4 油浸式电力变压器的常见故障及排除方法

油浸式电力变压器运行中常见的异常现象、可能原因及处理方法见表3-1。

表3-1 油浸式电力变压器运行中常见的异常现象、可能原因及处理方法

异常现象	判断	可能原因	处理方法
温度不正常	温度过高，温度指示不正确	① 过载 ② Yyn0 变压器三相负载不平衡 ③ 环境温度过高，通风不良 ④ 冷却系统故障 ⑤ 变压器断线，如三角形连接时，对外一相断线，对内绕组有环流通过，发生局部过负载 ⑥ 漏油引起油量不足 ⑦ 变压器内部异常，如夹紧的螺栓松动，线圈短路、损坏，油质不良 ⑧ 温度计损坏	① 降低负载 ② 调整三相负载，要求中性线电流不超过低压绕组额定电流的25% ③ 降低负载；强迫冷却；改善通风 ④ 修复冷却系统 ⑤ 立即修复断线处 ⑥ 补油；处理漏油处 ⑦ 用感官、油试验等进行综合分析判断，然后再做处理和检修 ⑧ 核对温度计：把棒状温度计贴在变压器外壁上校核。若温度计损坏，应更换
不正常的响声或噪声、振动	用听音棒触到油箱上听内部发声情况。只要记住正常时的励磁声和振动情况，便可区分异常声音和振动	① 电压过高或频率波动 ② 紧固部件松动 ③ 铁芯的紧固零件松动 ④ 铁芯叠片中缺片或多片 ⑤ 铁芯油道内或夹件下面有未夹紧的自由端 ⑥ 分接开关的动作机构不正常 ⑦ 冷却风扇、输油泵的轴承磨损 ⑧ 油箱、散热管附件共振 ⑨ 接地不良或未接地的金属部分静电放电 ⑩ 大功率晶闸管负荷引起高次谐波 ⑪ 电晕闪络的放电声，如套管、绝缘子脏污或裂痕	① 把电压分接开关调到与负荷电压相适应的位置 ② 查清声音及振动的部位，加以紧固 ③ 检查并拧紧紧固件 ④ 应补片或抽片，并夹紧铁芯 ⑤ 检查紧固件，加以紧固 ⑥ 检修分接开关 ⑦ 修理或换上备用品；若不能运行，应降低负荷 ⑧ 检查电源频率，拧紧紧固部件 ⑨ 检查外部接地情况，如外部正常，则应进行内部检查 ⑩ 按高次谐波程度，有的可以照常使用，有的不能使用 ⑪ 清扫或更换套管和绝缘子
臭味、变色	① 温度过高 ② 导电部分、接线端子过热，引起变色、臭味	① 过负荷 ② 紧固螺钉松动，长时间过热使接触面氧化	① 降低负荷 ② 修磨接触面，紧固螺钉

异常现象	判断	可能原因	处理方法
臭味、变色	③ 外壳局部过热，引起油漆变色、发臭 ④ 焦臭味 ⑤ 干燥剂变色	③ 涡流及漏磁通 ④ 电晕闪络放电或冷却风扇、输油泵烧毁 ⑤ 受潮	③ 及早进行内部检修 ④ 清扫或更换套管和绝缘子；更换风扇或输油泵 ⑤ 换上新的干燥剂或做再生处理
渗、漏油	油位计的指示低于正常位置	① 密封垫圈未垫妥或老化 ② 焊接不良 ③ 瓷套管破损 ④ 因内部故障引起喷油	① 重新垫妥或更换垫圈 ② 查出不良部位，重新焊好 ③ 更换套管，处理好密封件，紧固法兰部分 ④ 停用检修
异常气体	气体继电器的气体室内有无气体；气体继电器轻瓦斯动作	① 绝缘材料老化 ② 铁芯不正常 ③ 导电部分局部过热 ④ 误动作 ⑤ 密封件老化 ⑥ 管道及管道接头松动	① ～④采集气体分析后再做处理（如停止运行、吊芯检修等） ⑤ 更换密封件 ⑥ 检修管道及管道接头
套管、绝缘子裂痕或破损	目测或用绝缘电阻表检查	外力损伤或过电压引起	根据裂痕的严重程度处理，必要时予以更换；检查避雷器是否良好
防爆装置不正常	防爆板龟裂、破损	① 内部故障（根据继电保护动作情况加以判断） ② 吸湿器不能正常呼吸而使内部压力升高引起	① 停止运行，进行检测和检修 ② 疏通呼吸孔道
套管对地击穿	高压熔丝熔断	① 套管有隐蔽的裂纹或有碰伤 ② 套管表面污秽严重 ③ 变压器油面下降过多	平时巡视时，注意及时发现裂纹等隐患，清除污秽；故障后必须更换套管
套管间放电	高压熔丝熔断	① 套管间有杂物 ② 套管间有小动物	更换套管
分接开关触头表面熔化与灼伤	① 高压熔丝熔断 ② 触头表面产生放电声	① 开关装配不当，造成接触不良 ② 弹簧压力不够	定期（每年一、两次）在停电后将分接开关转动几周，使其接触良好
分接开关相间触头放电或各分接头放电	① 高压熔丝熔断 ② 储油柜盖冒烟 ③ 变压器油发出"咕嘟"声	① 过电压引起 ② 变压器油内有水 ③ 螺钉松动，触头接触不良，产生爬电烧伤绝缘	定期（每年一、两次）在停电后将分接开关转动几周，使其接触良好
变压器油质变坏	变压器油色变暗	① 变压器故障引起放电，造成油分解 ② 变压器油长期受热氧化严重，油质恶化	定期试验、检查，决定进行过滤或换油
气体继电器发出报警	轻瓦斯发出报警信号，重瓦斯作用于跳闸	油面过度降低（如漏油），变压器内部绝缘击穿，匝间短路，铁芯故障，分接开关故障等。这时继电器内有气味。变压器引线端短路时，油面发生振荡	分析气体的数量、颜色、气味与可燃性等，确定故障性质和部位，做出相应的处理

3.3 干式电力变压器

3.3.1 干式电力变压器的主要特征

所谓干式电力变压器，是指这类变压器的铁芯和绕组等构成的器身，都不浸在绝缘液体介质（变压器油）中，而是和空气直接接触（如干式自冷型），或和密封的固体绝缘接触（如环氧浇注型）。

干式电力变压器分为普通结构型和环氧浇注型两大类。干式电力变压器具有下列特征。

① 无油、无污染、难燃、阻燃及自熄防火，没有火灾和爆炸危险。

② 绝缘等级高，进一步提高了变压器的过载能力和使用寿命。

③ 损耗低、效率高。

④ 噪声小，通常可控制在50dB以下。

⑤ 局部放电量小，可靠性高，可保证长期安全运行。

⑥ 抗裂、抗温度变化，机械强度高，抗突发短路能力强。

⑦ 防潮性能好，停运后不需干燥处理即可投入运行。

⑧ 体积小、重量轻。不需单独的变电室，减少了土建造价。

⑨ 安装便捷，无需调试，几乎不需维护；无需更换和检查油料，运行维护成本低。

⑩ 配备有完善的温度保护控制系统，为变压器安全运行提供了可靠保障。

干式电力变压器的铁芯和绕组一般为外露结构，不采用液体绝缘，不存在液体泄漏和污染环境问题；干式电力变压器结构简单，维护和检修比油浸式电力变压器要方便许多；同时干式电力变压器都采用阻燃性绝缘材料，基于这些优点，被广泛应用在对安全运行要求较高的场合。许多国家和地区都规定，在高层建筑的地下变电站、地铁、矿井、电厂、人流密集的大型商业和社会活动中心等重要场所必须选用干式电力变压器供电。

3.3.2 干式电力变压器的结构

干式电力变压器的分类方法很多，通常有以下几种分类方法。

（1）按外壳结构分类

① 密封式变压器。它是放在密封保护外壳中，外壳中充有空气或其他气体，壳内气体不能与外界大气交换。

② 全封闭式干式变压器。它是放在保护外壳中，外壳中充有空气。外壳结构使壳内周围空气不能以循环方式来冷却铁芯和绕组，但壳内空气可向大气呼吸。

③ 封闭干式变压器。它是在保护外壳中充以空气的干式电力变压器，外壳结构使周围空气以循环方式来冷却铁芯和绕组。

④ 非封闭式干式变压器。它是一种没有外壳保护的干式电力变压器，它的铁芯和绕组由外界空气冷却。

干式电力变压器按外形结构又可分为有箱式（封闭式）和无箱式（非封闭式）两种，箱体有铁板结构和铝合金结构两种。

（2）按绝缘介质和制造工艺分类

干式电力变压器按绝缘介质和制造工艺可分为浸渍式、环氧树脂型浇注式、环氧树脂绕包式（又称缠绕式树脂包封）等。

在干式电力变压器中，空气自冷又分为非封闭式（开启式）和封闭式两种。环氧树脂型浇注式又可分为带填料的厚绝缘浇注和用玻璃纤维加强的薄绝缘浇注两种，即树脂加填料浇注和树脂浇注两种。

SG10 型 H 级浸渍式干式电力变压器的外形如图 3-6 所示，SCB9（10）型环氧树脂型浇注式干式电力变压器结构如图 3-7 所示。

图 3-6　SG10 型 H 级浸渍式干式
电力变压器的外形

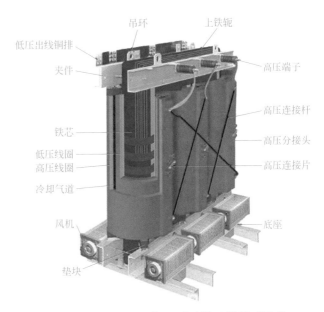

图 3-7　SCB9（10）型环氧树脂型浇注式干式
电力变压器结构

3.3.3　干式电力变压器的使用与维护

（1）干式电力变压器的启动

① 安装工程结束并经验收后，干式电力变压器宜带电连续试运行 24h。

② 干式电力变压器分接开关应符合运行要求。若为无励磁分接开关，在调好运行分接位置后，该分接位置绕组的直流电阻应符合有关规定。

③ 接地部分接触紧密，牢固可靠，设备中及带电部分无遗留杂物，具备通电条件。

④ 所有保护装置已全部投入，进行空载合闸 5 次，第一次带电时间不少于 10min，且无异常。

⑤ 变压器并列运行时，应该核对相位。

⑥ 在带电情况下，将有载分接开关操作一个循环，逐级控制正常，电压调节范围与铭

牌相符。

⑦ 温控开关整定符合要求，温控与温显所指示的温度一致。

⑧ 冷却装置自启动及运转正常。

⑨ 干式电力变压器在高湿度下投运时，绕组外表无凝露。

⑩ 投运干式电力变压器操作时，在中性点有效接地系统中，中性点必须先接地，投入后，可按系统需要决定中性点是否断开。

（2）干式电力变压器的运行环境

① 海拔高度。不超过 1000m。

② 环境温度。最高气温 40℃；最高日平均气温 30℃；最高年平均气温 20℃；户外最低气温 -30℃；户内最低气温 -5℃。

③ 湿度要求。因绕组不吸潮，铁芯、夹件均有特殊的防蚀保护层，可在 100% 的相对湿度和其他恶劣环境中运行。

④ 安装场合。因干式电力变压器缠绕绕组的玻璃纤维等绝缘材料具有自熄特性，阻燃防爆，不会因短路产生电弧，高温下树脂不会产生有毒有害气体，无公害，不污染环境。可以靠近负荷中心，就近安装。

（3）对干式电力变压器运行的有关要求

① 干式电力变压器外壳醒目处设有标牌，标明运行编号和相位，并悬挂警告牌。

② 有独立电源的通风系统。当机械通风停止时，能发出远传信号。

③ 变压器室的门采用难燃或不燃材料，并加锁。门上标明干式电力变压器的名称和运行编号，门外挂警告标志牌。

④ 安装在地震烈度为七级以上地区的干式电力变压器，采用下列防震措施。

a. 将干式电力变压器垫脚固定于基础槽钢或轨道上。

b. 干式电力变压器出线端子与软导线的连接适当放松，与硬导线连接时，将过渡软连接适当加长。

⑤ 对运行中的干式电力变压器采取限制短路电流的措施。变压器保护动作的时间应小于承受短路耐热能力的持续时间。

⑥ 当联结组标号相同、电压比相等且短路阻抗相等时，干式电力变压器可并列运行。

（4）干式电力变压器运行中的巡视检查

① 检查绝缘子、绕组的底部和端部有无积尘。

② 观察绕组绝缘表面有无龟裂、爬电和碳化痕迹。

③ 注意紧固部件有无松动、发热，声音是否正常。

④ 采用自然空气冷却（AN）时，可连续输出 100% 容量。

⑤ 配置风冷系统，采用强迫空气冷却（AF）方式时，输出容量可提高 40% 左右。

⑥ 超负荷运行中应密切注意变化，切忌因温升过高而损坏绝缘，无法恢复运行。

⑦ 在低负载下运行、温升较低时，风机可不投入运行。

值班人员发现干式电力变压器运行中有不正常现象时，设法尽快消除，并报告上级和做好记录。

3.3.4 干式电力变压器的常见故障及排除方法

干式电力变压器的常见故障及排除方法见表 3-2。

表 3-2 干式电力变压器的常见故障及排除方法

故障现象	原因分析	排除方法
铁芯产生悬浮电位放电现象	① 铁芯接地片与铁芯没插紧 ② 接地片脱落，使铁芯失去有效接地点	① 接地片插在铁芯由外向里第 2 或第 3 级处，插入深度为 30 ～ 50mm ② 将接地片插在铁芯并紧固
铁芯多点接地	① 有金属异物遗留在铁芯和结构件之间 ② 夹件绝缘、垫脚绝缘过薄，在重力作用下绝缘破裂	① 清除干式电力变压器内存在的金属异物，保证变压器器身清洁 ② 采用较厚的夹件绝缘和垫脚绝缘，保证有效绝缘距离
短路	① 变压器一次侧输入电源短路造成变压器的短路 ② 变压器一次侧、二次侧由于引线距离的原因造成变压器的短路 ③ 变压器线圈内部由于匝间、层间短路造成变压器的短路 ④ 变压器相间由于绝缘距离不够造成变压器的短路	① 排除一次侧故障 ② 适当增大引线的距离 ③ 加强匝间、层间的绝缘 ④ 适当增大相间的距离
树脂绝缘干式电力变压器绝缘故障	① 线圈表面环氧树脂开裂，造成线圈表面有放电现象 ② 树脂配比有误差，使树脂电气性能及机械强度下降 ③ 线圈绝缘材料放置不当，造成线圈浇注后整体绝缘结构不良	① 修补开裂处，加强绝缘 ② 加强绝缘，提高树脂电气性能及机械强度 ③ 采取补救措施，增强绝缘
非包封干式电力变压器绝缘故障	① 线圈匝间绝缘有破损，表面不清洁 ② 线圈表面有气泡，同时伴有严重的漆瘤	① 清理线圈表面，修补破损的绝缘 ② 重新浸渍或补漆
上电后显示器不亮	电源线未接好或电源欠压	检查输入电源
首次送电分接开关不动作	① 连接插头未插好 ② 相序不正确	① 检查各部位，并按要求接好 ② 重新校核
控制器操作，分接开关不动作	① 控制器与分接开关连线错误 ② 插头未插好	① 检查并正确连线 ② 按要求安装插头
分接开关保护失灵	① 开关部件松动 ② 元器件击穿	① 检查插头是否接通，紧固松动的部件 ② 更换击穿的元器件或咨询厂家维修
分接开关机械部分有卡滞现象或异常声音	① 润滑部位未按要求注入润滑油 ② 机械零件是否损坏	① 检查、加注润滑油 ② 咨询厂家维修
分接开关有放电现象	① 绝缘部位脏污 ② 绝缘件击穿	① 擦净绝缘部件 ② 更换绝缘件或咨询厂家维修

第4章
电动机

4.1 电动机概述

4.1.1 常用电动机的分类

常用电动机的分类见表4-1。

表 4-1 常用电动机的分类

	同步电动机	三相同步电动机		
交流电动机		单相同步电动机		
	异步电动机	三相异步电动机	笼型三相异步电动机	
			绕线转子三相异步电动机	
		单相异步电动机	电阻分相启动单相异步电动机	
			电容分相启动单相异步电动机	
			电容启动与运转单相异步电动机	
			罩极式的异步电动机	凸极式
				隐极式

直流电动机	电磁式直流电动机	他励式直流电动机
		并励式直流电动机
		串励式直流电动机
		复励式直流电动机
	永磁式直流电动机	
	无刷直流电动机	
交直流两用电动机（单相串励电动机）		

4.1.2 电动机选择的一般原则和主要内容

（1）电动机选择的一般原则

① 选择在结构上与所处环境条件相适应的电动机，如根据使用场合的环境条件选用相适应的防护形式及冷却方式的电动机。

② 选择电动机应满足生产机械所提出的各种机械特性要求。如速度、速度的稳定性、速度的调节以及启动、制动时间等。

③ 选择电动机的功率能被充分利用，防止出现"大马拉小车"的现象。通过计算确定出合适的电动机功率，使设备需求的功率与被选电动机的功率相接近。

④ 所选择的电动机的可靠性高，并且便于维护。

⑤ 互换性能要好，一般情况下尽量选择标准电动机产品。

⑥ 综合考虑电动机的极数和电压等级，使电动机在高效率、低损耗状态下可靠运行。

（2）电动机选择的主要内容

根据生产机械对电力拖动系统提出的要求，选择电动机的种类；根据电动机和生产机械安装的位置和场所环境，选择电动机的结构和防护形式；根据电源的情况，选择电动机额定电压；根据生产机械所要求的转速以及传动设备的情况，选择电动机额定转速；根据生产机械所需要的功率和电动机的运行方式，决定电动机的额定功率。综合以上因素，根据制造厂的产品目录，选定一台合适的电动机。

4.1.3 电动机种类的选择

各种电动机具有的性能特点包括机械特性、启动性能、调速性能、所需电源、运行是否可靠、维修是否方便及价格高低等，常用电动机最主要的性能特点见表4-2。

表4-2 常用电动机最主要的性能特点

电动机种类		最主要的性能特点
直流电动机	他励、并励	机械特性硬、启动转矩大、调速性能好
	串励	机械特性软、启动转矩大、调速方便
	复励	机械特性软硬适中、启动转矩大、调速方便

电动机种类		最主要的性能特点
三相异步电动机	普通笼型	机械特性硬、启动转矩不太大、可以调速
	高启动转矩	启动转矩大
	多速	多（2~4）速
	绕线转子	启动电流小、启动转矩大、调速方法多、调速性能好
三相同步电动机		转速不随负载变化、功率因数可调
单相异步电动机		功率小、机械特性硬

4.1.4　电动机防护形式的选择

电动机的外壳防护形式分两种：第一种，防止固体异物进入电动机内部，防止人体触及电动机内的带电或运动部分的防护；第二种，防止水进入电动机内部程度的防护。

电动机外壳防护等级的标志由字母 IP 和两个数字表示。IP 后面的第一个数字代表第一种防护形式（防尘）的等级，见表 4-3；第二个数字代表第二种防护形式（防水）的等级，见表 4-4。数字越大，防护能力越强。

表 4-3　第一种防护等级的数字含义

防护等级	简称	定义
0	无防护	没有专门的防护
1	防止大于 50mm 的固体进入的电动机	能防止直径大于 50mm 的固体异物进入壳内，能防止人体的某一大面积部分（如手）偶然或意外地触及壳内带电或运动部分，但不能防止有意识地接近这些部分
2	防止大于 12mm 的固体进入的电动机	能防止直径大于 12mm 的固体异物进入壳内，能防止手指、长度不超过 80mm 物体触及或接近壳内带电或运动部分
3	防止大于 2.5mm 的固体进入的电动机	能防止直径大于 2.5mm 的固体异物进入壳内，能防止厚度（或直径）大于 2.5mm 的工具、金属线等触及或接近壳内带电或转动部分
4	防止大于 1mm 的固体进入的电动机	能防止直径大于 1mm 的固体异物进入壳内，能防止厚度（或直径）大于 1mm 的导线、金属条等触及或接近壳内带电或转动部分
5	防尘电动机	能防止触及或接近机内带电或转动部分。不能完全防止尘埃进入，但进入量不足以影响电动机的正常运行
6	尘密电动机	完全防止尘埃进入

表 4-4　第二种防护等级的数字含义

防护等级	简称	定义
0	无防护电动机	没有专门的防护
1	防滴电动机	垂直的滴水应无有害影响
2	15°防滴电动机	与铅垂线成 15°角范围内的滴水，应无有害影响
3	防淋水电动机	与铅垂线成 60°角范围内的淋水，应无有害影响

防护等级	简称	定义
4	防溅水电动机	任何方向的溅水应无有害的影响
5	防喷水电动机	任何方向的喷水应无有害的影响
6	防海浪电动机	猛烈的海浪或强力喷水应无有害的影响
7	防浸水电动机	在规定的压力和时间内浸在水中，进入水量应无有害的影响
8	潜水电动机	在规定的压力下长时间浸在水中，进入水量应无有害的影响

常用电动机的防护形式有开启式、防滴式、封闭式和防爆式等。

开启式电动机的定子两侧和端盖上都有很大的通风口，散热好，价格便宜，但容易进灰尘、水滴和铁屑等杂物，只能在清洁、干燥的环境中使用。

防滴式（又称防护式）电动机的机座下面有通风口，散热好，能防止水滴、沙粒和铁屑等杂物落入电动机内，但不能防止潮气和灰尘侵入，适用于比较干燥、没有腐蚀性和爆炸性气体的环境。

封闭式电动机的机座和端盖上均无通风孔，完全封闭。封闭式又分为自冷式、自扇冷式、他扇冷式、管道通风式及密封式等。前四种电动机外部的潮气及灰尘不易进入，适用于尘土多、特别潮湿、有腐蚀性气体、易受风雨等较恶劣的环境。密封式电动机可以浸在液体中使用，如潜水泵。

防爆式电动机在封闭式基础上制成隔爆形式，机壳有足够的强度，适用于有易燃、易爆气体的场所，如矿井、油库、煤气站等。

4.1.5　电动机工作制的选择

电动机的工作制（又称工作方式或工作定额）是指电动机在额定值条件下运行时，允许连续运行的时间，即电动机的工作方式。

工作制是对电动机各种负载，包括空载、停机和断电以及持续时间和先后次序情况的说明。根据电动机的运行情况，分为多种工作制。连续工作制、短时工作制和断续周期工作制是基本的 3 种工作制，是用户选择电动机的重要指标之一。

① 连续工作制。代号为 S1，是指该电动机在铭牌规定的额定值下，能够长时间连续运行。适用于风机、水泵、机床的主轴、纺织机、造纸机等很多连续工作方式的生产机械。

② 短时工作制。代号为 S2，是指该电动机在铭牌规定的额定值下，能在限定的时间内短时运行。我国规定的短时工作的标准时间有 15min、30min、60min、90min 4 种。适用于水闸闸门启闭机等短时工作方式的设备。

③ 断续周期工作制。代号为 S3，是指该电动机在铭牌规定的额定值下，只能断续周期性地运行。按国家标准规定每个工作与停歇的周期 $t_z = t_g + t_o \leq 10$（min）。每个周期内工作时间占的百分数称为负载持续率（又称暂载率），用 FS% 表示，计算公式为

$$FS\% = \frac{t_g}{t_g + t_o} \times 100\% \qquad (4\text{-}1)$$

式中 t_g——工作时间；

   t_o——停歇时间。

我国规定的标准负载持续率有 15%、25%、40%、60%。

断续周期工作制的电动机频繁启动、制动，其过载能力强、转动惯量小、机械强度高，适用于起重机械、电梯、自动机床等具有周期性断续工作方式的生产机械。

4.1.6 电动机额定电压的选择

电动机的额定电压和额定频率应与供电电源的电压和频率相一致。如果电源电压高于电动机的额定电压太多，会使电动机烧毁；如果电源电压低于电动机的额定电压，会使电动机的输出功率减小，若仍带额定负载运行，将会烧毁电动机。如果电源频率与电动机的额定频率不同，将直接影响交流电动机的转速，且对运行性能也有影响。因此，电源的电压和频率必须与电动机铭牌规定的额定值相符。电动机的额定电压一般可按下列原则选用。

① 当高压供电电源为 6kV 时，额定功率不小于 200kW 的电动机应选用额定电压为 6kV 的电动机，额定功率小于 200kW 的电动机应选用额定电压为 380V 的电动机。

② 当高压供电电源为 3kV 时，额定功率不小于 100kW 的电动机应选用额定电压为 3kV 的电动机，额定功率小于 100kW 的电动机应选用额定电压为 380V 的电动机。

我国生产的电动机的额定电压与功率的情况见表 4-5。

表 4-5 我国生产的电动机的额定电压与功率的情况

电压 /V	容量范围 /kW		
	交流电动机		
	同步电动机	笼型异步电动机	绕线转子异步电动机
380	3 ～ 320	0.37 ～ 320	0.6 ～ 320
6000	250 ～ 10000	200 ～ 5000	200 ～ 500
10000	1000 ～ 10000		
	直流电动机		
110	0.25 ～ 110		
220	0.25 ～ 320		
440	1.0 ～ 500		
600 ～ 870	500 ～ 4600		

4.1.7 电动机额定转速的选择

额定功率相同的电动机，额定转速越高，电动机的体积越小，重量越轻，成本越低，效率和功率因数一般也越高，因此选用高速电动机较为经济。但是，由于生产机械对转速的要求一定，电动机的转速选得太高，势必加大传动机构的转速比，导致传动机构复杂化和传动效率降低。此外，电动机的转矩与"输出功率 / 转速"成正比，额定功率相同的电动机，极数越少，转速就越高，但转矩将会越小。因此，一般应尽可能使电动机与生产机械的转速一致，以便采用联轴器直接传动，如果两者转速相差较多，可选用比生产机械的转速稍高的电动机，采用带传动等。

几种常用负载所需电动机的转速如下。

① 泵。主要使用 2 极、4 极的三相异步电动机（同步转速为 3000r/min 或 1500r/min）。

② 压缩机。采用带传动时，一般选用 4 极、6 极的三相异步电动机（同步转速为 1500r/min 或 1000r/min）；采用直接传动时，一般选用 6 极、8 极的三相异步电动机（同步转速为 1000r/min 或 750r/min）。

③ 轧钢机、破碎机。一般选用 6 极、8 极、10 极的三相异步电动机（同步转速为 1000r/min、750r/min 或 600r/min）。

④ 通风机、鼓风机。一般选用 2 极、4 极的三相异步电动机。

总之，选用电动机的转速需要综合考虑，既要考虑负载的要求，又要考虑电动机与传动机构的经济性等。具体根据某一负载的运行要求，进行方案设计。但一般情况下，多选同步转速为 1500r/min 的三相异步电动机。

4.1.8 电动机额定功率的选择

电动机额定功率的选择是一个很重要又很复杂的问题。电动机的额定功率选择应适当，不应过小或过大。如果电动机的额定功率选择过小，就会出现"小马拉大车"的现象，势必使电动机过载，也就必然会使电动机的电流超过额定值而使电动机过热，电动机内绝缘材料的寿命也会缩短，若过载较多，可能会烧毁电动机；如果电动机的额定功率选择过大，就会变成"大马拉小车"，电动机处于轻载状况下运行，其功率因数和效率均较低，运行不经济。

通常，电动机额定功率选择的步骤如下。

① 计算负载功率 P_L。

② 根据负载功率 P_L，预选电动机的额定功率 P_N 和其他参数。选择电动机的额定功率 P_N 大于或等于负载功率 P_L，即 $P_N \geqslant P_L$，一般取 $P_N = 1.1P_L$。

③ 校核预选电动机。一般先校核温升，再校核过载倍数，必要时校核启动能力。两者都通过，预选的电动机便选定；若通不过，从第二步重新开始，直到通过为止。

在满足生产机械要求的前提下，电动机额定功率越小越经济。

4.1.9 电动机选择实例

连续工作制电动机的负载分为常值负载和变化负载两类。下面介绍常值负载下电动机功率的选择方法。

先计算出生产机械的负载功率 P_L，使 $P_N \geqslant P_L$，一般取 $P_N = 1.1P_L$。常值负载下电动机功率的选择步骤如下。

（1）计算负载功率 P_L

首先介绍几种常见的负载功率 P_L 的计算公式。

① 直线运动机械的负载功率 P_L

$$P_L = \frac{F_L v}{\eta} \tag{4-2}$$

式中，P_L 为负载功率，W；F_L 为生产机械的静阻力，N；v 为生产机械的速度，m/s；

η 为传动装置的效率，直接连接时取 0.95 ~ 1，皮带传动取 0.9。

② 旋转运动机械的负载功率 P_L

$$P_L = \frac{T_L n_L}{9.55\eta} \tag{4-3}$$

式中，P_L 为负载功率，W；T_L 为生产机械的静转矩，N·m；n_L 为生产机械的速度，r/min；η 为传动装置的效率，取值同上。

③ 泵类机械的负载功率 P_L

$$P_L = \frac{Q\gamma H}{102\eta\eta_1} \tag{4-4}$$

式中，P_L 为负载功率，kW；Q 为泵的流量，m³/s；H 为馈送高度，m；γ 为液体密度，kg/m³；102=1000/9.8；η_1 为泵的效率，其中，低压离心泵 η_1=0.3 ~ 0.6，高压离心泵 η_1=0.5 ~ 0.8，活塞泵 η_1=0.8 ~ 0.9；η 为传动装置的效率，取值同上。

（2）按负载功率 P_L 选择电动机的额定功率 P_N

电动机的额定功率是按标准环境温度 40℃确定的。如果使用时，周围环境温度与标准值 40℃相差较大，为了充分利用电动机，其输出功率可与 P_N 不同。

根据发热等效的原则，即在不同的环境温度下，带负载运行时，电动机的温度均达绝缘材料的最高允许温度 θ_m 这一原则，可以推导出电动机在实际环境温度为 θ_0 时允许输出功率 P 的计算公式：

$$P = P_N \sqrt{\frac{\theta_m - \theta_0}{\theta_m - 40}(k+1) - k} \tag{4-5}$$

式中，θ_m 为绝缘材料允许的最高温度；$k = p_0/p_{cu}$ 为不变损耗（空载损耗）与额定负载下可变损耗（铜耗）之比，其值取决于电动机的结构与转速，一般为 0.4 ~ 1.1，直流电动机 k=1，笼型异步电动机 k=0.5 ~ 0.7，大型绕线转子异步电动机 k=0.9 ~ 1。

显然，如果 $\theta_0 > 40℃$，则 $P < P_N$；$\theta_0 < 40℃$，则 $P > P_N$。

实际工作中，也可按表 4-6 近似确定 θ_0 不等于 40℃时电动机允许输出的功率 P。

表 4-6　不同环境温度下电动机容量的修正

环境温度 /℃	30	35	40	45	50	55
电动机功率增减的百分数 /%	+8	+5	0	-5	-12.5	-25

环境温度低于 30℃时，一般电动机功率也只增加 8%。

必须指出，工作环境的海拔高度对电动机温升有影响，这是由于海拔高度越高，虽然气温降低越多，但由于空气稀薄，散热条件大为恶化。这两方面的因素互相补偿，因此规定，使用地点的海拔高度不超过 1000m 时，额定功率不必进行校正。当海拔高度在 1000m 以上时，平原地区设计的电动机，出厂试验时必须把允许温升降低，才能供高原地带应用。

此外，空气湿度对电动机的工作也有影响，湿度较大，绝缘性能降低。一般要求年平均相对湿度不应超过 85%。

【例4-1】

一台与电动机直接连接的离心式水泵，流量为 $Q = 90\text{m}^3/\text{h}$，扬程20m，吸程5m，转速2900r/min，泵的效率 $\eta_1 = 0.78$，试选择电动机。

解：泵类机械的负载功率为

$$P_\text{L} = \frac{Q\gamma H}{102\eta\eta_1} = \frac{\frac{90}{3600} \times 1000 \times (20+5)}{102 \times 0.95 \times 0.78} = 8.3(\text{kW})$$

选一台 Y2 系列的异步电动机即可，其数据为 $P_\text{N} = 11\text{kW}$，$U_\text{N} = 380\text{V}$，$n_\text{N} = 2920\text{r/min}$。对选用的电动机不必进行发热校验。

4.1.10　电动机的安装

（1）搬运电动机的注意事项

搬运电动机时，应注意不应使电动机受到损伤、受潮或弄脏。

如果电动机由制造厂装箱运来，在没有运到安装地点前，不要打开包装箱，宜将电动机存放在干燥的仓库内，也可以放置室外，但应有防雨、防潮、防尘等措施。

中小型电动机从汽车或其他运输工具上卸下来时，可使用起重机械。如果没有起重机械设备，可在地面与汽车之间搭斜板，让它慢慢滑下来。但必须用绳子将机身拖住，以防滑动太快或滑出木板。

质量在 100kg 以下的小型电动机，可以用铁棒穿过电动机上的吊环，由人力搬运，但不能用绳子套在电动机的皮带轮或转轴上，也不要穿过电动机的端盖孔来抬电动机。搬运中所用的机具、绳索、杠棒必须牢固，不能有丝毫马虎。如果搬运中使电动机转轴弯曲扭坏，使电动机内部结构变动，将直接影响电动机使用，而且修复很困难。

（2）安装地点的选择

选择安装电动机的地点时一般应注意以下几点。

① 尽量安装在干燥、灰尘较少的地方。

② 尽量安装在通风较好的地方。

③ 尽量安装在较宽敞的地方，以便进行日常操作和维修。

（3）电动机安装前的检查

电动机安装之前应进行仔细检查和清扫。

① 检查电动机的功率、型号、电压等应与设计相符。

② 检查电动机的外壳应无损伤，风罩、风叶应完好。

③ 转子转动应灵活，无碰卡声，轴向窜动不应超过规定的范围。

④ 检查电动机的润滑脂，应无变色、变质及硬化等现象，其性能应符合电动机工作条件。

⑤ 拆开接线盒，用万用表测量三相绕组是否断路。引出线鼻子的焊接或压接应良好，编号应齐全。

⑥ 使用绝缘电阻表测量电动机的各相绕组之间以及各相绕组与机壳之间的绝缘电阻，如果电动机的额定电压在 500V 以下，则使用 500V 兆欧表测量，其绝缘电阻值不得小于

0.5MΩ，如果不能满足要求，应对电动机进行干燥处理。

⑦ 对于绕线转子电动机，需检查电刷的提升装置。提升装置应标有"启动""运行"等标志，动作顺序是先短路集电环，然后提升电刷。

电动机在检查中，如有下列情况之一时，应进行抽芯检查：a.出厂日期超过制造厂保证期限；b.经外观检查或电气试验，质量有可疑；c.开启式电动机经端部检查有可疑；d.试运转时有异常情况。

（4）电动机底座基础的制作

为了保证电动机能平稳地安全运转，必须把电动机牢固地安装在固定的底座上。生产机械上有专供安装电动机固定底座的设备部件，电动机一定要安装在上面；无固定底座时，一般中小型电动机可用螺栓安装在固定的金属底板或槽轨上，也可以将电动机紧固在事先埋入混凝土基础内的地脚螺栓或槽轨上。

① 电动机底座基础的建造。电动机底座的基础一般用混凝土浇筑而成，座墩的形状如图 4-1 所示。座墩的尺寸要求：H 一般为 100～150mm，具体高度应根据电动机规格、传动方法和安装条件来决定；B 和 L 的尺寸应根据底板或电动机机座尺寸来定，但四周一般要放出 50～250mm 裕度，通常外加 100mm；基础的深度一般按地脚螺栓长度的 1.5～2 倍选取，以保证埋设地脚螺栓时，有足够的强度。

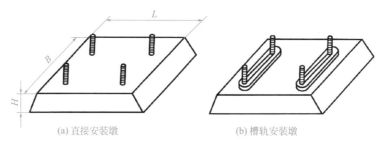

(a) 直接安装墩   (b) 槽轨安装墩

图 4-1   电动机的安装座墩

② 地脚螺栓的埋设方法。为了保证地脚螺栓埋得牢固，通常将地脚螺栓做成人字形或弯钩形，如图 4-2 所示。地脚螺栓埋设时，埋入混凝土的长度一般不小于螺栓直径的 10 倍，人字开口和弯钩形的长度约是埋入混凝土内长度的 1/2。

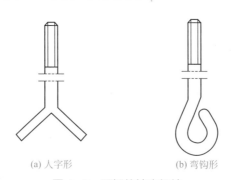

(a) 人字形   (b) 弯钩形

图 4-2   预埋的地脚螺栓

③ 电动机机座与底座的安装。为了防止振动，安装时应在电动机与基础之间垫衬一层质地坚韧的木板或硬橡皮等防振物；4 个地脚螺栓上均要套用弹簧垫圈；拧紧螺母时，要按

对角交错次序逐步拧紧，每个螺母要拧得一样紧。

安装时还应注意使电动机的接线盒接近电源管线的管口，再用金属软管伸入接线盒内。

（5）电动机的安装方法

安装电动机时，质量在100kg以下的小型电动机，可用人力抬到基础上；比较重的电动机，应用起重机或滑轮来安装，但要小心轻放，不要使电动机受到损伤。电动机在基础上的安装如图4-3所示。

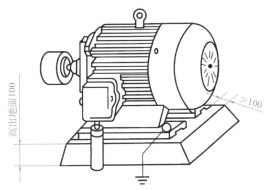

图4-3 电动机在基础上的安装

穿导线的钢管应在浇筑混凝土前埋好，连接电动机一端的钢管，管口离地不得低于100mm，并应使它尽量接近电动机的接线盒，如图4-4所示。

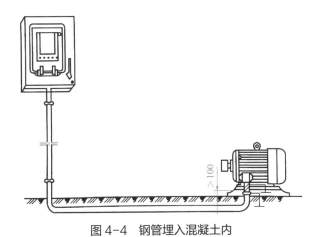

图4-4 钢管埋入混凝土内

（6）电动机的校正

① 水平校正。电动机在基础上安放好后，首先检查水平情况。通常用水准仪（水平仪）来校正电动机的纵向和横向水平。如果不平，可用0.5～5mm的钢片垫在机座下，直到符合要求为止。注意：不能用木片或竹片来代替，以免在拧紧螺母或电动机运行中木片或竹片变形碎裂。校正好水平后，再校正传动装置。

② 带传动的校正。带传动校正时，首先要使电动机带轮的轴与被传动机器带轮的轴保持平行，其次两个带轮宽度的中心线应在一条直线上。若两个带轮的宽度相同，校正时可在带轮的侧面进行，将一根细线拉直并紧靠两个带轮的端面（图4-5），若细线均接触*A*、*B*、*C*、

D 四点，则带轮已校正好，否则应继续校正。

③ 联轴器传动的校正。以被传动的机器为基准调整联轴器，使两联轴器的轴线重合，同时使两联轴器的端面平行。

联轴器可用钢直尺进行校正，如图 4-6 所示。将钢直尺搁在联轴器上，分别测量纵向水平间隙 a 和轴向间隙 b，再用手将电动机端的联轴器转动，每转 90° 测量一次 a 与 b 的数值。若各位置上测得的 a、b 值不相同，应在机座下加垫或减垫。这样重复几次，调整后测得的 a、b 值在联轴器转动 360° 时不变即可。两联轴器容许轴向间隙 b 值应符合表 4-7 的规定。

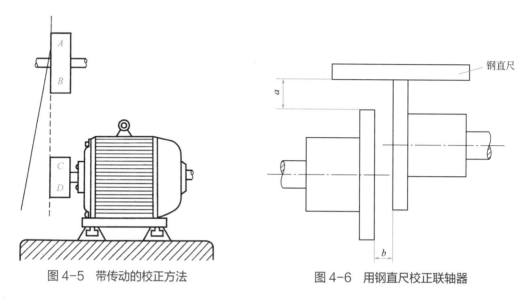

图 4-5　带传动的校正方法　　　　　　图 4-6　用钢直尺校正联轴器

表 4-7　两联轴器容许轴向间隙 b　　　　　　　　　　　　　　　　mm

联轴器直径	90～140	140～260	260～500
容许轴向间隙 b	2.5	2.5～4	4～6

④ 齿轮传动的校正。电动机轴与被传动机器的轴应保持平行。两齿轮轴是否平行，可用塞尺检查两齿轮的间隙来确定，如间隙均匀，说明两轴已平行。否则，需重新校正。一般齿轮啮合程度可用颜色印迹法来检查，应使齿轮接触部分不小于齿宽的 2/3。

4.1.11　电动机绝缘电阻的测量

用绝缘电阻表测量电动机的绝缘电阻的方法如图 4-7 所示，测量步骤如下。

① 校验绝缘电阻表。放平绝缘电阻表，将绝缘电阻表测试端短路，并慢慢摇动绝缘电阻表的手柄，指针应指在"0"位置上；然后将测试端开路，再摇动手柄（约 120r/min），指针应指在"∞"位置上。测量时，应将绝缘电阻表平置放稳，摇动手柄的速度应均匀。

② 拆去电动机接线盒中的连接片。

③ 测试电动机三相绕组之间的绝缘电阻。将两个测试夹分别接到任意两相绕组的端点，以 120r/min 左右的速度匀速摇动绝缘电阻表 1min 后，读取绝缘电阻表指针稳定的指示值。

④ 用同样的方法，依次测试每相绕组与机壳的绝缘电阻。但应注意，绝缘电阻表上标有"E"或"接地"的接线柱应接到机壳上无绝缘的地方。

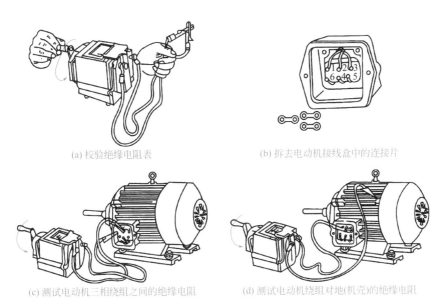

(a) 校验绝缘电阻表　　　　　　　　　(b) 拆去电动机接线盒中的连接片

(c) 测试电动机三相绕组之间的绝缘电阻　　　(d) 测试电动机绕组对地(机壳)的绝缘电阻

图 4-7　用绝缘电阻表测量电动机的绝缘电阻的方法

1—U1；2—V1；3—W1；4—U2；5—V2；6—W2

测量单相异步电动机的绝缘电阻时，应将电容器拆下（或短接），以防将电容器击穿。

4.1.12　电动机熔丝（熔体）的选择

熔丝（熔体）的选择需考虑电动机启动电流的影响，同时还应注意，各级熔体应互相配合，即下一级熔体应比上一级熔体小。选择原则如下。

（1）保护单台电动机的熔体的选择

由于笼型异步电动机的启动电流很大，故应保证在电动机的启动过程中熔体不熔断，而在电动机发生短路故障时又能可靠地熔断。因此，异步电动机的熔体的额定电流一般可按下式计算：

$$I_{RN} = (1.5 \sim 2.5)I_N \tag{4-6}$$

式中　I_{RN}——熔体的额定电流，A；

　　　I_N——电动机的额定电流，A。

式中，系数（1.5～2.5）应视负载性质和启动方式选取。对轻载启动、启动不频繁、启动时间短或降压启动者，取较小值；对重载启动、启动频繁、启动时间长或直接启动者，取较大值。当按上述方法选择系数还不能满足启动要求时，系数可大于 2.5，但应小于 3。

（2）保护多台电动机的熔体的选择

当多台电动机应用在同一系统中，采用一个总熔断器时，熔体的额定电流可按下式计算：

$$I_{RN} = (1.5 \sim 2.5)I_{Nm} + \Sigma I_N \tag{4-7}$$

式中　I_{RN}——熔体的额定电流，A；

　　　I_{Nm}——启动电流最大的一台电动机的额定电流，A；

　　　ΣI_N——除启动电流最大的一台电动机外，其余电动机的额定电流的总和，A。

根据式（4-7）求出一个数值后，可选取等于或稍大于此值的标准规格的熔体。

另外，在选择熔断器时应注意：熔断器的额定电流应大于或等于熔体的额定电流；熔断器的额定电压应大于或等于电动机的额定电压。

4.2 三相异步电动机

4.2.1 三相异步电动机的结构

三相异步电动机主要由两大部分组成：一个是静止部分，称为定子；另一个是旋转部分，称为转子。其中，定子主要由机座、定子铁芯、定子绕组三部分组成；转子由转子铁芯、转子绕组和转轴三部分组成。转子装在定子腔内，为保证转子能在定子内自由转动，定子与转子之间必须有一定的间隙，称为气隙。此外，在定子两端还装有端盖等。笼型三相异步电动机的结构如图4-8所示，绕线转子三相异步电动机的结构如图4-9所示，常见三相异步电动机的外形如图4-10所示。

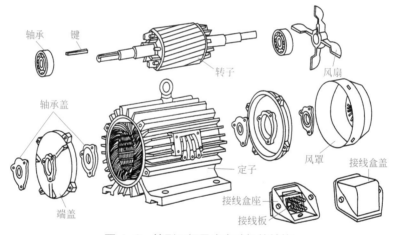

图4-8 笼型三相异步电动机的结构

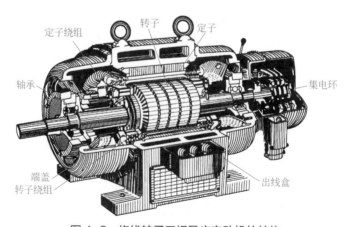

图4-9 绕线转子三相异步电动机的结构

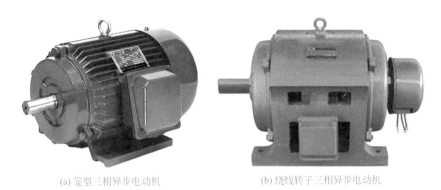

(a) 笼型三相异步电动机　　　　　(b) 绕线转子三相异步电动机

图 4-10　常见三相异步电动机的外形

4.2.2　三相异步电动机的铭牌和额定值

在电动机铭牌上标明了由制造厂规定的表征电动机正常运行状态的各种数值，如功率、电压、电流、频率、转速等，称为额定参数。异步电动机按额定参数和规定的工作制运行，称为额定运行。它们是正确使用、检查和维修电动机的主要依据。图 4-11 为三相异步电动机的铭牌实例，其中各项内容的含义如下。

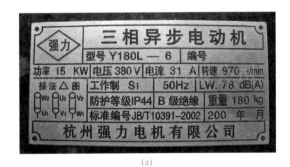

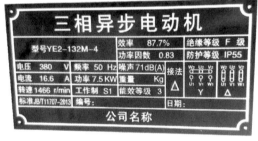

(a)　　　　　　　　　　　　　　(b)

图 4-11　三相异步电动机的铭牌

① 型号。型号是表示电动机的类型、结构、规格及性能等的代号。

② 额定功率。异步电动机的额定功率又称额定容量，是指电动机在铭牌规定的额定运行状态下工作时，从转轴上输出的机械功率，单位为 W 或 kW。

③ 额定电压。电动机在额定运行状态下，定子绕组应接的线电压，单位为 V 或 kV。如果铭牌上标有两个电压值，表示定子绕组在两种不同接法时的线电压。例如，电压 220/380，接法 △/Y，表示若电源线电压为 220V 时，三相定子绕组应接成三角形；若电源线电压为 380V 时，定子绕组应接成星形。

④ 额定电流。电动机在额定运行状态下工作时，定子绕组的线电流，单位为 A。如果铭牌上标有两个电流值，表示定子绕组在两种不同接法时的线电流。

⑤ 额定频率。电动机所使用的交流电源频率，单位为 Hz。我国规定电力系统的工作频率为 50Hz。

⑥ 额定转速。电动机在额定运行状态下工作时，转子每分钟的转数，单位为 r/min。一般异步电动机的额定转速比旋转磁场转速（同步转速 n_s）低 2% ～ 5%，故从额定转速也可知

道电动机的极数和同步转速。电动机在运行中的转速与负载有关。空载时，转速略高于额定转速；过载时，转速略低于额定转速。

⑦ 接法。接法是指电动机在额定电压下，三相定子绕组 6 个首末端头的连接方法，常用的有星形（Y）和三角形（△）两种。

⑧ 工作制（或定额）。电动机在额定值条件下运行时，允许连续运行的时间，即电动机的工作方式。

⑨ 绝缘等级（或温升）。电动机绕组所采用的绝缘材料的耐热等级，它表明电动机所允许的最高工作温度。

⑩ 防护等级。电机外壳防护等级的标志，它由字母 IP 和两个数字表示。IP 后面的第一个数字代表第一种防护形式（防尘）的等级；第二个数字代表第二种防护形式（防水）的等级。数字越大，防护能力越强。

4.2.3 三相异步电动机常用的接线方式

三相异步电动机的接法是指电动机在额定电压下，三相定子绕组 6 个首末端头的连接方法，常用的有星形（Y）和三角形（△）两种。

三相定子绕组每相都有两个引出线头：一个称为首端；另一个称为末端。按国家标准规定，第一相绕组的首端用 U1 表示，末端用 U2 表示；第二相绕组的首端和末端分别用 V1 和 V2 表示；第三相绕组的首端和末端分别用 W1 和 W2 表示。这 6 个引出线头引入接线盒的接线柱上，接线柱标出对应的符号，如图 4-12 所示。

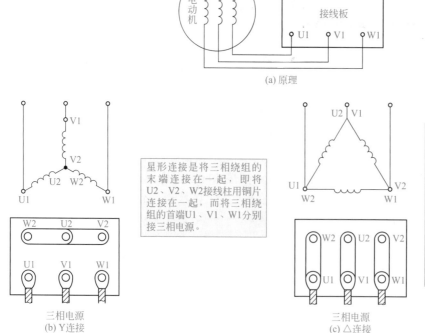

(a) 原理

星形连接是将三相绕组的末端连接在一起，即将 U2、V2、W2 接线柱用铜片连接在一起，而将三相绕组的首端 U1、V1、W1 分别接三相电源。

(b) Y 连接

三角形连接是将第一相绕组的首端 U1 与第三相绕组的末端 W2 连接在一起，再接入第一相电源；将第二相绕组的首端 V1 与第一相绕组的末端 U2 连接在一起，再接入第二相电源；将第三相绕组的首端 W1 与第二相绕组的末端 V2 连接在一起，再接入第三相电源，即在接线板上将接线柱 U1 和 W2、V1 和 U2、W1 和 V2 分别用铜片连接起来，再分别接入三相电源。

(c) △连接

图 4-12　接线盒的接线方法

一台电动机是接成星形或是接成三角形，应视生产厂家的规定而进行，可从铭牌上查得。三相定子绕组的首末端是生产厂家事先预定好的，绝不能任意颠倒，但可以将三相绕组的首末端一起颠倒，例如将 U2、V2、W2 作为首端，而将 U1、V1、W1 作为末端。但绝对不能单独将一相绕组的首末端颠倒，如将 U1、V2、W1 作为首端，将会产生接线错误。

4.2.4 改变三相异步电动机旋转方向的方法

由三相异步电动机的工作原理可知，电动机的旋转方向（即转子的旋转方向）与三相定子绕组产生的旋转磁场的旋转方向相同。倘若改变电动机的旋转方向，只要改变旋转磁场的方向就可实现。即只要调换三相电动机中任意两根电源线的位置，就能达到改变三相异步电动机旋转方向的目的，如图 4-13 所示。

4.2.5 三相异步电动机的启动

（1）三相异步电动机的直接启动

用闸刀开关或接触器把三相异步电动机的定子绕组直接接到具有额定电压的电网上，称为直接启动（或称全压启动），这是最简单的启动方法。直接启动的优点是操纵和启动设备都最简单，缺点是启动电流很大。

一台电动机能不能直接启动，可根据电业部门的有关规定来看，例如，用电单位有独立的变压器时，对于不经常启动的异步电动机，其容量小于变压器容量的 30% 时，可允许直接启动；对于需要频繁启动的电动机，其容量小于变压器容量的 20% 时，才允许直接启动；如果用电单位无专用的变压器供电（动力负载与照明共用一个电源），则只要电动机直接启动时的启动电流在电网中引起的电压降不超过 10%～15%（对于频繁启动的电动机取 10%，对于不频繁启动的电动机取 15%），就允许采用直接启动。

如果不满足上述条件，必须采用其他限制启动电流的方法。

（2）笼型三相异步电动机常用的启动方法

① 定子绕组串电阻或电抗器启动。为了减小启动电流，可以在三相异步电动机启动时，在交流电源与定子绕组之间串入三相对称电阻 R_{st} 或电抗 X_{st}。启动后，切除电阻或电抗器，将三相交流电源直接接入定子绕组，进入正常运行。

② 星-三角（Y-△）启动。星-三角（Y-△）启动只适用于在正常运行时定子绕组为三角形连接且三相绕组首尾6个端子全部引出来的电动机。三相异步电动机Y-△启动的控制电路如图4-14所示。

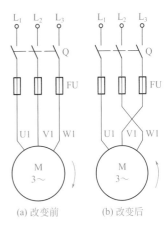

图 4-13　改变三相异步电动机旋转方向的方法

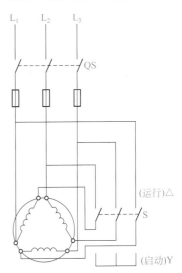

图 4-14　三相异步电动机 Y-△ 启动的控制电路

以图 4-14 为例，启动时先合上电源开关 QS，再把转换开关 S 投向"启动"（Y）位置，此时定子绕组为星形连接，加在定子每相绕组上的电压为电动机额定电压 U_{1N} 的 $\dfrac{1}{\sqrt{3}}$ 倍，当电动机的转速升到接近额定转速时，再把转换开关 S 投向"运行"（△）位置，此时定子绕组换为三角形连接，电动机定子每相绕组加额定电压 U_{1N} 运行，故这种启动方法称为 Y-△换接减压启动（又称 Y-△换接降压启动），简称 Y-△启动。由于切换时电动机的转速已接近正常运行时的转速，所以冲击电流就不大了。

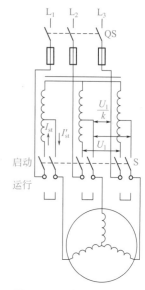

③ 自耦变压器减压启动。自耦变压器减压启动又称启动补偿器减压启动。这种启动方法只利用一台自耦变压器来降低加于三相异步电动机定子绕组上的端电压，控制电路如图 4-15 所示。

图 4-15　自耦变压器减压启动的控制电路

采用自耦变压器减压启动时，应将自耦变压器的高压侧接电源，低压侧接电动机。设自耦变压器的二次电压 U_2 与一次侧电压 U_1 之比为 a，则

$$a = \frac{U_2}{U_1} = \frac{N_2}{N_1} = \frac{1}{k} \tag{4-8}$$

式中　N_1——自耦变压器一次绕组的匝数；

　　　N_2——自耦变压器二次绕组的匝数；

　　　k——自耦变压器的变比。

因为当三相异步电动机定子绕组的接法一定时，电动机的启动电流与在电动机定子绕组上所施加的电压成正比。所以，采用自耦变压器减压启动时电动机的启动电流 I'_{st} 小于直接启动时电动机的启动电流 I_{st}。

实际上，启动用的自耦变压器一般备有几个抽头可供选择。例如，QJ$_3$ 型有三种抽头，分别为 40%、60%、80% 等。选用不同的抽头比 $\dfrac{N_2}{N_1}$，即不同的 a（$a = \dfrac{1}{k}$）值，就可以得到不同的启动电流和启动转矩，以满足不同的启动要求。

与 Y-△启动相比，自耦变压器启动有几种电压可供选择，比较灵活，在启动次数少、容量较大的笼型异步电动机上应用较为广泛。但是自耦变压器体积大，价格高，维修麻烦，而且不允许频繁启动，也不能带重负载启动。

（3）绕线转子三相异步电动机常用的启动方法

绕线转子三相异步电动机的转子上有对称的三相绕组，正常运行时，转子三相绕组通过集电环短接。启动时，可以在转子回路中串入启动电阻 R_{st}，如图 4-16 所示。在三相异步电动机的转子回路中串入适当的电阻，不仅可以减小启动电流，而且可以增大启动转矩。如果外串电阻 R_{st} 的大小合适，则启动转矩 T_{st} 可以达到电动机的最大转矩 T_{max}，即可以做到 $T_{st} = T_{max}$。启动结束后，可以切除外串电阻，电动机的效率不受影响。

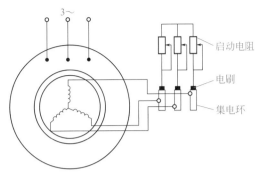

图 4-16　绕线转子三相异步电动机的启动

4.2.6　三相异步电动机的调速

由三相异步电动机的工作原理可知，三相异步电动机转速 n 的表达式为

$$n = n_s(1-s) = \frac{60f_1}{p}(1-s) \tag{4-9}$$

式中　n ——三相异步电动机的转速，r/min；

　　　n_s ——三相异步电动机的同步转速，r/min；

　　　f_1 ——电源的频率，Hz；

　　　p ——电动机定子绕组的极对数；

　　　s ——电动机的转差率。

可见，要改变三相异步电动机转速 n，可以从下列几个方面着手。

① 改变电动机定子绕组的极对数 p，以改变定子旋转磁场的转速（又称电动机的同步转速）n_s，即所谓变极调速。

② 改变电动机所接电源的频率 f_1，以改变定子旋转磁场的转速 n_s，即所谓变频调速。

③ 改变电动机的转差率 s，即所谓变转差率调速。

其中，改变电动机的转差率 s 调速有很多方法。当负载转矩 T_L 不变时，与其平衡的电动机的电磁转矩 T_e 也应不变。于是，当频率 f_1 和极对数 p 一定时，转差率 s 是下列各物理量的函数。

$$s = f(U_1 、 R_1 、 X_{1\sigma} 、 R_2' 、 R_{2\sigma}' 、 X_{2\sigma}')$$

因此，改变电动机的转差率 s 调速的方法有以下几种。

a. 改变施加于电动机定子绕组的端电压 U_1，即降电压调速，为此需用调压器调压。

b. 改变电动机定子绕组电阻 R_1，即定子绕组串电阻调速，为此需在定子绕组串联外加电阻。

c. 改变电动机定子绕组漏电抗 $X_{1\sigma}$，即定子绕组串电抗器调速，为此需在定子绕组串联外加电抗器。

d. 改变电动机转子绕组电阻 R_2'，即转子回路串电阻调速，为此需采用绕线转子异步电动机，在转子回路串入外加电阻。

e. 改变电动机转子绕组漏电抗 $X_{2\sigma}'$，即转子回路串电抗器调速，为此需采用绕线转子三相异步电动机，在转子回路串入电抗器或电容器。

此外，还有串级调速、电磁滑差离合器调速等。各种调速方法比较见表4-8。

表4-8　几种三相交流异步电动机调速方法比较

调速方式	变极调速	改变转差率			变频调速
		转子串接调速变阻器	电磁转差调速	定子调压	
调速原理	改变定子绕组磁极对数	改变转子回路中的电阻	改变电磁离合器的励磁电流	调节定子绕组电压，改变运行转差率	改变电源频率来调节电动机同步转速（正比关系）
电动机类型	多速笼型电动机	绕线转子电动机	电磁调速笼型电动机	高阻笼型电动机	笼型电动机
控制装置	接触器构成的极数变换器	接触器和变阻器等	转差离合器励磁调节装置	晶闸管调压装置	晶闸管变频装置
特点	简单，有级调速，恒转矩，恒功率	方法简单，有级调速，但能较平滑调节，特性软，外接电阻功耗大	恒转矩，平滑无级调速，效率随转速降低而成比例下降，不能电磁制动	恒转矩，无级调速，效率随转速降低而成比例下降	恒转矩，无级调速，可逆，效率高，调速系统复杂，价高
适用场合	只要求几种转速的场合，如机床、行车、搅拌机等	频繁启动、制动、短时低速运行等场合，如起重机械等	中、小功率要求平滑启动、短时低速运转机械，如搅拌机、小型水泵、风机等	要求平滑启动，频繁启动、制动、短时低速运行的场合，如起重机、水泵、风机等	恶劣环境，高速传动，小功率调速比大的场合，大功率调速

4.2.7　三相异步电动机的制动

(1)三相异步电动机的能耗制动

当正在运转中的三相异步电动机突然被切断电源时，由于其转动部分储存的动能，将使转子继续旋转，直至转动部分所储存的动能全部消耗完毕，电动机才会停止转动。如果不采取任何措施，动能只能消耗在运转所产生的风阻和轴承摩擦损耗上，因为这些损耗很小，所以电动机需要较长的时间才能停转。能耗制动是在电动机断电后，立即在定子两相绕组中通入直流励磁电流，产生制动转矩，使电动机迅速停转。

为了实现三相异步电动机的能耗制动，应将处于电动运行状态的三相异步电动机的定子绕组从交流电源上切除，并立即把它接到直流电源上去，而三相异步电动机的转子绕组或是直接短路，或是经过电阻 R_{ad} 短路。

(2)三相异步电动机的反接制动

当三相异步电动机运行时，若电动机转子的转向与定子旋转磁场的转向相反，转差率 $s > 1$，则该三相异步电动机就运行于电磁制动状态，这种运行状态称为反接制动。实现反接制动有正转反接和正接反转两种方法。

① 正转反接制动。正转反接又称改变定子绕组电源相序的反接制动（或称定子绕组两相反接的反接制动）。将正在电动机状态下运行的三相异步电动机的定子绕组的 3 根供电电源线任意对调两根，则定子电流的相序改变，定子绕组所产生旋转磁场的方向也随之立即反转，从原来与转子转向一致变为与转子转向相反。但是，由于机械惯性，电动机转子仍按原方向转动，此时转子导体以 n_s+n 的相对速度切割旋转磁场，转子导体切割旋转磁场的方向与电动机运行状态时相反，故转子绕组的感应电动势、转子绕组中的电流和电动机的电磁转矩 T_e 的方向均随之改变，异步电动机处于转差率 $s \approx 2$ 的电磁制动运行状态，电磁转矩 T_e 对转子产生制动作用，转子转速很快下降，当转子转速下降到零时，制动过程结束。如果制动的目的是迅速停车，则当转子转速下降到零时，必须立即切断定子绕组的电源，否则电动机将向相反的方向旋转。

② 正接反转制动。正接反转制动又称转速反向的反接制动（或称转子反转的反接制动），这种反接制动用于位能性负载，使重物获得稳定的下放速度，故又称倒拉反转运行。当绕线转子三相异步电动机拖动起重机下放重物时，若电动机的定子绕组仍按作为电动运行时（即提升重物时）的接法接线，即所谓正接，而利用在转子回路中串入较大电阻 R_{ad}，可以使电动机转子的转速下降。而在转子回路中串接的电阻增加到一定值时，转子开始反转，重物则开始下降。

（3）三相异步电动机的回馈制动

三相异步电动机的回馈制动通常用以限制电动机的转速 n 的上升。当三相异步电动机作电动机运行时，如果由于外来因素，使电动机的转速 n 超过旋转磁场的同步转速 n_s，此时三相异步电动机的电磁转矩 T_e 的方向与转子的转向相反，则电磁转矩 T_e 变为制动转矩，异步电动机由原来的电动机状态变为发电机状态运行，故又称发电机制动。这时，异步电动机将机械能转变成电能向电网反馈。

在生产实践中，异步电动机的回馈制动一般有以下两种情况：一种是出现在位能性负载的下放重物时，另一种是出现在电动机改变极对数或改变电源频率的调速过程中。

以上介绍了三相异步电动机的三种制动方法。三种制动方法的比较见表4-9。

表4-9　三相异步电动机各种制动方法的比较

比较	能耗制动	反接制动		回馈制动
		定子两相反接	转速反向	
方法（条件）	断开交流电源的同时，在定子两相绕组中通入直流电流	突然改变定子电源的相序，使旋转磁场反向	定子按提升重物的方向接通电源，在转子回路串入较大电阻，电动机被重物拖着反转	在某一转矩（如重力）作用下，使电动机转速超过同步转速，即 $n > n_s$
能量关系	吸收系统储存的动能，并将动能转换成电能，消耗在转子电路的电阻上	吸收系统储存的机械能，作为轴上输入的机械能，并将机械能转换成电能，连同定子传递给转子的电磁功率一起全部消耗在转子电路的电阻上		轴上输入机械功率，并将机械功率转换成定子的电功率，由定子回馈给电网
优点	制动平稳，便于实现准确停车	制动强烈，停车迅速	能使位能负载以稳定转速下降	能向电网回馈电能，比较经济
缺点	制动较慢，需增设一套直流电源	能量损耗大，控制较复杂，不易实现准确停车	能量损耗大	在 $n < n_s$ 时，不能实现回馈制动
应用场合	要求平稳、准确停车的场合	要求迅速停车和需要反转的场合	限制位能性负载的下降速度，并在 $n < n_s$ 的情况下采用	限制位能性负载的下降速度，并在 $n > n_s$ 的情况下采用

4.2.8 三相异步电动机的使用与维护

（1）新安装或长期停用的电动机启动前的检查

① 用绝缘电阻表（俗称摇表或兆欧表）检查电动机绕组之间及绕组对地（机壳）的绝缘电阻。通常对额定电压为 380V 的电动机，采用 500V 绝缘电阻表测量，其绝缘电阻值不得小于 0.5MΩ，否则应进行烘干处理。测量电动机绝缘电阻的方法见 4.1.11 节。

② 按电动机铭牌的技术数据，检查电动机的额定功率是否合适，检查电动机的额定电压、额定频率与电源电压及频率是否相符，并检查电动机的接法是否与铭牌所标一致。

③ 检查电动机轴承是否有润滑油，滑动轴承是否达到规定油位。

④ 检查熔体的额定电流是否符合要求，启动设备的接线是否正确，启动装置是否灵活，有无卡住现象，触头的接触是否良好。使用自耦变压器减压启动时，还应检查自耦变压器抽头是否选得合适，自耦变压器减压启动器是否缺油，油质是否合格等。

⑤ 检查电动机基础是否稳固，螺栓是否拧紧。

⑥ 检查电动机机座、电源线钢管以及启动设备的金属外壳接地是否可靠。

⑦ 对于绕线转子三相异步电动机，还应检查电刷及提刷装置是否灵活、正常。检查电刷与集电环接触是否良好，电刷压力是否合适。

以上检查工作结束后，还应按正常使用的电动机进行有关检查。

（2）正常使用的电动机启动前的检查

① 检查电源电压是否正常，三相电压是否平衡，电压是否过高或过低。

② 检查线路的接线是否可靠，熔体有无损坏。

③ 检查联轴器的连接是否牢固，传动带连接是否良好，传动带松紧是否合适，机组传动是否灵活，有无摩擦、卡住、窜动等不正常的现象。

④ 检查机组周围有无妨碍运行的杂物或易燃物品。

（3）电动机启动时的注意事项

① 合闸启动前，应观察电动机及被拖动机械上或附近是否有异物，以免发生人身及设备事故。

② 操作开关或启动设备时，操作人员应站在开关的侧面，以防被电弧烧伤。拉合闸动作应迅速、果断。

③ 合闸后，如果电动机不转或转速很慢，声音不正常时，应迅速切断电源，检查熔丝及电源接线等是否有问题。绝不能合闸后等待或带电检查，否则会烧毁电动机或发生其他事故。

④ 电动机连续启动的次数不能过多，电动机空载连续启动的次数一般为 3 次；经长时间运行，处于过热状态下的电动机，连续启动次数一般为 2 次。否则容易烧毁电动机。

⑤ 采用 Y- △启动或自耦变压器减压启动时，若用手动进行延时控制，应注意启动操作顺序和合理控制延时时间。

⑥ 应避免多台电动机同时启动，以防线路上总启动电流过大，导致电网电压下降太多，影响其他用电设备正常运行。

（4）电动机运行中的监视

对正常运行的异步电动机，应经常保持清洁，不允许有水滴、油滴或杂物落入电动机内部；应监视其运行中的电压、电流、温升及可能出现的故障，并针对具体情况进行处理。

① 电源电压的监视。异步电动机长期运行时，一般要求电源电压不高于额定电压的10%，不低于额定电压的5%，三相电压不对称的差值也不应超过额定值的5%，否则应减载运行或调整电源电压。

② 电动机电流的监视。电动机的电流不得超过铭牌上规定的额定电流，同时还应注意三相电流是否平衡。当三相电流不平衡的差值超过10%时，应停机处理。

③ 电动机温升的监视。监视温升是监视电动机运行状况的直接可靠的方法。当电动机的电压过低、过载运行、三相异步电动机两相运行（俗称单相运行）、定子绕组短路时，都会使电动机的温升不正常地升高。

所谓温升，是指电动机的运行温度与环境温度（或冷却介质温度）的差值。例如环境温度（即电动机未通电的冷态温度）为30℃，运行后电动机的温度为100℃，则电动机的温升为70℃。电动机的温升限值与电动机所用绝缘材料的绝缘等级有关。

④ 电动机运行中故障现象的监视。对运行中的异步电动机，应经常观察其外壳有无裂纹，螺钉（栓）是否有脱落或松动；电动机有无异响或振动等。监视时，要特别注意电动机有无冒烟或异味出现，若嗅到焦煳味或看到冒烟，必须立即停机处理。对轴承部位，要注意轴承的声响和发热情况。当用温度计法测量时，滚动轴承温度不允许超过95℃，滑动轴承温度不允许超过80℃。轴承声音不正常或过热，一般是轴承润滑不良、轴承磨损严重或传动带过紧等所致。

对于联轴器传动的电动机，若中心校正不好，会在运行中发出异常响声，并导致电动机振动及联轴器螺栓、胶垫的迅速磨损，这时应重新校正中心线。

对于带传动的电动机，应注意传动带不应过松而导致打滑，但也不能过紧而使电动机的轴承过热。

对于绕线转子异步电动机，还应经常检查电刷与集电环（滑环）的接触及电刷磨损、压力、火花等情况。如发现火花严重，应及时修整集电环表面，调整电刷弹簧的压力。

另外，还应经常检查电动机及开关外壳是否漏电或接地不良。用验电笔检查发现带电时，应立即停机处理。

4.2.9 三相异步电动机的常见故障及排除方法

三相异步电动机的故障是多种多样的，同一故障可能有不同的表面现象，而同样的表面现象也可能由不同的原因引起，因此，应认真分析，准确判断，及时排除。

三相异步电动机的常见故障及排除方法见表4-10。

表4-10 三相异步电动机的常见故障及排除方法

常见故障	可能原因	排除方法
电动机空载不能启动	① 熔丝熔断 ② 三相电源线或定子绕组中有一相断线 ③ 刀开关或启动设备接触不良 ④ 定子三相绕组的首尾端错接	① 更换同规格熔丝 ② 查出断线处，将其接好、焊牢 ③ 查出接触不良处，予以修复 ④ 先将三相绕组的首尾端正确辨出，然后重新连接

常见故障	可能原因	排除方法
电动机空载不能启动	⑤ 定子绕组短路 ⑥ 转轴弯曲 ⑦ 轴承严重损坏 ⑧ 定子铁芯松动 ⑨ 电动机端盖或轴承盖组装不当	⑤ 查出短路处，增加短路处的绝缘或重绕定子绕组 ⑥ 校正转轴 ⑦ 更换同型号轴承 ⑧ 先将定子铁芯复位，然后固定 ⑨ 重新组装，使转轴转动灵活
电动机不能满载运行或启动	① 电源电压过低 ② 电动机带动的负载过重 ③ 将三角形连接的电动机误接成星形连接 ④ 笼型转子导条或端环断裂 ⑤ 定子绕组短路或接地 ⑥ 熔丝松动 ⑦ 刀开关或启动设备的触点损坏，造成接触不良	① 查明原因，待电源电压恢复正常后再使用 ② 减少所带动的负载，或更换大功率电动机 ③ 按照铭牌规定正确接线 ④ 查出断裂处，予以焊接修补或更换转子 ⑤ 查出绕组短路或接地处，予以修复或重绕 ⑥ 拧紧熔丝 ⑦ 修复损坏的触头或更换为新的开关设备
电动机三相电流不平衡	① 三相电源电压不平衡 ② 重线线圈时，使用的漆包线的截面积不同或线圈的匝数有错误 ③ 重绕定子绕组后，部分线圈接线错误 ④ 定子绕组有短路或接地 ⑤ 电动机"单相"运行	① 查明电压不平衡的原因，予以排除 ② 使用同规格的漆包线绕制线圈，更换匝数有错误的线圈 ③ 查出接错处，并改接过来 ④ 查出绕组短路或接地处，予以修复或重绕 ⑤ 查出线路或绕组断线以及接触不良处，并重新焊接好
电动机的温度过高	① 电源电压过高 ② 欠电压满载运行 ③ 电动机过载 ④ 电动机环境温度过高 ⑤ 电动机通风不畅 ⑥ 定子绕组短路或接地 ⑦ 重绕定子绕组时，线圈匝数少于原线圈匝数，或导线截面积小于原导线截面积 ⑧ 定子绕组接线错误 ⑨ 电动机受潮或浸漆后未烘干 ⑩ 多支路并联的定子绕组，其中有一路或几路绕组断路 ⑪ 在电动机运行中有一相熔丝熔断 ⑫ 定、转子铁芯相互摩擦（又称扫膛）	① 调整电源电压或待电压恢复正常后再使用电动机 ② 提高电源电压或减少电动机所带动的负载 ③ 减少电动机所带动的负载或更换大功率的电动机 ④ 更换特殊环境使用的电动机或降低环境温度，或降低电动机的容量使用 ⑤ 清理通风道里淤塞的泥土；修理被损坏的风叶、风罩；搬开影响通风的物品 ⑥ 查出短路或接地处，增加绝缘或重绕定子绕组 ⑦ 按原数据重新改绕线圈 ⑧ 按接线图重新接线 ⑨ 重新对电动机进行烘干后再使用 ⑩ 查出断路处，接好并焊牢 ⑪ 更换同规格熔丝 ⑫ 查明原因，予以排除，或更换为新轴承
轴承过热	① 装配不当使轴承受外力 ② 轴承内无润滑油 ③ 轴承的润滑油内有铁屑、灰尘或其他脏物 ④ 电动机转轴弯曲，使轴承受到外界应力 ⑤ 传动带过紧	① 重新装配电动机的端盖和轴承盖，拧紧螺钉，合严止口 ② 适量加入润滑油 ③ 用汽油清洗轴承，然后注入新润滑油 ④ 校正电动机的转轴 ⑤ 适当放松传动带
电动机启动时熔丝熔断	① 定子三相绕组中有一相绕组接反 ② 定子绕组短路或接地 ③ 工作机械被卡住 ④ 启动设备操作不当 ⑤ 传动带过紧 ⑥ 轴承严重损坏 ⑦ 熔丝过细	① 分清三相绕组的首尾端，重新接好 ② 查出绕组短路或接地处，增加绝缘，或重绕定子绕组 ③ 检查工作机械和传动装置是否转动灵活 ④ 纠正操作方法 ⑤ 适当调整传动带 ⑥ 更换为新轴承 ⑦ 合理选用熔丝

常见故障	可能原因	排除方法
运行中产生剧烈振动	① 电动机基础不平或固定不紧 ② 电动机和被带动的工作机械轴心不在一条线上 ③ 转轴弯曲造成电动机转子偏心 ④ 转子或带轮不平衡 ⑤ 转子上零件松弛 ⑥ 轴承严重磨损	① 校正基础板，拧紧地脚螺栓，紧固电动机 ② 重新安装，并校正 ③ 校正电动机转轴 ④ 校正平衡或更换为新品 ⑤ 紧固转子上的零件 ⑥ 更换为新轴承
运行中产生异常噪声	① 电动机"单相"运行 ② 笼型转子断条 ③ 定、转子铁芯硅钢片过于松弛或松动 ④ 转子摩擦绝缘纸 ⑤ 风叶碰壳	① 查出断相处，予以修复 ② 查出断路处，予以修复，或更换转子 ③ 压紧并固定硅钢片 ④ 修剪绝缘纸 ⑤ 校正风叶
启动时保护装置动作	① 被驱动的工作机械有故障 ② 定子绕组或线路短路 ③ 保护动作电流过小 ④ 熔丝选择过小 ⑤ 过载保护时限不够	① 查出故障，予以排除 ② 查出短路处，予以修复 ③ 适当调大 ④ 按电动机规格选配适当的熔丝 ⑤ 适当延长
绝缘电阻降低	① 潮气侵入或雨水进入电动机内 ② 绕组上灰尘、油污太多 ③ 引出线绝缘损坏 ④ 电动机过热后，绝缘老化	① 进行烘干处理 ② 清除灰尘、油污后，进行浸渍处理 ③ 重新包扎引出线 ④ 根据绝缘老化程度，分别予以修复或重新浸渍处理
机壳带电	① 引出线与接线板接头处的绝缘损坏 ② 定子铁芯两端的槽口绝缘损坏 ③ 定子槽内有铁屑等杂物未除尽，导线嵌入后即造成接地 ④ 外壳没有可靠接地	① 应重新包扎绝缘或套一个绝缘管 ② 仔细找出绝缘损坏处，然后垫上绝缘纸，再涂上绝缘漆并烘干 ③ 拆开每个线圈的接头，用淘汰法找出接地的线圈，进行局部修理 ④ 将外壳可靠接地

4.2.10 电动机软启动器在三相异步电动机使用中的应用实例

（1）电动机软启动器概述

三相异步电动机因为结构简单、体积小、重量轻、价格便宜、维护方便等特点，在生产和生活中得到了广泛应用，成为当今传动工程中最常用的动力来源。但是，如果这些电动机连接电源系统直接启动，将会产生过大的启动电流，该电流通常达电动机额定电流的 4～7 倍，甚至更高。为了满足电动机自身启动条件、负载传动机械的工艺要求、保护其他用电设备正常工作的需要，应当在电动机启动过程中采取必要的措施，控制其启动过程，降低启动电流冲击和转矩冲击。

为了降低启动电流，必须使用启动辅助装置。传统的启动辅助装置有定子串电抗器启动装置、转子串电阻启动（针对绕线转子三相异步电动机）装置、Y-△启动器、自耦变压器启动器等。但传统的启动辅助装置，要么启动电流和机械冲击仍过大，要么体积庞大笨重。随着电力电子技术和微机技术、现代控制技术的发展，出现了一些新型的启动装置，如变频调速器和晶闸管电动机软启动器。

由于变频调速器结构复杂和价格高等因素，决定了其主要用于电动机调速领域，一般不单纯用于电动机启动控制。

晶闸管电动机软启动器也被称为可控硅电动机软启动器，或称固态电子式软启动器，是一种集电动机软启动、软停车和多种保护功能于一体的新型电动机控制装置，它不仅有效地解决了电动机启动过程中电流冲击和转矩冲击问题，还可以根据应用条件的不同设置其工作状态，有很强的灵活性和适应性。晶闸管电动机软启动器通常以微型计算机作为其控制核心，因此可以方便地满足电力拖动的要求，所以，电动机的软启动器正得到越来越广泛的应用。

（2）电动机软启动器应用实例

① STR 系列电动机软启动器的基本接线如图 4-17 所示，其接线图中的各外接端子的符号、名称及说明见表 4-11。

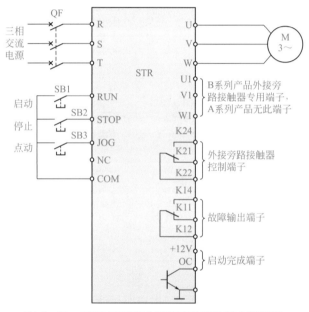

图 4-17　STR 系列电动机软启动器的基本接线图

表 4-11　STR 系列软启动器各外接端子的符号、名称及说明

符号		端子名称	说明
主电路	R、S、T	交流电源输入端子	通过断路器（MCCB）接三相交流电源
	U、V、W	软启动器输出端子	接三相异步电动机
	U1、V1、W1	外接旁路接触器专用端子	B 系列专用，A 系列无此端子
控制电路	RUN	外控启动端子	RUN 和 COM 短接即可外接启动
	STOP	外控停止端子	STOP 和 COM 短接即可外接停止
	JOG	外控点动端子	JOG 和 COM 短接即可实现点动
	NC	空端子	扩展功能用
	COM	外部数字信号公共端子	内部电源参考点

符号			端子名称		说明
控制电路	数字输出	+12V	内部电源端子		内部输出电源，12V，50mA，DC
		OC	启动完成端子		启动完成后 OC 门导通（DC30V/100mA）
		COM	外部数字信号公共端子		内部电源参考点
	继电器输出	K14	常开	故障输出端子	故障时 K14—K12 闭合 K11—K12 断开 触点容量 AC：10A/250V DC：10A/30V
		K11	常闭		
		K12	公共		
		K24	常开	外接旁路接触器控制端子	启动完成后 K24—K22 闭合 K21—K22 断开 触点容量 AC：10A/250V 或 5A/380V
		K21	常闭		
		K22	公共		

② 一台 STR 系列软启动器控制两台电动机的控制电路。有时为了节省资金，可以用一台电动机软启动器对多台电动机进行软启动、软停车控制，但要注意的是使用软启动器在同一时刻只能对一台电动机进行软启动或软停车，多台电动机不能同时启动或停车。一台 STR 系列软启动器控制两台电动机的控制电路如图 4-18 所示，其中右下侧为控制回路（也称二次电路）。

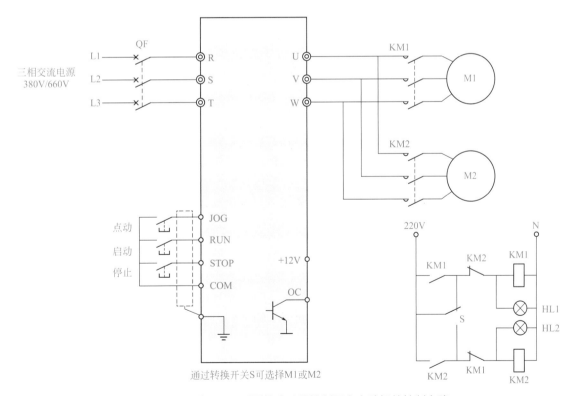

图 4-18　一台 STR 系列软启动器控制两台电动机的控制电路

4.3 单相异步电动机

4.3.1 单相异步电动机概述

（1）单相异步电动机的用途与分类

单相异步电动机是用单相交流电源供电的一种小容量交流电动机，其外形如图4-19所示，它适用于只有单相电源的工业设备和家用电器中。

（a）   （b）   （c）

图4-19　单相异步电动机的外形

与单相串励电动机相比，单相异步电动机具有结构简单、成本低廉、维修方便、噪声低、振动小和对无线电系统的干扰小等特点，被广泛应用于工业和人们日常生活的各个领域，如小型机床、电动工具、医疗器械和诸如电冰箱、电风扇等家用电器中。

与同容量的三相异步电动机相比，单相异步电动机具有体积大、运行性能较差、效率较低等缺点。因此，一般只制成小容量的（功率为8～750W）。但是，由于单相异步电动机只需单相交流电源供电，在没有三相交流电源的场合（如家庭、农村、山区等）仍被广泛应用。

单相异步电动机最常用的分类方法是按启动方法进行分类。不同类型的单相异步电动机产生旋转磁场的方法也不同，常见的有以下几种：①单相电容分相启动异步电动机；②单相电阻分相启动异步电动机；③单相电容运转异步电动机；④单相电容启动与运转异步电动机（又称单相双值电容异步电动机）；⑤单相罩极式异步电动机。

（2）单相异步电动机的基本结构

单相异步电动机一般由机壳、定子、转子、端盖、转轴、风扇等组成，有的单相异步电动机还具有启动元件。

① 定子。定子由定子铁芯和定子绕组组成。单相异步电动机的定子结构有两种形式，大部分单相异步电动机采用与三相异步电动机相似的结构，也是用硅钢片叠压而成。但在定子铁芯槽内嵌放有两套绕组：一套是主绕组，又称工作绕组或运行绕组；另一套是副绕组，又称启动绕组或辅助绕组。两套绕组的轴线在空间上应相差一定的电角度。容量较小的单相异步电动机有的制成凸极形状的铁芯（图4-20），磁极的一部分被短路环罩住，凸极上放置主绕组，短路环为副绕组。

② 转子。单相异步电动机的转子与笼型三相异步电动机的转子相同。

③ 启动元件。单相异步电动机的启动元件串联在启动绕组（副绕组）中，启动元件的作用是在电动机启动完毕后，切断启动绕组的电源。常用的启动元件有离心开关和启动继电器。

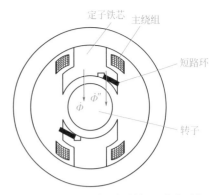

图4-20　凸极式罩极单相异步电动机

（3）单相异步电动机的工作原理

分相式单相异步电动机的工作原理：在单相异步电动机的主绕组中通入单相正弦交流电后，将在电动机中产生一个脉振磁场，也就是说，磁场的位置固定（位于主绕组的轴线），而磁场的强弱却按正弦规律变化。

如果只接通单相异步电动机主绕组的电源，电动机不能转动。但如能加一外力预先推动转子朝任意方向旋转起来，则将主绕组接通电源后，电动机即可朝该方向旋转，即使去掉了外力，电动机仍能继续旋转，并能带动一定的机械负载。单相异步电动机为什么会有这样的特征呢？下面用双旋转磁场理论来解释。

双旋转磁场理论认为：脉振磁场是由两个旋转磁场合成的，这两个旋转磁场的幅值大小相等（等于脉振磁动势幅值的1/2），同步转速相同（当电源频率为 f，电动机极对数为 p 时，旋转磁场的同步转速 $n_s = \dfrac{60f}{p}$），但旋转方向相反。其中与转子旋转方向相同的磁场称为正向旋转磁场，与转子旋转方向相反的磁场称为反向旋转磁场（又称逆向旋转磁场）。

单相异步电动机的电磁转矩，可以认为是分别由这两个旋转磁场所产生的电磁转矩合成的结果。

电动机转子静止时，由于两个旋转磁场的磁感应强度大小相等、方向相反，因此它们与转子的相对速度大小相等、方向相反，所以在转子绕组中感应产生的电动势和电流大小相等、方向相反，它们分别产生的正向电磁转矩与反向电磁转矩也大小相等、方向相反，相互抵销，于是合成转矩等于零。单相异步电动机不能够自行启动。

如果借助外力，沿某一方向推动转子一下，单相异步电动机就会沿着这个方向转动起来，这是为什么呢？因为假如外力使转子顺着正向旋转磁场方向转动，将使转子与正向旋转磁场的相对速度减小，而与反向旋转磁场的相对速度加大。由于两个相对速度不相等，因此两个电磁转矩也不相等，正向电磁转矩大于反向电磁转矩，合成转矩不等于零，在这个合成转矩的作用下，转子就顺着初始推动的方向转动起来。

为了使单相异步电动机能够自行启动，一般是在启动时，先使定子产生一个旋转磁场，或使它能增强正向旋转磁场，削弱反向磁场，由此产生启动转矩。为此，人们采取了几种不同的措施，如在单相异步电动机中设置启动绕组（副绕组），主、副绕组在空间一般相差90°电角度，当设法使主、副绕组中流过不同相位的电流时，可以产生两相旋转磁场，从而达到单相异步电动机启动的目的（故该种电动机称为分相式单相异步电动机）。当主、副绕组在空间相差90°电角度，并且主、副绕组中的电流相位差也为90°时，可以产生圆形旋转磁场，单相异步电动机的启动性能和运行性能最好。否则，将产生椭圆形旋转磁场，电动机的启动性能和运行性能较差。

单相异步电动机常用的启动方法包括电容分相启动、电阻分相启动、罩极启动。

4.3.2 单相异步电动机的使用与维护

（1）改变单相异步电动机转向的方法

① 改变分相式单相异步电动机转向的方法。分相式单相异步电动机旋转磁场的旋转方向与主、副绕组中电流的相位有关，由具有超前电流的绕组的轴线转向具有滞后电流的绕组的轴线。如果需要改变分相式单相异步电动机的转向，可把主、副绕组中任意一套绕组的首尾端对调一下，接到电源上即可（图4-21）。

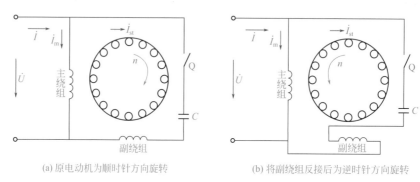

(a) 原电动机为顺时针方向旋转　　　　(b) 将副绕组反接后为逆时针方向旋转

图4-21　将副绕组反接改变分相式单相异步电动机的转向

② 改变罩极式单相异步电动机转向的方法。罩极式单相异步电动机旋转磁场的旋转方向是从磁通领先相绕组的轴线（Φ_U 的轴线）转向磁通落后相绕组的轴线（Φ_V 的轴线），这也就是电动机转子的旋转方向。在罩极式单相异步电动机中，磁通 Φ_U 永远领先磁通 Φ_V，因此，电动机转子的转向总是从磁极的未罩部分转向被罩部分，即使改变电源的接线，也不能改变电动机的转向。如果需要改变罩极式单相异步电动机的转向，则需要把电动机拆开，将电动机的定子或转子反向安装，才可以改变其旋转方向，如图4-22所示。

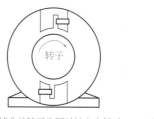

(a) 掉头前转子为顺时针方向转动　　　(b) 掉头后转子为逆时针方向转动

图4-22　将定子掉头装配来改变罩极式单相异步电动机的转向

（2）单相异步电动机维修注意事项

① 更换电容器时，应注意电容器的型号、电容量和工作电压，使之与原规格相符。

② 拆装离心开关时，用力不能过猛，以免离心开关失灵或损坏。

③ 离心开关的开关板与后端盖必须紧固，开关板与定子绕组的引线焊接必须可靠。

④ 紧固后端盖时，应注意避免后端盖的止口将离心开关的开关板与定子绕组连接的引线切断。

（3）离心开关的使用与检修

① 离心开关短路的检修。离心开关发生短路故障后，当单相异步电动机运行时，离心

开关的触点不能切断副绕组与电源的连接，将会使副绕组发热烧毁。

造成离心开关短路的原因，可能是由于机械构件磨损、变形；动、静触头烧熔黏结；簧片式开关的簧片过热失效、弹簧过硬；甩臂式开关的铜环极间绝缘击穿以及电动机转速达不到额定转速的80%等。

对于离心开关短路故障的检查，可采用在副绕组线路中串入电流表的方法。电动机运行时，如副绕组中仍有电流通过，则说明离心开关的触头失灵而未断开，这时应查明原因，对症修理。

② 离心开关断路的检修。离心开关发生断路故障后，当单相异步电动机启动时，离心开关的触头不能闭合，所以不能将电源接入副绕组。电动机将无法启动。

造成离心开关断路的原因，可能是触头簧片过热失效、触头烧坏脱落，弹簧失效以致无足够张力使触头闭合，机械机构卡死，动、静触头接触不良，接线螺钉松动或脱落，以及触头绝缘板断裂等。

对于离心开关断路故障的检查，可采用电阻法，即用万用表的电阻挡测量副绕组引出线两端的电阻。正常时副绕组的电阻一般为几百欧，如果测量的电阻值很大，则说明启动回路有断路故障。若进一步检查，可以拆开端盖，直接测量副绕组的电阻，如果电阻值正常，则说明离心开关发生断路故障。此时，应查明原因，找出故障点予以修复。

（4）电容器的使用与检修

① 电容器的常见故障及可能原因。

a. 过电压击穿。电动机如果长期在超过额定电压的情况下工作，将会使电容器的绝缘介质被击穿而造成短路或断路。

b. 电容器断路。电容器经长期使用或保管不当，致使引线、引线端头等受潮腐蚀、霉烂，引起接触不良或断路。

② 电容器常见故障的检查方法。

通常用万用表电阻挡可检查电容器是否击穿或断路（开路）。将万用表拨至 R×10k 或 R×1k 挡，先用导线或其他金属短接电容器两接线端进行放电，再用万用表两支笔接电容器两出线端。根据万用表指针摆动可进行判断。

a. 指针先大幅度摆向电阻零位，然后慢慢返回数百千欧位置，则说明电容器完好。

b. 若指针不动，则说明电容器已断路（开路）。

c. 若指针摆到电阻零位不返回，则说明电容器内部已击穿短路。

d. 若指针摆到某较小阻值处，不再返回，则说明电容器泄漏电流较大。

4.3.3　单相异步电动机的常见故障及排除方法

分相式单相异步电动机的常见故障及排除方法见表 4-12。

表 4-12　分相式单相异步电动机的常见故障及排除方法

常见故障	可能原因	排除方法
电源电压正常，通电后电动机不能启动	① 电动机引出线或绕组断路 ② 离心开关的触点闭合不上 ③ 电容器短路、断路或电容量减小 ④ 轴承严重损坏	① 认真检查引出线、主绕组和副绕组，将断路处重新焊接好 ② 修理触点或更换离心开关 ③ 更换与原规格相符的电容器 ④ 更换新轴承

常见故障	可能原因	排除方法
电源电压正常，通电后电动机不能启动	⑤ 电动机严重过载 ⑥ 转轴弯曲	⑤ 检查负载，找出过载原因，采取适当措施消除过载状况 ⑥ 将弯曲部分校直或更换转子
电动机空载能启动或在外力帮助下能启动，但启动迟缓且转向不定	① 副绕组断路 ② 离心开关的触点闭合不上 ③ 电容器断路 ④ 主绕组断路	① 查出断路处，并重新焊接好 ② 检修调整触点或更换离心开关 ③ 更换同规格电容器 ④ 查出断路处，并重新焊接好
电动机转速低于正常转速	① 主绕组短路 ② 主绕组接线错误 ③ 电动机过载 ④ 轴承损坏	① 查出短路处，予以修复或重绕 ② 查出接错处并更正 ③ 查出过载原因并消除 ④ 更换轴承
启动后电动机很快发热，甚至烧毁	① 主绕组短路或接地 ② 主绕组与副绕组之间短路 ③ 启动后，离心开关的触点断不开，使启动绕组长期运行而发热，甚至烧毁 ④ 主、副绕组相互接错 ⑤ 电源电压过高或过低 ⑥ 电动机严重过载 ⑦ 电动机环境温度过高 ⑧ 电动机通风不畅 ⑨ 电动机受潮或浸漆后未烘干 ⑩ 定、转子铁芯相摩擦或轴承损坏	① 重绕定子绕组 ② 查出短路处予以修复或重绕定子绕组 ③ 检修调整离心开关的触点或更换离心开关 ④ 检查主、副绕组的接线，将接错处予以纠正 ⑤ 查明原因，待电源电压恢复正常以后再使用 ⑥ 查出过载原因并消除 ⑦ 应降低环境温度或降低电动机的容量使用 ⑧ 清理通风道，恢复被损坏的风叶、风罩 ⑨ 重新进行烘干 ⑩ 查出相摩擦的原因，予以排除或更换轴承

罩极式单相异步电动机的常见故障及排除方法见表4-13。

表4-13　罩极式单相异步电动机的常见故障及排除方法

常见故障	可能原因	排除方法
通电后电动机不能启动	① 电源线或定子主绕组断路 ② 短路环断路或接触不良 ③ 罩极绕组断路或接触不良 ④ 主绕组短路或被烧毁 ⑤ 轴承严重损坏 ⑥ 定、转子之间的气隙不均匀 ⑦ 装配不当，使轴承受外力 ⑧ 传动带过紧	① 查出断路处，并焊接好 ② 查出故障点，并焊接好 ③ 查出故障点，并焊接好 ④ 重绕定子绕组 ⑤ 更换轴承 ⑥ 查明原因，予以修复。若转轴弯曲应校直 ⑦ 重新装配，上紧螺钉，合严止口 ⑧ 适当放松传送带
空载时转速太低	① 小型电动机的含油轴承缺油 ② 短路环或罩极绕组接触不良	① 填充适量润滑油 ② 查出接触不良处，并重新焊接好
负载时转速不正常或难于启动	① 定子绕组匝间短路或接地 ② 罩极绕组绝缘损坏 ③ 罩极绕组的位置、线径或匝数有误	① 查出故障点，予以修复或重绕定子绕组 ② 更换罩极绕组 ③ 按原始数据重绕罩极绕组
运行中产生剧烈振动和异常噪声	① 电动机基础不平或固定不紧 ② 转轴弯曲造成电动机转子偏心 ③ 转子或皮带轮不平衡 ④ 转子断条 ⑤ 轴承严重缺油或损坏	① 校正基础板，拧紧地脚螺钉，紧固电动机 ② 校正电动机转轴或更换转子 ③ 校平衡或更换新品 ④ 查出断路处，予以修复或更换转子 ⑤ 清洗轴承，填充新润滑油或更换轴承
绝缘电阻降低	① 潮气侵入或雨水进入电动机内 ② 引出线的绝缘损坏 ③ 电动机过热后，绝缘老化	① 进行烘干处理 ② 重新包扎引出线 ③ 根据绝缘老化程度，分别予以修复或重新浸渍处理

第 5 章
低压电器

5.1　低压电器概述

5.1.1　低压电器的特点

　　电器是指能够根据外界的要求或所施加的信号，自动或手动地接通或断开电路，从而连续或断续地改变电路的参数或状态，以实现对电路或非电对象的切换、控制、保护、检测和调节的电气设备。简单地说，电器就是接通或断开电路或调节、控制、保护电路和设备的电工器具或装置。电器按工作电压高低可分为高压电器和低压电器两大类。

　　低压电器通常是指用于交流 50Hz（或 60Hz）、额定电压为 1200V 及以下、直流额定电压为 1500V 及以下的电路，内起通断、保护、控制或调节作用的电器。

　　低压电器在工农业生产和人们的日常生活中有着非常广泛的应用，低压电器的特点是品种多、用量大、用途广。

5.1.2　低压电器的种类

（1）按用途分类

低压电器按用途分类见表 5-1。

表 5-1 低压电器按用途分类

电器名称		主要品种	用途
配电电器	刀开关	刀开关 熔断器式刀开关 开启式负荷开关 封闭式负荷开关	主要用于电路隔离，也能接通和分断额定电流
	转换开关	组合开关 换向开关	用于两种以上电源或负载的转换和通断电路
	断路器	万能式断路器 塑料外壳式断路器 限流式断路器 漏电保护断路器	用于线路过载、短路或欠压保护，也可用作不频繁接通和分断电路
	熔断器	半封闭插入式熔断器 无填料熔断器 有填料熔断器 快速熔断器 自复熔断器	用于线路或电气设备的短路和过载保护
控制电器	接触器	交流接触器 直流接触器	主要用于远距离频繁启动或控制电动机，以及接通和分断正常工作的电路
	继电器	电流继电器 电压继电器 时间继电器 中间继电器 热继电器	主要用于控制系统中，控制其他电器或用作主电路的保护
	启动器	电磁启动器 减压启动器	主要用于电动机的启动和正反向控制
	控制器	凸轮控制器 平面控制器 鼓形控制器	主要用于电气控制设备中转换主回路或励磁回路的接法，以达到电动机启动、换向和调速的目的
	主令电器	控制按钮 行程开关 主令控制器 万能转换开关	主要用于接通和分断控制电路
	电阻器	铁基合金电阻	用于改变电路的电压、电流等参数或变电能为热能
	变阻器	励磁变阻器 启动变阻器 频敏变阻器	主要用于发电机调压以及电动机的减压启动和调速
	电磁铁	起重电磁铁 牵引电磁铁 制动电磁铁	用于起重、操纵或牵引机械装置

（2）按操作方式分类

① 自动电器。自动电器是指通过电磁或气动机构动作来完成接通、分断、启动和停止等动作的电器，它主要包括接触器、断路器、继电器等。

② 手动电器。手动电器是指通过人力来完成接通、分断、启动和停止等动作的电器，它主要包括刀开关、转换开关和主令电器等。

（3）按工作条件分类

① 一般工业用电器。这类电器用于机械制造等正常环境条件下的配电系统和电力拖动控制系统，是低压电器的基础产品。

② 化工电器。化工电器的主要技术要求是耐腐蚀。

③ 矿用电器。矿用电器的主要技术要求是能防爆。

④ 牵引电器。牵引电器的主要技术要求是耐振动和冲击。

⑤ 船用电器。船用电器的主要技术要求是耐腐蚀、颠簸和冲击。

⑥ 航空电器。航空电器的主要技术要求是体积小、重量轻、耐振动和冲击。

（4）按工作原理分类

① 电磁式电器。电磁式电器的感测元件接受的是电流或电压等电量信号。

② 非电量控制电器。这类电器的感测元件接收的信号是热量、温度、转速、机械力等非电量信号。

（5）按使用类别分类

低压交流接触器和电动机启动器常用的使用类别如下。

① AC-1 用于无感或低感负载，如电阻炉等。

② AC-2 用于绕线转子异步电动机的启动、分断等。

③ AC-3 用于笼型异步电动机的启动、分断等。

④ AC-4 用于笼型异步电动机的启动、反接制动或反向运转、点动等。

5.2 刀开关

刀开关又称闸刀开关，是一种带有动触头（触刀）、在闭合位置与底座上的静触头（刀座）相契合（或分离）的一种开关。它是手控电器中最简单而使用又较广泛的一种低压电器，主要用于各种配电设备和供电电路，可作为非频繁接通和分断容量不大的低压供电线路之用，如照明线路或小型电动机线路。当能满足隔离功能要求时，闸刀开关也可以用来隔离电源。

根据工作条件和用途的不同，刀开关有不同的结构形式，但工作原理是一致的。刀开关按极数可分为单极、双极、三极和四极；按切换功能（位置数）可分为单投和双投开关；按操作方式可分为中央手柄式和带杠杆操作机构式。

刀开关主要有开启式刀开关、封闭式负荷开关（铁壳开关）、开启式负荷开关（胶盖瓷底闸刀开关）、熔断器式刀开关、熔断器式隔离器、组合开关等，产品种类很多，尤其是近几年不断出现新产品、新型号，其可靠性越来越高。

转换开关是刀开关的一种形式，它用于主电路中，可将一组已连接的器件转换到另一组已连接的器件。其中采用刀开关结构形式的，称为刀形转换开关，采用叠装式触头元件组合成旋转操作的，称为组合开关。

5.2.1 刀开关的选择

刀开关的种类很多，常用刀开关的外形如图 5-1 所示，其结构如图 5-2 所示。

(a) HD11系列中央手柄式

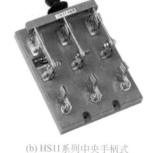

(b) HS11系列中央手柄式

图 5-1　常用刀开关的外形

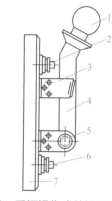

图 5-2　手柄操作式单极刀开关的结构

1—手柄；2—进线接线柱；3—静插座；4—触刀；
5—铰链支座；6—出线接线柱；7—绝缘底板

同一般开关电器比较，刀开关的触刀相当于动触头，而静插座相当于静触头。当操作人员握住手柄，使触刀绕铰链支座转动，插到静插座内的时候，就完成了接通操作。这时，由铰链支座、触刀和静插座就形成了一个电流通路。如果操作人员使触刀绕铰链支座做反方向转动，脱离静插座，电路就被切断。

（1）结构形式的确定

选用刀开关时，首先应根据其在电路中的作用和在成套配电装置中的安装位置，确定结构形式。如果电路中的负载由低压断路器、接触器或其他具有一定分断能力的开关电器（包括负荷开关）来分断，即刀开关仅是用来隔离电源时，只需选用没有灭弧罩的产品；反之，如果刀开关必须分断负载，就应选用带有灭弧罩，而且是通过杠杆操作的产品。此外，还应根据操作位置、操作方式和接线方式来选用。

（2）规格的选择

刀开关的额定电压应等于或大于电路的额定电压。刀开关的额定电流一般应等于或大于所分断电路中各个负载额定电流的总和。若负载是电动机，就必须考虑电动机的启动电流为额定电流的 4 ～ 7 倍，甚至更大，故应选用额定电流大一级的刀开关。此外，还要考虑电路中可能出现的最大短路电流（峰值）是否在该额定电流等级所对应的电动稳定性电流（峰值）以下。如果超出，就应当选用额定电流更大一级的刀开关。

5.2.2　刀开关的安装、使用与维护

（1）刀开关的安装

① 刀开关应垂直安装在开关板上，并要使静插座位于上方。若静插座位于下方，则当刀开关的触刀拉开时，如果铰链支座松动，触刀等运动部件可能会在自重作用下向下掉落，同静插座接触，发生误动作而造成严重事故。

② 电源进线应接在开关上方的静触头进线座，接负荷的引出线应接在开关下方的出线座，不能接反；否则，更换熔体时易发生触电事故。

③ 动触头与静触头要有足够的压力、接触应良好，双投刀开关在分闸位置时，刀片应能可靠固定。

④ 安装杠杆操作机构时，应合理调节杠杆长度，使操作灵活可靠。

⑤ 合闸时要保证开关的三相同步，各相接触良好。

（2）刀开关的使用与维护

① 刀开关做电源隔离开关使用时，合闸顺序是先合上刀开关，再合上其他用以控制负载的开关电器。分闸顺序则相反，要先使控制负载的开关电器分闸，然后再让刀开关分闸。

② 严格按照产品说明书规定的分断能力来分断负载，无灭弧罩的刀开关一般不允许分断负载；否则，有可能导致稳定持续燃弧，使刀开关寿命缩短，严重的还会造成电源短路，开关被烧毁，甚至发生火灾。

③ 对于多极的刀开关，应保证各极动作的同步性，而且应接触良好。否则，当负载是三相异步电动机时，便可能发生电动机因缺相运转而烧坏的事故。

④ 如果刀开关未安装在封闭的控制箱内，则应经常检查，防止因积尘过多而发生相间闪络现象。

⑤ 当对刀开关进行定期检修时，应清除底板上的灰尘，以保证良好的绝缘；检查触刀的接触情况，如果触刀（或静插座）磨损严重或被电弧过渡烧坏，应及时更换；发现触刀转动铰链过松时，如果是用螺栓的，应把螺栓拧紧。

5.2.3　刀开关的常见故障及排除方法

刀开关的常见故障及排除方法见表5-2。

表5-2　刀开关的常见故障及排除方法

故障现象	可能原因	排除方法
开关触头过热，甚至熔焊	① 开关的刀片、刀座在运行中被电弧烧毛，造成刀片与刀座接触不良 ② 开关速断弹簧的压力调整不当 ③ 开关刀片与刀座表面存在氧化层，使接触电阻增大 ④ 刀片动触头插入深度不够，降低了开关的载流容量 ⑤ 带负载操作启动大容量设备，致使大电流冲击，发生动静触头接触瞬间的弧光 ⑥ 在短路电流作用下，开关的热稳定不够，造成触头熔焊	① 及时修磨动、静触头（但不宜磨削过多），使之接触良好 ② 检查弹簧的弹性，将转动处的防松螺母或螺钉调整适当，使弹簧能维持刀片、刀座动静触头之间的紧密接触与瞬间开合 ③ 清除氧化层，并在刀片与刀座之间的接触部分涂上一层很薄的凡士林 ④ 调整杠杆操作机构，保证刀片的插入深度达到规定的要求 ⑤ 属于违章操作，应严格禁止 ⑥ 排除短路点，更换较大容量的开关
开关与导线接触部位过热	① 导线连接螺钉松动，弹簧垫圈失效，致使接触电阻增大 ② 螺栓选用偏小，使开关通过额定电流时连接部位过热 ③ 两种不同金属相互连接（如铝线与铜线柱）会发生电化锈蚀，使接触电阻加大而产生过热	① 更换弹簧垫圈并予紧固 ② 按合适的电流密度选择螺栓 ③ 采用铜铝过渡接线端子，或在导线连接部位涂敷导电膏

5.3　负荷开关

5.3.1　负荷开关的选择

（1）开启式负荷开关的选择

开启式负荷开关又叫胶盖瓷底刀开关（俗称胶盖闸），是由刀开关和熔丝组合而成的一种电器。主要适用于交流频率为50Hz，额定电压为单相220V、三相380V，额定电流至100A的电路中的总开关、支路开关以及电灯、电热器等，作为手动不频繁地接通与分断有负载电器及小容量线路的短路保护之用。

开启式负荷开关按极数分为两极和三极两种，两极式产品的额定电压为220V（或250V），额定电流有10A、15A、30A三种（或10A、16A、32A、63A四种）；三极式产品的额定电压为380V，额定电流有15A、30A、60A三种（或16A、32A、63A三种）。

开启式负荷开关的种类很多，图5-3是常用开启式负荷开关的外形。开启式负荷开关的结构如图5-4所示。

图5-3　常用开启式负荷开关的外形

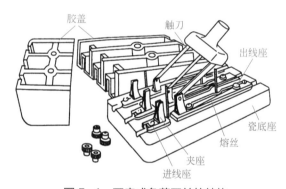

图5-4　开启式负荷开关的结构

① 额定电压的选择。开启式负荷开关用于照明电路时，可选用额定电压为220V或250V的二极开关；用于小容量三相异步电动机时，可选用额定电压为380V或500V的三极开关。

② 额定电流的选择。在正常情况下，开启式负荷开关一般可以接通或分断额定电流。因此，当开启式负荷开关用于普通负载（如照明或电热设备）时，负荷开关的额定电流应等于或大于开断电路中各个负载额定电流的总和。

当开启式负荷开关被用于控制电动机时，考虑电动机的启动电流可达额定电流的4～7倍，因此不能按照电动机的额定电流来选用，而应把开启式负荷开关的额定电流选得大一些。换句话说，负荷开关应适当降低容量使用。根据经验，负荷开关的额定电流一般可选为电动机额定电流的2倍左右。

③ 熔丝的选择。

a. 对于变压器、电热器和照明电路，熔丝的额定电流宜等于或稍大于实际负载电流。

b. 对于配电线路，熔丝的额定电流宜等于或略小于线路的安全电流。

c. 对于电动机，熔丝的额定电流一般为电动机额定电流的 1.5～2.5 倍。在重载启动和全电压启动的场合，应取较大的数值；而在轻载启动和减压启动的场合，则应取较小的数值。

（2）封闭式负荷开关的选择

封闭式负荷开关又称铁壳开关，简称负荷开关，它是由刀开关和熔断器组合而成的一种电器。封闭式负荷开关具有通断性较好、操作方便和使用安全等优点。

封闭式负荷开关主要用于工矿企业电气装置、农村电力排灌及电热和照明等各种配电设备中，供手动不频繁接通、分断电路及线路末端的短路保护之用，其中容量较小者（开关的额定电流为 60A 及以下的）还可用作电动机的不频繁全压启动（又称直接启动）的控制开关。

封闭式负荷开关的种类很多，常用封闭式负荷开关的外形如图 5-5 所示。封闭式负荷开关主要由触头及灭弧系统、熔断器以及操作机构三部分共装于一个防护外壳内构成，其结构如图 5-6 所示。

图 5-5　常用封闭式负荷开关的外形

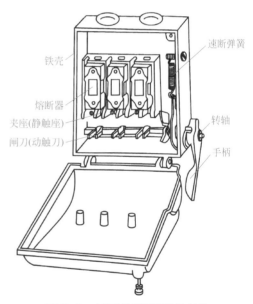

图 5-6　封闭式负荷开关的结构

封闭式负荷开关的选择可以参考开启式负荷开关的选择方法，并应注意以下两点。

① 与控制对象的配合。由于封闭式负荷开关不带过载保护，只有熔断器用作短路保护，很可能因一相熔断器熔断，而导致电动机缺相运行（又称单相运行）故障。另外，根据使用经验，用负荷开关控制大容量的异步电动机时，有可能发生弧光烧手事故。所以，一般只用额定电流为 60A 及以下等级的封闭式负荷开关，作为小容量异步电动机非频繁直接启动的控制开关。

② 考虑封闭式负荷开关配用的熔断器的分断能力一般偏低，所以，它应当装在短路电流不太大的线路末端。

（3）选择实例

【例5-1】

一台 Y112M-4 型三相异步电动机，额定电压为 380V，功率为 4kW，额定电流为 8.8A，用于重载启动的场合，试选择开启式负荷开关的型号。

解：由于开启式负荷开关被用于控制电动机，所以选用负荷开关的额定电流为

$$I_n \geq 2.5 \times 8.8 = 22 (A)$$

由开启式负荷开关技术数据表可知，可选用 HK4-32/3 型开启式负荷开关。

【例5-2】

一台 Y160M-4 型三相异步电动机，额定电压为 380V，功率为 11kW，额定电流为 22.6A，用于轻载启动的场合，试选择封闭式负荷开关的型号。

解：由于封闭式负荷开关被用于控制电动机，所以选用负荷开关的额定电流为

$$I_n \geq 2.0 \times 22.6 = 45.2 (A)$$

由封闭式负荷开关技术数据表可知，可选用 HH3-60/3 型封闭式负荷开关。

5.3.2　负荷开关的安装、使用与维护

（1）开启式负荷开关的安装

① 开启式负荷开关必须垂直地安装在控制屏或开关板上，并使进线座在上方（即在合闸状态时，手柄应向上），不准横装或倒装，更不允许将负荷开关放在地上使用。

② 接线时，电源进线应接在上端进线座，而用电负载应接在下端出线座。这样当开关断开时，触刀（闸刀）和熔丝上均不带电，以保证换装熔丝时的安全。

③ 刀开关和进出线的连接螺钉应牢固可靠、接触良好，否则接触处温度会明显升高，引起发热甚至发生事故。

（2）开启式负荷开关的使用与维护

① 开启式负荷开关的防尘、防水和防潮性能都很差，不可放在地上使用，更不应在户外、特别是农田作业中使用，因为这样使用时易发生事故。

② 开启式负荷开关的胶盖和瓷底板（座）都易碎裂，一旦发生了这种情况，就不宜继续使用，以防发生人身触电伤亡事故。

③ 由于过负荷或短路故障而使熔丝熔断，待故障排除后需要重新更换熔丝时，必须在触刀（闸刀）断开的情况下进行，而且应换上与原熔丝相同规格的新熔丝，并注意勿使熔丝受到机械损伤。

④ 更换熔丝时，应特别注意观察绝缘瓷底板（座）及上、下胶盖部分。这是由于熔丝熔化后，在电弧的作用下，使绝缘瓷底板（座）和胶盖内壁表面附着一层金属粉粒，这些金属粉粒将会造成绝缘部分的绝缘性能下降，甚至不绝缘，易造成重新合闸送电的瞬间开关本体相间短路。因此，应先用干燥的棉布或棉丝将金属粉粒擦净，再更换熔丝。

⑤ 当负载较大时，为防止开关本体相间短路现象的发生，通常将开启式负荷开关与熔

断器配合使用。熔断器装在开关的负载一侧，开关本体不再装熔丝，在应装熔丝的接点上安装与线路导线截面积相同的铜线。此时，开启式负荷开关只做开关使用，短路保护及过负荷保护由熔断器完成。

（3）封闭式负荷开关的安装

① 尽管封闭式负荷开关设有联锁装置以防止操作人员触电，但仍应当注意按照规定进行安装。开关必须垂直安装在配电板上，安装高度以安全和操作方便为原则，严禁倒装和横装，更不允许放在地上，以免发生危险。

② 开关的金属外壳应可靠接地或接零，严禁在开关上方放置金属零件，以免掉入开关内部发生相间短路事故。

③ 开关的进出线应穿过开关的进出线孔并加装橡胶垫圈，以防检修时因漏电而发生危险。

④ 接线时，应将电源线牢靠地接在电源进线座的接线端子上，如果接错了，将会给检修工作带来不安全因素。

⑤ 保证开关外壳完好无损，机械联锁正确。

（4）封闭式负荷开关的使用和维护

① 封闭式负荷开关不允许放在地上使用。

② 不允许面对着开关进行操作，以免万一发生故障而开关又分断不了短路电流时，铁壳爆炸飞出伤人。

③ 严禁在开关上方放置紧固件及其他金属零件，以免它们掉入开关内部造成相间短路事故。

④ 检查封闭式负荷开关的机械联锁是否正常，速断（动）弹簧有无锈蚀变形。

⑤ 检查压线螺钉是否完好，能否拧紧而不松扣。

⑥ 经常保持外壳及开关内部清洁，不致积上尘垢。

5.3.3　负荷开关的常见故障及排除方法

开启式负荷开关的常见故障及排除方法见表5-3，封闭式负荷开关的常见故障及排除方法见表5-4。

表5-3　开启式负荷开关的常见故障及排除方法

故障现象	产生原因	排除方法
合闸后一相或两相没电压	① 静触头弹性消失，开口过大，使静触头与动触头不能接触 ② 熔丝烧断或虚连 ③ 静触头、动触头氧化或有尘污 ④ 电源进线或出线线头氧化后接触不良	① 更换静触头 ② 更换熔丝 ③ 清洁触头 ④ 检查进出线
闸刀短路	① 外接负载短路，熔丝烧断 ② 金属异物落入开关或连接熔丝引起相间短路	① 检查负载，待短路消失后更换熔丝 ② 检查开关内部，拿出金属异物或接好熔丝
动触头或静触头烧坏	① 开关容量太小 ② 拉、合闸时动作太慢造成电弧过大，烧坏触头	① 更换大容量的开关 ② 改善操作方法

表 5-4　封闭式负荷开关的常见故障及排除方法

故障现象	产生原因	排除方法
操作手柄带电	① 外壳未接地线或地线接触不良 ② 电源进出线绝缘损坏碰壳	① 加装或检查接地线 ② 更换导线
夹座（静触头）过热或烧坏	① 夹座表面烧毛 ② 触刀与夹座压力不足 ③ 负载过大	① 用细锉修整 ② 调整夹座压力 ③ 减轻负载或调换较大容量的开关

5.4　熔断器

　　熔断器是一种起保护作用的电器，它串联在被保护的电路中，当线路或电气设备的电流超过规定值足够长的时间后，其自身产生的热量能够熔断一个或几个特殊设计的相应的部件，断开其所接入的电路并分断电源，从而起到保护作用。熔断器包括组成完整电器的所有部件。

　　熔断器结构简单、使用方便、价格低廉，广泛应用于低压配电系统和控制电路中，主要作为短路保护元件，也常作为单台电气设备的过载保护元件。

　　熔断器按结构形式可分为插入式熔断器、无填料密闭管式熔断器、有填料封闭管式熔断器、快速熔断器。

　　螺旋式熔断器是指带熔断体的载熔件靠螺纹旋入底座而固定于底座的熔断器，它实质上是一种有填料封闭式熔断器，具有断流能力大、体积小、熔丝熔断后能显示、更换熔丝方便、安全可靠等特点。常用螺旋式熔断器的外形如图 5-7 所示，RL1 系列螺旋式熔断器的结构如图 5-8 所示。

　　无填料封闭管式熔断器（又称无填料密闭管式熔断器或无填料密封管式熔断器）是指熔

图 5-7　常用螺旋式熔断器的外形

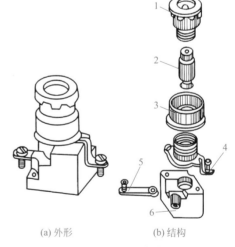

(a) 外形　　　　(b) 结构

图 5-8　RL1 系列螺旋式熔断器的结构
1—瓷帽；2—熔管；3—瓷套；4—上接线端；
5—下接线端；6—底座

体被密闭在不充填料的熔管内的熔断器。常用的无填料封闭管式熔断器产品主要是 RM10 系列。常用无填料封闭管式熔断器的外形如图 5-9 所示，RM10 系列无填料封闭管式熔断器的结构如图 5-10 所示。

图 5-9　常用无填料封闭管式熔断器的外形

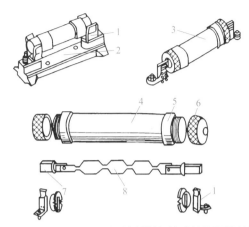

图 5-10　RM10 系列无填料封闭管式熔断器的结构

1—夹座；2—底座；3—熔管；4—钢纸管；
5—黄铜管；6—黄铜帽；7—触刀；8—熔体

有填料封闭管式熔断器是指熔体被封闭在充有颗粒、粉末等灭弧填料的熔管内的熔断器。常用有填料封闭管式熔断器的外形如图 5-11 所示，RT0 系列有填料封闭管式熔断器的结构如图 5-12 所示。

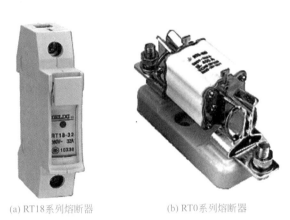

(a) RT18系列熔断器　　　　(b) RT0系列熔断器

图 5-11　常用有填料封闭管式熔断器的外形

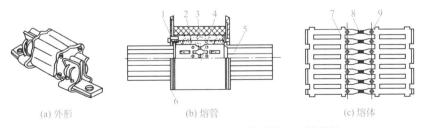

(a) 外形　　　　(b) 熔管　　　　(c) 熔体

图 5-12　RT0 系列有填料封闭管式熔断器的结构

1—熔断指示器；2—指示器熔体；3—石英砂；4—工作熔体；
5—触刀；6—盖板；7—引弧栅；8—锡桥；9—变截面小孔

快速熔断器又称半导体器件保护用熔断器，是指在规定的条件下，能快速切断故障电流，主要用于保护半导体器件过载及短路的有填料熔断器。应当注意的是，快速熔断器的熔体一般不能用普通熔体代替。这是由于普通熔体不具备快速熔断的特性，不能有效地保护半导体元件。常用快速熔断器的外形如图5-13所示，RS3系列快速熔断器的结构如图5-14所示。

图 5-13　常用快速熔断器的外形

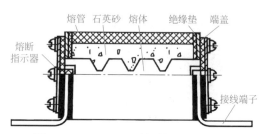

图 5-14　RS3 系列快速熔断器的结构

5.4.1　常用熔断器的选择

（1）熔断器选择的一般原则

① 应根据使用条件确定熔断器的类型。

② 选择熔断器的规格时，应首先选定熔体的规格，然后再根据熔体去选择熔断器的规格。

③ 熔断器的保护特性应与被保护对象的过载特性有良好的配合。

④ 在配电系统中，各级熔断器应相互匹配，一般上一级熔体的额定电流要比下一级熔体的额定电流大 2 ～ 3 倍。

⑤ 对于保护电动机的熔断器，应注意电动机启动电流的影响。熔断器一般只作为电动机的短路保护，过载保护应采用热继电器。

（2）熔断器类型的选择

熔断器主要根据负载的情况和电路短路电流的大小来选择。例如，对于容量较小的照明线路或电动机的保护，宜采用 RCIA 系列插入式熔断器或 RM10 系列无填料密闭管式熔断器；对于短路电流较大的电路或有易燃气体的场合，宜采用具有高分断能力的 RL 系列螺旋式熔断器或 RT（包括 NT）系列有填料封闭管式熔断器；在需要保护硅整流器件及晶闸管的场合，应采用快速熔断器。

熔断器的形式也要考虑使用环境，例如，管式熔断器常用于大型设备及容量较大的变电场合；插入式熔断器常用于无振动的场合；螺旋式熔断器多用于机床配电；电子设备一般采用熔丝座。

（3）熔体额定电流的选择

① 对于照明电路和电热设备等电阻性负载，因为其负载电流比较稳定，可用作过载保护和短路保护，所以熔体的额定电流（I_{rn}）应等于或稍大于负载的额定电流（I_{fn}）。

$$I_{rn} = 1.1 I_{fn}$$

（5-1）

② 电动机的启动电流很大，因此对电动机只宜作短路保护，对于保护长期工作的单台电动机，考虑电动机启动时熔体不能熔断。

$$I_{rn} \geq (1.5 \sim 2.5)I_{fn} \tag{5-2}$$

式中，轻载启动或启动时间较短时，系数可取 1.5；带重载启动、启动时间较长或启动较频繁时，系数可取 2.5。

③ 对于保护多台电动机的熔断器，考虑在出现尖峰电流时不熔断熔体，熔体的额定电流应大于或等于最大一台电动机的额定电流的 1.5 ～ 2.5 倍加上同时使用的其余电动机的额定电流之和。

$$I_{rn} \geq (1.5 \sim 2.5)I_{fn\,max} + \sum I_{fn} \tag{5-3}$$

式中　$I_{fn\,max}$ ——多台电动机中容量最大的一台电动机的额定电流，A；

　　　$\sum I_{fn}$ ——其余各台电动机额定电流之和，A。

必须说明，由于电动机负载情况不同，其启动情况也各不相同，因此，上述系数只作为确定熔体额定电流时的参考数据，精确数据需在实践中根据使用情况确定。

（4）熔断器额定电压的选择

熔断器的额定电压应大于或等于所在电路的额定电压。

5.4.2　熔断器的安装、使用与维护

（1）熔断器的安装

① 安装前，应检查熔断器的额定电压是否大于或等于线路的额定电压，熔断器的额定分断能力是否大于线路中预期的短路电流，熔体的额定电流是否小于或等于熔断器支持件的额定电流。

② 熔断器一般应垂直安装，应保证熔体与触刀以及触刀与刀座的接触良好，并能防止电弧飞落到邻近带电部分上。

③ 安装时应注意不要让熔体受到机械损伤，以免因熔体截面变小而发生误动作。

④ 安装时应注意使熔断器周围介质温度与被保护对象周围介质温度尽可能一致，以免保护特性产生误差。

⑤ 安装必须可靠，以免有一相接触不良，出现相当于一相断路的情况，致使电动机因断相运行而烧毁。

⑥ 安装带有熔断指示器的熔断器时，指示器的方向应装在便于观察的位置。

⑦ 熔断器两端的连接线应连接可靠，螺钉应拧紧。如接触不好，会使接触部分过热，热量传至熔体，使熔体温度过高，引起误动作。有时因接触不好产生火花，将会干扰弱电装置。

⑧ 熔断器的安装位置应便于更换熔体。

⑨ 安装螺旋式熔断器时，熔断器的下接线板的接线端应在上方，并与电源线连接。连接金属螺纹壳体的接线端应装在下方，并与用电设备相连，有油漆标志端向外，两熔断器间的距离应留有手拧的空间，不宜过近。这样更换熔体时，螺纹壳体上就不会带电，以保证人身安全。

（2）熔断器的使用与维护

① 熔体烧断后，应先查明原因，排除故障。分清熔断器是在过载电流下熔断，还是在分断极限电流下熔断。一般在过载电流下熔断时响声不大，熔体仅在一两处熔断，且管壁没有大量熔体蒸发物附着和烧焦现象；而分断极限电流熔断时与上面情况相反。

② 更换熔体时，必须选用原规格的熔体，不得用其他规格熔体代替，也不能用多根熔体代替一根较大熔体，更不准用细铜丝或铁丝来替代，以免发生重大事故。

③ 更换熔体（或熔管）时，一定要先切断电源，将开关断开，不要带电操作，以免触电，尤其不得在负荷未断开时带电更换熔体，以免电弧烧伤。

④ 熔断器的插入和拔出时应使用绝缘手套等防护工具，不准用手直接操作或使用不适当的工具，以免发生危险。

⑤ 更换无填料密闭管式熔断器熔片时，应先查明熔片规格，并清理管内壁污垢后再安装新熔片，且要拧紧两头端盖。

⑥ 更换瓷插式熔断器熔丝时，熔丝应沿螺钉顺时针方向弯曲一圈，压在垫圈下拧紧。

⑦ 更换熔体前，应先清除接触面上的污垢，再装上熔体，且不得使熔体发生机械损伤，以免因熔体截面变小而发生误动作。

⑧ 运行中如有两相断相，更换熔体时应同时更换三相。因为没有熔断的那相熔断器的熔体实际上已经受到损害，若不及时更换，很快也会断相。

⑨ 更换熔体时，不要使熔体损伤。熔体一般软而易断，容易发生断裂，这将降低额定电流值，影响设备运行。

⑩ 更换熔体时，应注意熔体的电压值、电流值及片数，并要使熔体与熔管相配合，不可把熔体硬拉硬弯装在不相配的熔管里，更不能找一根铜线代替熔体凑合使用。

⑪ 对封闭管式熔断器，熔管不能用其他绝缘代替，否则容易炸裂熔管，发生人身伤害事故。

⑫ 当熔体熔断后，特别是在分断极限电流后，经常有熔体的熔渣熔化在管的表面，因此，在更换新熔体前，应仔细擦净熔管内表面和接触部分的熔渣、烟尘和尘埃等。当熔断器已经达到所规定的分断极限电流的次数时，即使用眼睛观察没有发现熔管有损伤现象，也不宜继续使用，应更换新熔管。

5.4.3 熔断器的常见故障及排除方法

熔断器的常见故障及排除方法见表 5-5。

表 5-5 熔断器的常见故障及排除方法

故障现象	可能原因	排除方法
电动机启动瞬间，熔断器熔体熔断	① 熔体规格选择过小 ② 被保护电路短路或接地 ③ 安装熔体时有机械损伤 ④ 有一相电源发生断路	① 更换合适的熔体 ② 检查线路，找出故障点并排除 ③ 更换安装新的熔体 ④ 检查熔断器及被保护电路，找出断路点并排除
熔体未熔断，但电路不通	① 熔体或连接线接触不良 ② 紧固螺钉松脱	① 旋紧熔体或将接线接牢 ② 找出松动处，将螺钉或螺母旋紧

故障现象	可能原因	排除方法
熔断器过热	① 接线螺钉松动，导线接触不良 ② 接线螺钉锈死，压不紧线 ③ 触刀或刀座生锈，接触不良 ④ 熔体规格太小，负荷过重 ⑤ 环境温度过高	① 拧紧螺钉 ② 更换螺钉、垫圈 ③ 清除锈蚀 ④ 更换合适的熔体或熔断器 ⑤ 改善环境条件
瓷绝缘件破损	① 产品质量不合格 ② 外力破坏 ③ 操作时用力过猛 ④ 过热引起	① 停电更换 ② 停电更换 ③ 停电更换，注意操作手法 ④ 查明原因，排除故障

5.5 断路器

　　断路器曾称自动开关，是指能接通、承载以及分断正常电路条件下的电流，也能在规定的非正常电路条件（例如短路）下接通和分断短路电流的一种机械开关电器。按规定条件，对配电电路、电动机或其他用电设备实行通断操作并起保护作用，即当电路内出现过载、短路或欠电压等情况时能自动分断电路的开关电器。

　　通俗地讲，断路器是一种可以自动切断故障线路的保护开关，它既可用来接通和分断正常的负载电流、电动机的工作电流和过载电流，也可用来接通和分断短路电流，在正常情况下还可以用于不频繁地接通和断开电路以及控制电动机的启动和停止。

　　断路器具有动作值可调整、安装方便、分断能力强等特点，特别是在分断故障电流后一般不需要更换零部件，因此应用非常广泛。

　　断路器按结构形式，可分为万能式（曾称框架式）和塑料外壳式（曾称装置式）。断路器按极数，可分为单极、两极、三极和四极式。断路器按操作方式，可分为人力操作（手动）和无人力操作（电动、储能）。断路器按用途，可分为配电用、电动机保护用、家用和类似场所用、剩余电流（漏电）保护用、特殊用途用等。

　　万能式断路器称框架式断路器，这种断路器一般都有一个钢制的框架（小容量的也可用塑料底板加金属支架构成），所有零部件均安装在这个框架内，主要零部件都是裸露的，导电部分需先进行绝缘，再安装在底座上，而且部件大多可以拆卸，便于装配和调整。万能式断路器的外形如图 5-15 所示。

　　塑料外壳式断路器曾称装置式断路器，这种断路器的所有零部件都安装在一个塑料外壳中，没有裸露的带电部分，使用比较安全。塑料外壳式断路器的外形如图 5-16所示，其主要由绝缘外壳、触头系统、操作机构和脱扣器四部分组成。

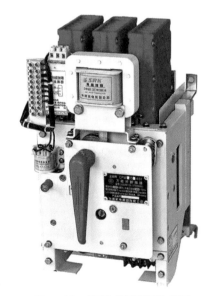

图 5-15　万能式断路器的外形

(a) RMM1系列　　　　　　　(b) DSKM1系列

图 5-16　塑料外壳式断路器的外形

5.5.1　断路器的选择

（1）类型的选择

应根据电路的额定电流、保护要求和断路器的结构特点来选择断路器的类型。

① 对于额定电流 600A 以下，短路电流不大的场合，一般选用塑料外壳式断路器。

② 若额定电流比较大，则应选用万能式断路器；若短路电流相当大，则应选用限流式断路器。

③ 在有漏电保护要求时，还应选用漏电保护式断路器。

④ 断路器的类型应符合安装条件、保护功能及操作方式的要求。

⑤ 一般情况下，保护变压器及配电线路可选用万能式断路器，保护电动机可选塑料外壳式断路器。

⑥ 校核断路器的接线方向，如果断路器技术文件或端子上表明只能上进线，则安装时不可采用下进线。

（2）电气参数的确定

断路器的结构选定后，接着需选择断路器的电气参数。所谓电气参数的确定主要是指除断路器的额定电压、额定电流和通断能力外，一个重要的问题就是怎样选择断路器过电流脱扣器的整定电流和保护特性以及配合等，以便达到比较理想的协调动作。选用的一般原则（指选用任何断路器都必须遵守的原则）如下。

① 断路器的额定工作电压≥线路额定电压。

② 断路器的额定电流≥线路计算负载电流。

③ 断路器的额定短路通断能力≥线路中可能出现的最大短路电流（一般按有效值计算）。

④ 断路器热脱扣器的额定电流≥电路工作电流。

⑤ 根据实际需要，确定电磁脱扣器的额定电流和瞬时动作整定电流。

a. 电磁脱扣器的额定电流只要等于或稍大于电路工作电流即可。

b. 电磁脱扣器的瞬时动作整定电流计算：作为单台电动机的短路保护时，电磁脱扣器的整定电流为电动机启动电流的 1.35 倍（DW 系列断路器）或 1.7 倍（DZ 系列断路器）；作为多台电动机的短路保护时，电磁脱扣器的整定电流为最大一台电动机启动电流的 1.3 倍再加上其余电动机的工作电流。

⑥ 断路器欠电压脱扣器额定电压＝线路额定电压。

并非所有断路器都需要带欠电压脱扣器，是否需要应根据使用要求而定。在某些供电质量较差的系统，选用带欠电压保护的断路器，反而会因电压波动而经常造成不希望的断电。在这种场合，若必须带欠电压脱扣器，则应考虑有适当的延时。

⑦ 断路器分励脱扣器的额定电压＝控制电源电压。

⑧ 电动传动机构的额定工作电压＝控制电源电压。

⑨ 需要注意的是，除一般选用原则外，选用时还应考虑断路器的用途。配电用断路器和电动机保护用断路器以及照明、生活用导线保护断路器，应根据使用特点予以选用。

⑩ 对于手持电动工具、移动式电气设备、家用电器等，一般应选择额定漏电动作电流不超过 30mA 的漏电保护式断路器；对于潮湿场所的电气设备，以及在发生触电后可能会产生二次性伤害的场所，如高空作业或河岸边使用的电气设备，一般应选择额定漏电动作电流不超过 10mA 的漏电保护式断路器；对于医院中的医疗设备，建议选择额定漏电动作电流为 6mA 的漏电保护式断路器。

5.5.2　断路器的安装、使用与维护

（1）断路器的安装

① 安装前应先检查断路器的规格是否符合使用要求。

② 安装前先用 500V 绝缘电阻表（兆欧表）检查断路器的绝缘电阻，在周围空气温度为（20±5）℃和相对湿度为 50%～70% 时，绝缘电阻应不小于 10MΩ，否则应烘干。

③ 安装时，电源进线应接于上母线，用户的负载侧出线应接于下母线。

④ 安装时，断路器底座应垂直于水平位置，并用螺钉固定牢固，且断路器应安装平整，不应有附加机械应力。

⑤ 外部母线与断路器连接时，应在接近断路器母线处加以固定，以免各种机械应力传递到断路器上。

⑥ 安装时，应考虑断路器的飞弧距离，即在灭弧罩上部应留有飞弧空间，并保证外装灭弧室至相邻电器的导电部分和接地部分的安全距离。

⑦ 在进行电气连接时，电路中应无电压。

⑧ 断路器应可靠接地。

⑨ 不应漏装断路器附带的隔弧板，装上后方可运行，以防止切断电路因产生电弧而引起相间短路。

⑩ 安装完毕后，应使用手柄或其他传动装置检查断路器工作的准确性和可靠性。如检查脱扣器能否在规定的动作值范围内动作，电磁操作机构是否可靠闭合，可动部件有无卡阻现象等。

（2）断路器的使用与维护

① 断路器在使用前应将电磁铁工作面上的防锈油脂抹净，以免影响电磁系统的正常动作。

② 操作机构在使用一段时间后（一般为 1/4 机械寿命），在传动部分应加注润滑油（小容

量塑料外壳式断路器不需要)。

③ 每隔一段时间(6个月左右或在定期检修时),应清除落在断路器上的灰尘,以保证断路器具有良好绝缘。

④ 应定期检查触头系统,特别是在分断短路电流后,更必须检查,在检查时应注意以下事项。

a. 断路器必须处于断开位置,进线电源必须切断。

b. 用酒精抹净断路器上的划痕,清理触头毛刺。

c. 当触头厚度小于允许值时,应更换触头。

⑤ 当断路器分断短路电流或长期使用后,均应清理灭弧罩两壁烟痕及金属颗粒。若采用的是陶瓷灭弧室,若灭弧栅片烧损严重或灭弧罩碎裂,不允许再使用,必须立即更换,以免发生不应有的事故。

⑥ 定期检查各种脱扣器的电流整定值和延时。特别是半导体脱扣器,更应定期用试验按钮检查其动作情况。

⑦ 有双金属片式脱扣器的断路器,当使用场所的环境温度高于其整定温度,一般宜降容使用;若脱扣器的工作电流与整定电流不符,应当在专门的检验设备上重新调整后才能使用。

⑧ 有双金属片式脱扣器的断路器,因过载而分断后,不能立即"再扣",需冷却1 ~ 3min,待双金属片复位后,才能重新"再扣"。

⑨ 定期检修应在不带电的情况下进行。

5.5.3　断路器的常见故障及排除方法

断路器的常见故障及排除方法见表 5-6。

表 5-6　断路器的常见故障及排除方法

常见故障	可能原因	排除方法
手动操作的断路器不能闭合	① 欠电压脱扣器无电压或线圈损坏 ② 储能弹簧变形,闭合力减小 ③ 释放弹簧的反作用力太大 ④ 机构不能复位再扣	① 检查线路后加上电压或更换线圈 ② 更换储能弹簧 ③ 调整弹力或更换弹簧 ④ 调整脱扣面至规定值
电动操作的断路器不能闭合	① 操作电源电压不符 ② 操作电源容量不够 ③ 电磁铁损坏 ④ 电磁铁拉杆行程不够 ⑤ 操作定位开关失灵 ⑥ 控制器中整流管或电容器损坏	① 更换电源或升高电压 ② 增大电源容量 ③ 检修电磁铁 ④ 重新调整或更换拉杆 ⑤ 重新调整或更换开关 ⑥ 更换整流管或电容器
有一相触头不能闭合	① 该相连杆损坏 ② 限流开关斥开机构可拆连杆之间的角度变大	① 更换连杆 ② 调整至规定要求
分励脱扣器不能使断路器断开	① 线圈损坏 ② 电源电压太低 ③ 脱扣面太大 ④ 螺钉松动	① 更换线圈 ② 更换电源或升高电压 ③ 调整脱扣面 ④ 拧紧螺钉
欠电压脱扣器不能使断路器断开	① 反力弹簧的反作用力太小 ② 储能弹簧力太小 ③ 机构卡死	① 调整或更换反力弹簧 ② 调整或更换储能弹簧 ③ 检修机构

常见故障	可能原因	排除方法
断路器在启动电动机时自动断开	① 电磁式过流脱扣器瞬动整定电流太小 ② 空气式脱扣器的阀门失灵或橡皮膜破裂	① 调整瞬动整定电流 ② 更换
断路器在工作一段时间后自动断开	① 过电流脱扣器长延时整定值不符要求 ② 热元件或半导体元件损坏 ③ 外部电磁场干扰	① 重新调整 ② 更换元件 ③ 进行隔离
欠电压脱扣器有噪声或振动	① 铁芯工作面有污垢 ② 短路环断裂 ③ 反力弹簧的反作用力太大	① 清除污垢 ② 更换衔铁或铁芯 ③ 调整或更换弹簧
断路器温升过高	① 触头接触压力太小 ② 触头表面过分磨损或接触不良 ③ 导电零件的连接螺钉松动	① 调整或更换触头弹簧 ② 修整触头表面或更换触头 ③ 拧紧螺钉
辅助触头不能闭合	① 动触桥卡死或脱落 ② 传动杆断裂或滚轮脱落	① 调整或重装动触桥 ② 更换损坏的零件

5.6 交流接触器

接触器是指仅有一个起始位置，能接通、承载和分断正常电路条件（包括过载运行条件）下电流的一种非手动操作的机械开关电器。它可用于远距离频繁地接通和分断交、直流主电路和大容量控制电路，具有动作快、控制容量大、使用安全方便、能频繁操作和远距离操作等优点，主要用于控制交、直流电动机，也可用于控制小型发电机、电热装置、电焊机和电容器组等设备，是电力拖动自动控制电路中使用最广泛的一种低压电器元件。

接触器能接通和断开负载电流，但不能切断短路电流，因此接触器常与熔断器和热继电器等配合使用。

接触器的种类繁多，有多种不同的分类方法。按接触器主触头控制电流种类，分为交流接触器和直流接触器。按主触头的极数，还可分为单极、双极、三极、四极和五极等。

交流接触器的种类很多。交流接触器的结构主要由触头系统、电磁机构、灭弧装置和其他部分等组成。常用交流接触器的外形如图 5-17 所示。

(a) CJ20-25系列

(b) B系列

图 5-17 常用交流接触器的外形

5.6.1　交流接触器的选择

（1）接触器的选择方法

在选用接触器时，应考虑接触器的铭牌数据，因铭牌上只规定了某一条件下的电流、电压、控制功率等参数，而具体的条件又是多种多样的，因此，在选择接触器时应注意以下几点。

① 选择接触器的类型。接触器的类型应根据电路中负载电流的种类来选择。也就是说，交流负载应使用交流接触器，直流负载应使用直流接触器，若整个控制系统中主要是交流负载，而直流负载的容量较小，也可全部使用交流接触器，但触头的额定电流应适当大些。

② 选择接触器主触头的额定电流。主触头的额定电流应大于或等于被控电路的额定电流。若被控电路的负载是三相异步电动机，其额定电流可按下式推算。

$$I_N = \frac{P_N \times 10^3}{\sqrt{3} U_N \eta \cos\varphi} \tag{5-4}$$

式中　I_N——电动机额定电流，A；

U_N——电动机额定电压，V；

P_N——电动机额定功率，kW；

η——电动机效率；

$\cos\varphi$——电动机功率因数。

例如，$U_N = 380V$，$P_N = 100kW$ 以下的电动机，$\eta\cos\varphi$ 为 0.7～0.82。

在频繁启动、制动和频繁正反转的场合，可将主触头的额定电流稍微降低使用。

③ 选择接触器主触头的额定电压。接触器的额定工作电压应不小于被控电路的最大工作电压。

④ 接触器的额定通断能力应大于通断时电路中的实际电流值，耐受过载电流能力应大于电路中最大工作过载电流值。

⑤ 应根据系统控制要求确定主触头和辅助触头的数量和类型，同时要注意其通断能力和其他额定参数。

⑥ 如果接触器用来控制电动机的频繁启动、正反转或反接制动，应将接触器的主触头额定电流降低使用，通常可降低一个电流等级。

（2）选用注意事项

① 接触器线圈的额定电压应与控制回路的电压相同。

② 因为交流接触器的线圈匝数较少，电阻较小，当线圈通入交流电时，将产生一个较大的感抗，此感抗值远大于线圈的电阻，线圈的励磁电流主要取决于感抗的大小。如果将直流电流通入，则线圈就成为纯电阻负载，此时流过线圈的电流会很大，使线圈发热，甚至烧坏。所以，在一般情况下，不能将交流接触器作为直流接触器使用。

5.6.2　交流接触器的安装、使用与维护

（1）安装前的准备

① 安装前应认真检查接触器的铭牌数据是否符合电路要求，线圈工作电压是否与电源

工作电压相配合。

②　接触器外观应良好，无机械损伤。活动部件应灵活，无卡滞现象。

③　检查灭弧罩有无破裂、损伤。

④　检查各极主触头的动作是否同步。触头的开距、超程、初压力和终压力是否符合要求。

⑤　用万用表检查接触器线圈有无断线、短路现象。

⑥　用绝缘电阻表（兆欧表）检测主触头的相间绝缘电阻，一般应大于10MΩ。

（2）安装方法与注意事项

①　安装时，接触器的底面应与地面垂直，倾斜度应小于5°。

②　安装时，应注意留有适当的飞弧空间，以免烧损相邻电器。

③　在确定安装位置时，还应考虑日常检查和维修方便性。

④　安装应牢固，接线应可靠，螺钉应加装弹簧垫和平垫圈，以防松脱和振动。

⑤　灭弧罩应安装良好，不得在灭弧罩破损或无灭弧罩的情况下将接触器投入使用。

⑥　安装完毕后，应检查有无零件或杂物掉落在接触器上或内部，检查接触器的接线是否正确，还应在不带负载的情况下检测接触器的性能是否合格。

⑦　接触器的触头表面应经常保持清洁，不允许涂油。

（3）接触器的使用与维护

接触器经过一段时间使用后，应进行维护。维护时，应在断开主电路和控制电路的电源情况下进行。

①　保持触头清洁，不允许沾有油污。

②　当触头表面因电弧烧蚀而附有金属小颗粒时，应及时修磨。银和银合金触头表面因电弧作用而生成黑色氧化膜时，不需修磨，因为这种氧化膜的导电性很好。

③　触头的厚度减小到原厚度的1/3时，应更换触头。

④　接触器不允许在去掉灭弧罩的情况下使用，因为这样在触头分断时很可能造成相间短路事故。

⑤　陶土制成的灭弧罩易碎，应避免因碰撞而损坏。

⑥　若接触器已不能修复，应予以更换。更换前应检查接触器的铭牌和线圈标牌上标出的参数是否相符，并将铁芯极面上的防锈油擦干净，以免油污黏滞造成接触器不能释放。

5.6.3　交流接触器的常见故障及排除方法

交流接触器的常见故障及排除方法见表5-7。

表5-7　交流接触器的常见故障及排除方法

常见故障	可能原因	排除方法
通电后不能闭合	① 线圈断线或烧毁 ② 动铁芯或机械部分卡住 ③ 转轴生锈或歪斜 ④ 操作回路电源容量不足 ⑤ 弹簧压力过大	① 修理或更换线圈 ② 调整零件位置，消除卡住现象 ③ 除锈、加润滑油，或更换零件 ④ 增加电源容量 ⑤ 调整弹簧压力
通电后动铁芯不能完全吸合	① 电源电压过低	① 调整电源电压

常见故障	可能原因	排除方法
通电后动铁芯不能完全吸合	② 触头弹簧和释放弹簧压力过大 ③ 触头超程过大	② 调整弹簧压力或更换弹簧 ③ 调整触头超程
电磁铁噪声过大或发生振动	① 电源电压过低 ② 弹簧压力过大 ③ 铁芯极面有污垢或磨损过度而不平 ④ 短路环断裂 ⑤ 铁芯夹紧螺栓松动，铁芯歪斜或机械卡住	① 调整电源电压 ② 调整弹簧压力 ③ 清除污垢、修整极面或更换铁芯 ④ 更换短路环 ⑤ 拧紧螺栓，排除机械故障
接触器动作缓慢	① 动、静铁芯间的间隙过大 ② 弹簧的压力过大 ③ 线圈电压不足 ④ 安装位置不正确	① 调整机械部分，减小间隙 ② 调整弹簧压力 ③ 调整线圈电压 ④ 重新安装
断电后接触器不释放	① 触头弹簧压力过小 ② 动铁芯或机械部分被卡住 ③ 铁芯剩磁过大 ④ 触头熔焊在一起 ⑤ 铁芯极面有油污或尘埃	① 调整弹簧压力或更换弹簧 ② 调整零件位置、消除卡住现象 ③ 退磁或更换铁芯 ④ 修理或更换触头 ⑤ 清理铁芯极面
线圈过热或烧毁	① 弹簧的压力过大 ② 线圈额定电压、频率或通电持续率等与使用条件不符 ③ 操作频率过高 ④ 线圈匝间短路 ⑤ 运动部分卡住 ⑥ 环境温度过高 ⑦ 空气潮湿或含腐蚀性气体 ⑧ 铁芯极面不平	① 调整弹簧压力 ② 更换线圈 ③ 更换接触器 ④ 更换线圈 ⑤ 排除卡住现象 ⑥ 改变安装位置或采取降温措施 ⑦ 采取防潮、防腐蚀措施 ⑧ 清除极面或调换铁芯
触头过热或灼伤	① 触头弹簧压力过小 ② 触头表面有油污或表面高低不平 ③ 触头的超行程过小 ④ 触头的断开能力不够 ⑤ 环境温度过高或散热不好	① 调整弹簧压力 ② 清理触头表面 ③ 调整超行程或更换触头 ④ 更换接触器 ⑤ 接触器降低容量使用
触头熔焊在一起	① 触头弹簧压力过小 ② 触头断开能力不够 ③ 触头开断次数过多 ④ 触头表面有金属颗粒突起或异物 ⑤ 负载侧短路	① 调整弹簧压力 ② 更换接触器 ③ 更换触头 ④ 清理触头表面 ⑤ 排除短路故障，更换触头
相间短路	① 可逆转的接触器联锁不可靠，致使两个接触器同时投入运行而造成相间短路 ② 尘埃或油污使绝缘变坏 ③ 零件损坏	① 检查电气联锁与机械联锁 ② 经常清理保持清洁 ③ 更换损坏的零件

5.7 中间继电器

中间继电器是一种通过控制电磁线圈的通断，将一个输入信号变成多个输出信号或将信号放大（即增大触头容量）的继电器。中间继电器是用来转换控制信号的中间元件，其输入信号为线圈的通电或断电信号，输出信号为触头的动作。它的触头数量较多，触头容量较大，各触头的额定电流相同。

中间继电器的主要作用：当其他继电器的触头数量或触头容量不够时，可借助中间继电器来扩大它们的触头数量或增大触头容量，起到中间转换（传递、放大、翻转、分路和记忆等）作用。中间继电器的触头额定电流比线圈电流大得多，可以用来放大信号。将多个中间继电器组合起来，还能构成各种逻辑运算与计数功能的线路。

中间继电器的种类很多，常用中间继电器的外形如图5-18所示。

(a) JZ7系列　　　　　　　　　　(b) JZC4系列

图5-18　常用中间继电器的外形

5.7.1　中间继电器的选择

（1）中间继电器的主要类型与特点

中间继电器一般用于控制电路中，用来控制各种电磁线圈，以使信号放大或将信号同时传递给有关控制元件。

常用的中间继电器主要有JZ7、JZC1、JZC4等系列产品。新型中间继电器大都采用卡轨安装，安装和拆卸方便；触头闭合过程中动、静触头之间有一段滑擦、滚压过程，可以有效地清除触头表面的各种生成膜及尘埃，减小了接触电阻，提高了接触的可靠性；输出触头的组合形式多样，有的还可加装辅助触头组（如JZC4等系列）；插座形式多样，方便用户选择；有的还装有防尘罩，或采用密封结构，提高了可靠性。

（2）中间继电器与接触器的区别

① 接触器主要用于接通和分断大功率负载电路，而中间继电器主要用于切换小功率的负载电路。

② 中间继电器的触头对数多，且无主辅触头之分，各对触头所允许通过的电流大小相等。

③ 中间继电器主要用于信号的传送，还可以用于实现多路控制和信号放大。

④ 中间继电器常用以扩充其他电器的触头数目和容量。

（3）中间继电器的选择条件

① 中间继电器线圈的电压或电流应满足电路的需要。

② 中间继电器触头的种类和数目应满足控制电路的要求。

③ 中间继电器触头的额定电压和额定电流也应满足控制电路的要求。

④ 应根据电路要求选择继电器的交流或直流类型。

5.7.2 中间继电器的使用、维护与故障排除

（1）中间继电器的日常维护

① 经常保持继电器的清洁。

② 检查接线螺钉是否紧固。

③ 检查继电器的触点接触是否良好。继电器触点的压力、超程和开距等都应符合规定。

④ 检查衔铁与铁芯接触是否紧密，应及时清除接触处的尘埃和污垢。

（2）中间继电器使用注意事项与故障排除

① 使用时如发现有不正常噪声，可能是静铁芯与衔铁极面之间有污垢造成的，要清理极面。

② 继电器的触点上不得涂抹润滑油。

③ 由于中间继电器的分断电路能力很差，因此，不能用中间继电器代替接触器。

④ 更换继电器时，不要用力太猛，以免损坏部件或使触点离开原始位置。

⑤ 焊接接线底座时，最好用松香作为焊药焊接，以免水分或杂质进入底座，引起线间短路，而且这类故障给查线带来困难，维修不便。接点焊好后应套上绝缘套或套上写有线号的聚氯乙烯套管，这样也能有效防止线间短路故障的发生。

中间继电器的运行与维修、常见故障与处理可参阅接触器的各项内容进行。

5.8 时间继电器

时间继电器是一种自得到动作信号起至触头动作或输出电路产生跳跃式改变有一定延时，该延时又符合其准确度要求的继电器，即从得到输入信号（线圈的通电或断电）开始，经过一定的延时后才输出信号（触头的闭合或断开）的继电器。时间继电器被广泛应用于电动机的启动控制和各种自动控制系统。

时间继电器按动作原理可分为电磁式、同步电动机式、空气阻尼式、晶体管式（又称电子式）等。

时间继电器按延时方式可分为通电延时型和断电延时型。①通电延时型时间继电器接收输入信号后延迟一定的时间，输出信号才发生变化；当输入信号消失后，输出瞬时复原。②断电延时型时间继电器接收输入信号时，瞬时产生相应的输出信号；当输入信号消失后，延迟一定时间，输出才复原。

空气阻尼式时间继电器又称气囊式时间继电器，其结构简单、价格低廉，延时范围较大（0.4～180s），有通电延时和断电延时两种，但延时准确度较低。JS7-A系列空气阻尼式时间继电器的外形如图5-19所示，它是利用空气的阻尼作用进行延时的，其电磁系统为

直动式双 E 型，触头系统是借用微动开关，延时机构采用气囊式阻尼器。

晶体管式时间继电器的种类很多，常用晶体管式时间继电器的外形如图 5-20 所示。晶体管式时间继电器体积小、精度高、可靠性好。晶体管式时间继电器的延时可达几分钟到几十分钟，比空气阻尼式长，比电动机式短；延时精确度比空气阻尼式高，比同步电动机式略低。随着电子技术的发展，其应用越来越广泛。

数字（数显）式时间继电器的种类很多，常用数字（数显）式时间继电器的外形如图 5-21 所示。数字式时间继电器具有延时精度高、延时范围宽、寿命长、功耗低、触点容量大、延时调整方便直观等特点，安装方式一般为面板式，也有装置式。

图 5-19　JS7-A 系列空气阻尼式时间继电器的外形

(a) JS20系列

(b) ST3P系列

(c) DS系列

图 5-20　常用晶体管时间继电器外形

(a) JS14P系列

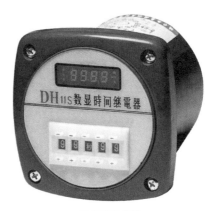

(b) DH11S系列

图 5-21　常用数字（数显）式时间继电器的外形

5.8.1　时间继电器的选择

① 时间继电器延时方式有通电延时型和断电延时型两种，因此选用时应确定采用哪种延时方式更方便组成控制线路。

② 凡对延时精度要求不高的场合，一般宜采用价格较低的电磁阻尼式（电磁式）或空气阻尼式（气囊式）时间继电器；若对延时精度要求较高，则宜采用电动机式或晶体管式时间继电器。

③ 延时触头种类、数量和瞬动触头种类、数量应满足控制要求。

④ 应注意电源参数变化的影响。例如，在电源电压波动大的场合，采用空气阻尼式或电动机式比晶体管式好；而在电源频率波动大的场合，则不宜采用电动机式时间继电器。

⑤ 应注意环境温度变化的影响。通常在环境温度变化较大处，不宜采用空气阻尼式和晶体管式时间继电器。

⑥ 对操作频率也要加以注意。因为操作频率过高不仅会影响电气寿命，还可能导致延时误动作。

⑦ 时间继电器的额定电压应与电源电压相同。

5.8.2 时间继电器的安装、使用与维护

（1）时间继电器的安装与使用

① 安装前，先检查整定值是否与实际要求相符。

② 安装后，应在主触点不带电的情况下，使吸引线圈带电操作几次，调试继电器工作是否可靠。

③ 空气阻尼式时间继电器不得倒装或水平安装，不要在环境湿度大、温度高、粉尘多的场合使用，以免阻塞气道。

④ 对于时间继电器的整定值，应预先在不通电时整定好，并在试车时校正。

⑤ JS7-A 系列时间继电器由于无刻度，故不能准确地调整延时时间。

（2）数字式时间继电器的使用方法

① 把数字开关及时段开关预置在所需的位置后接通电源，此时数显从零开始计时，当到达所预置的时间时，延时触点实行转换，数显保持此刻的数字，实现了定时控制。

② 复零功能可用作断开延时，在任意时刻接通复零端子，延时触点将回复到初始位置，断开后数显从 0 处开始计时。利用此功能，将复零端接外控触点可实现断开延时。

③ 在任意时刻接通暂停端子，计时暂停，显示将保持此刻时间，断开后继续计时（利用此功能可作累时器）。

④ 在强电场环境中使用，并且复零暂停导线较长时，应使用屏蔽导线。注意：复零及暂停端子切勿从外输入电压。

（3）时间继电器的维护

① 定期检查各种部件是否有松动及损坏现象，并保持触点的清洁和可靠。

② 更换或代用时间继电器时，其延时范围不要选得太大，应选用与实际延时时间范围相接近的时间继电器，以保证延时精度和可靠性。

③ 检查时间继电器的非磁性垫片是否磨损，对已磨损的要更换。在没有备件的情况下，可用黄铜片、磷铜片或其他非磁性材料的薄片按原来规格尺寸自制，但垫片要平直，材料不宜过软，否则会影响动作时间。

④ 检查元件的外观有无异常，不要随意拆开外壳进行元件调整、焊接，以免损坏元件，

扩大故障面。在更换或代用时，应用相同型号、相同电压、延时范围接近的晶体管式时间继电器。

⑤ 在机床大修后，重新安装电气系统时，所采用线圈的电压值应符合机床电气标准电压值。

5.8.3　时间继电器的常见故障及排除方法

时间继电器的常见故障及排除方法见表 5-8。

表 5-8　时间继电器的常见故障及排除方法

故障现象	产生原因	修理方法
延时触头不动作	① 电磁铁线圈断线 ② 电源电压低于线圈额定电压很多 ③ 电动机式时间继电器的同步电动机线圈断线 ④ 电动机式时间继电器的棘爪无弹性，不能刹住棘齿 ⑤ 电动机式时间继电器游丝断裂	① 更换线圈 ② 更换线圈或调高电源电压 ③ 调换同步电动机 ④ 调换棘爪 ⑤ 调换游丝
延时时间缩短	① 空气阻尼式时间继电器的气室装配不严，漏气 ② 空气阻尼式时间继电器的气室内橡皮薄膜损坏	① 修理或调换气室 ② 调换橡皮膜
延时时间变长	① 空气阻尼式时间继电器的气室内有灰尘，使气道阻塞 ② 电动机式时间继电器的传动机构缺润滑油	① 清除气室内灰尘，使气道畅通 ② 加入适量的润滑油
延时有时长，有时短	环境温度变化，影响延时时间的长短	调整时间继电器的延时整定值（严格地讲，随着季节的变化，整定值应做相应的调整）

5.9　热继电器

热继电器是热过载继电器的简称，它是一种利用电流的热效应来切断电路的保护电器，常与接触器配合使用，热继电器具有结构简单、体积小、价格低和保护性能好等优点，主要用于电动机的过载保护、断相及电流不平衡运行的保护及其他电气设备发热状态的控制。

热继电器按动作方式分，有双金属片式、热敏电阻式和易熔合金式三种。热继电器按加热方式分，有直接加热式、复合加热式、间接加热式和电流互感器加热式四种。热继电器按极数分，有单极、双极和三极三种，其中三极的又包括带有和不带有断相保护装置的两类。热继电器按复位方式分，有自动复位和手动复位两种。

双金属片式热继电器的种类很多，常用双金属片式热继电器的外形如图 5-22 所示。

5.9.1　热继电器的选择

热继电器选用是否得当，直接影响着对电动机进行过载保护的可靠性。通常选用时应按电动机形式、工作环境、启动情况及负载情况等几方面综合加以考虑。

(a) JR20系列　　　　　　　　　　(b) 3UA系列

图 5-22　常用双金属片式热继电器的外形

① 原则上热继电器（热元件）的额定电流等级一般略大于电动机的额定电流。热继电器选定后，再根据电动机的额定电流调整热继电器的整定电流，使整定电流与电动机的额定电流相等。对于过载能力较差的电动机，所选的热继电器的额定电流应适当小一些，并且将整定电流调到电动机额定电流的 60%～80%。当电动机因带负载启动而启动时间较长或电动机的负载是冲击性的负载（如冲床等）时，热继电器的整定电流应稍大于电动机的额定电流。

② 一般情况下可选用两相结构的热继电器。对于电网电压均衡性较差、无人看管的电动机或与大容量电动机共用一组熔断器的电动机，宜选用三相结构的热继电器。定子三相绕组为三角形连接的电动机，应采用有断相保护的三元件热继电器做过载和断相保护。

③ 热继电器的工作环境温度与被保护设备的环境温度的差别不应超出 15～25℃。

④ 对于工作时间较短、间歇时间较长的电动机（例如，摇臂钻床的摇臂升降电动机等），以及虽然长期工作，但过载可能性很小的电动机（例如，排风机电动机等），可以不设过载保护。

⑤ 双金属片式热继电器一般用于轻载、不频繁启动电动机的过载保护。对于重载、频繁启动的电动机，可用过电流继电器（延时动作型）做它的过载和短路保护。因为热元件受热变形需要时间，故热继电器不能做短路保护。

因为热继电器是利用电流热效应，使双金属片受热弯曲，推动动作机构切断控制电路起保护作用的，双金属片受热弯曲需要一定的时间。当电路中发生短路时，虽然短路电流很大，但热继电器可能还未来得及动作，就已经把热元件或被保护的电气设备烧坏了，因此，热继电器不能用作短路保护。

5.9.2　热继电器的安装、使用与维护

（1）热继电器的安装和使用

① 热继电器必须按产品使用说明书的规定进行安装。当它与其他电器装在一起时，应装在其他电器的下方，以免动作特性受到其他电器发热的影响。

② 热继电器的连接导线应符合规定要求。

③ 安装时，应清除触头表面等部位的尘垢，以免影响继电器的动作性能。

④ 运行前，应检查接线和螺钉是否牢固可靠，动作机构是否灵活、正常。

⑤ 运行前，还要检查其整定电流是否符合要求。

⑥ 若热继电器动作后，必须对电动机和设备状况进行检查，为防止热继电器再次脱扣，一般采用手动复位；而对于易发生过载的场合，一般采用自动复位。

⑦ 对于点动、重载启动，连续正反转及反接制动运行的电动机，一般不宜使用热电器。

⑧ 使用中，应定期清除污垢，双金属片上的锈斑可用布蘸汽油轻轻擦拭。

⑨ 每年应通电校验一次。

（2）热继电器的维护

① 应定期检查热继电器的零部件是否完好，有无松动和损坏现象，可动部分有无卡碰现象，发现问题及时修复。

② 应定期清除触头表面的锈斑和毛刺，若触头严重磨损至其厚度的 1/3，应及时更换。

③ 热继电器的整定电流应与电动机的情况相适应，若发现经常提前动作，可适当提高整定值；而若发现电动机温升较高，且热继电器动作滞后，则应适当降低整定值。

④ 对重要设备，在热继电器动作后，应检查原因，以防再次脱扣，应采用手动复位；若动作原因是电动机过载所致，应采用自动复位。

⑤ 应定期校验热继电器的动作特性。

5.9.3 热继电器的常见故障及排除方法

热继电器的常见故障及排除方法见表 5-9。

表 5-9 热继电器的常见故障及排除方法

常见故障	可能原因	排除方法
热继电器误动作	① 电流整定值偏小 ② 电动机启动时间过长 ③ 操作频率过高 ④ 连接导线太细	① 调整整定值 ② 按电动机启动时间的要求选择合适的热继电器 ③ 减少操作频率，或更换热继电器 ④ 选用合适的标准导线
热继电器不动作	① 电流整定值偏大 ② 热元件烧断或脱焊 ③ 动作机构卡住 ④ 进出线脱头	① 调整电流值 ② 更换热元件 ③ 检修动作机构 ④ 重新焊好
热元件烧断	① 负载侧短路 ② 操作频率过高	① 排除故障，更换热元件 ② 减少操作频率，更换热元件或热继电器
热继电器的主电路不通	① 热元件烧断 ② 热继电器的接线螺钉未拧紧	① 更换热元件或热继电器 ② 拧紧螺钉
热继电器的控制电路不通	① 调整旋钮或调整螺钉转到不合适位置，以致触头被顶开 ② 触头烧坏或动触头杆的弹性消失	① 重新调整到合适位置 ② 修理或更换触头或动触头杆

5.10 控制按钮

控制按钮又称按钮开关或按钮,是一种短时间接通或断开小电流电路的手动控制器,一般用于在电路中发出启动或停止指令,以控制电磁启动器、接触器、继电器等电器线圈电流的接通或断开,再由它们去控制主电路。按钮也可用于信号装置的控制。

随着工业生产的需求,按钮的规格品种也在日益增多。驱动方式由原来的直接推压式,转化为旋转式、推拉式、杠杆式和带锁式(即用钥匙转动来开关电路,并在将钥匙抽走后不能随意动作,具有保密和安全功能)。传感接触部件也发展为平头、蘑菇头以及带操纵杆式等多种形式。带灯按钮也日益普遍地使用在各种系统中。

按钮按用途和触头的结构分,有启动按钮(动合按钮)、停止按钮(动断按钮)和复合按钮(动合和动断组合按钮)三种。按结构形式、防护方式分,有开启式、防水式、紧急式、旋钮式、保护式、防腐式、钥匙式和带指示灯式等。

为了标明各个按钮的作用,通常将按钮做成红、绿、黑、黄、蓝、白等不同的颜色加以区别。一般红色表示停止按钮,绿色表示启动按钮。

按钮的种类非常多,常用控制按钮的外形如图 5-23 所示。控制按钮主要由按钮帽、复位弹簧、触点、接线柱等组成,其结构如图 5-24 所示。

(a) (b)

图 5-23 常用控制按钮的外形

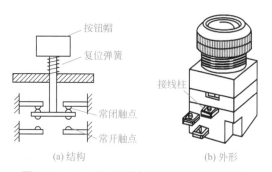

(a) 结构 (b) 外形

图 5-24 LA19 系列控制按钮的结构及外形

5.10.1　控制按钮的选择

① 应根据使用场合和具体用途选择按钮的类型。例如，控制台柜面板上的按钮一般可用开启式；若需显示工作状态，则用带指示灯式；在重要场所，为防止无关人员误操作，一般用钥匙式；在有腐蚀的场所一般用防腐式。

② 应根据工作状态指示和工作情况的要求选择按钮和指示灯的颜色。例如：停止或分断用红色；启动或接通用绿色；应急或干预用黄色。

③ 应根据控制回路的需要选择按钮的数量。例如，需要做"正（向前）""反（向后）"及"停"三种控制时，可用三个按钮，并装在同一按钮盒内；只需做"启动"及"停止"控制时，则用两个按钮，并装在同一按钮盒内。

④ 对于通电时间较长的控制设备，不宜选用带指示灯的按钮。

5.10.2　控制按钮的安装、使用与维护

（1）安装方法

① 按钮安装在面板上时，应布局合理，排列整齐。可根据生产机械或机床启动、工作的先后顺序，从上到下或从左到右依次排列。如果它们有几种工作状态（如上、下，前、后，左、右，松、紧等），应使每一组相反状态的按钮安装在一起。

② 按钮应安装牢固，接线应正确。通常红色按钮用作停止，绿色或黑色表示启动或通电。

③ 安装按钮时，最好多加一个紧固圈，在接线螺钉处加套绝缘塑料管。

④ 安装按钮的按钮板或盒，若是采用金属材料制成的，应与机械总接地母线相连，悬挂式按钮应有专用接地线。

（2）使用与维护

① 使用前，应检查按钮帽弹性是否正常，动作是否自如，触头接触是否良好。

② 应经常检查按钮，及时清除上面的尘垢，必要时采取密封措施。因为触头间距较小，所以应经常保持触头清洁。

③ 若发现按钮接触不良，应查明原因；若发现触头表面有损伤或尘垢，应及时修复或清除。

④ 用于高温场合的按钮，因塑料受热易老化变形而导致按钮松动，为防止因接线螺钉相碰而发生短路故障，应根据情况，在安装时增设紧固圈或给接线螺钉套上绝缘管。

⑤ 带指示灯的按钮，一般不宜用于通电时间较长的场合，以免塑料件受热变形，使更换灯泡困难。若欲使用，可降低灯泡电压，以延长使用寿命。

5.10.3　控制按钮的常见故障及排除方法

控制按钮的常见故障及排除方法见表5-10。

表 5-10　控制按钮的常见故障及排除方法

常见故障	可能原因	排除方法
按下启动按钮时有触电感觉	① 按钮的防护金属外壳与连接导线接触 ② 按钮帽的缝隙间充满铁屑，使其与导电部分形成通路	① 检查按钮内连接导线 ② 清理按钮
停止按钮失灵，不能断开电路	① 接线错误 ② 线头松动或搭接在一起 ③ 灰尘或油污使停止按钮两动断触头形成短路 ④ 胶木烧焦短路	① 改正接线 ② 检查停止按钮接线 ③ 清理按钮 ④ 更换按钮
被控电器不动作	① 被控电器损坏 ② 按钮复位弹簧损坏 ③ 按钮接触不良	① 检修被控电器 ② 修理或更换弹簧 ③ 清理按钮触头

5.11　行程开关和接近开关

在生产机械中，常需要控制某些运动部件的行程，或运动一定行程使其停止，或在一定行程内自动返回或自动循环。这种控制机械行程的方式叫"行程控制"或"限位控制"。

行程开关（又叫限位开关）是实现行程控制的小电流（5A 以下）主令电器，其作用与控制按钮相同，只是其触头的动作不是靠手按动，而是利用机械运动部件的碰撞使触头动作，即将机械信号转换为电信号，通过控制其他电器来控制运动部件的行程大小、运动方向或进行限位保护。

行程开关按用途不同可分为两类：①一般用途行程开关（即常用的行程开关），它主要用于机床、自动生产线及其他生产机械的限位和程序控制；②起重设备用行程开关，它主要用于限制起重机及各种冶金辅助设备的行程。

行程开关的种类很多，常用行程开关的外形如图 5-25 所示。

图 5-25　常用行程开关的外形

接近开关是一种非接触式检测装置，也就是当某一物体接近它到一定的区域内，它的信号机构就发出"动作"信号的开关。当检测物体接近它的工作面达到一定距离时，不论检测体是运动的还是静止的，接近开关都会自动地发出物体接近而"动作"的信号，不像机械式行程开关那样需施以机械力，因此，接近开关又称无接触行程开关。

接近开关可以代替有触头行程开关来完成行程控制和限位保护，还可用于高频计数、测速、液位控制、零件尺寸检测、加工程序的自动衔接等的非接触式开关。由于它具有非接触式触发、动作速度快、可在不同的检测距离内动作、发出的信号稳定无脉动、工作稳定可靠、寿命长、重复定位精度高以及能适应恶劣的工作环境等特点，所以在机床、纺织、印刷、塑料等工业生产中应用广泛。

接近开关的种类很多，常用接近开关的外形如图 5-26 所示。

图 5-26　常用接近开关的外形

5.11.1　行程开关和接近开关的选择

（1）行程开关的选择

① 根据使用场合和控制对象来确定行程开关的种类。当生产机械运动速度不是太快时，通常选用一般用途的行程开关；而当生产机械行程通过的路径不宜装设直动式行程开关时，应选用凸轮轴转动式的行程开关；而在工作效率很高、对可靠性及精度要求也很高时，应选用接近开关。

② 根据使用环境条件，选择开启式或防护式等防护形式。

③ 根据控制电路的电压和电流选择行程开关的系列。

④ 根据生产机械的运动特征，选择行程开关的结构形式（即操作方式）。

（2）接近开关的选择

① 接近开关比行程开关价格高，因此仅用于工作频率高、可靠性及精度要求均较高的场合。

② 按有关距离要求选择型号、规格。

③ 按输出要求是有触头还是无触头以及触头数量，选择合适的输出形式。

5.11.2　行程开关和接近开关的安装、使用与维护

（1）行程开关的安装、使用与维护

① 行程开关应紧固在安装板和机械设备上，不得有晃动现象。

② 行程开关安装时，应注意滚轮的方向，不能接反。与挡铁碰撞的位置应符合控制电路的要求，并确保能与挡铁可靠碰撞。

③ 检查行程开关的安装使用环境。若环境恶劣，应选用防护式，否则，易发生误动作和短路故障。

④ 应经常检查行程开关的动作是否灵活或可靠，螺钉有无松动现象，发现故障要及时排除。

⑤ 应定期清理行程开关的触头，清除油垢或尘垢，及时更换磨损的零部件，以免发生误动作而引起事故的发生。

⑥ 行程开关在使用过程中，触头经过一定次数的接通和分断后，表面会有烧损或发黑现象，这并不影响使用。若烧损比较严重，影响开关性能，应予以更换。

（2）接近开关的安装、使用与维护

① 接近开关应按产品使用说明书的规定正确安装，注意引线的极性、规定的额定工作电压范围和开关的额定工作电流极限值。

② 对于非埋入式接近开关，应在空间留有一非阻尼区（即按规定使开关在空间偏离铁磁性或金属物一定距离）。接线时，应按引出线颜色辨别引出线的极性和输出形式。

③ 在调整动作距离时，应使运动部件（被测工件）离开检测面轴向距离在驱动距离之内，例如，对于 LJ5 系列接近开关，驱动距离为约定动作距离的 0 ～ 80%。

5.11.3 行程开关的常见故障及排除方法

行程开关的常见故障及排除方法见表 5-11。

表 5-11 行程开关的常见故障及排除方法

常见故障	可能原因	排除方法
挡铁碰撞行程开关，触头不动作	① 行程开关位置安装不对，离挡铁太远 ② 触头接触不良 ③ 触头连接线松脱	① 调整行程开关或挡铁位置 ② 清理触头 ③ 紧固连接线
开关复位后，动断触头不闭合	① 触头被杂物卡住 ② 动触头脱落 ③ 弹簧弹力减退或卡住 ④ 触头偏斜	① 清理开关杂物 ② 装配动触头 ③ 更换弹簧 ④ 调整触头
杠杆已偏转，但触头不动作	① 行程开关位置太低 ② 行程开关内机械卡阻	① 调高开关位置 ② 检修

5.12 漏电保护器

漏电保护电器（通称漏电保护器）是在规定的条件下，当漏电电流达到或超过给定值时，能自动断开电路的机械开关电器或组合电器。

漏电保护器的功能：当电网发生人身（相与地之间）触电或设备（对地）漏电时，能迅速地切断电源，使触电者脱离危险或使漏电设备停止运行，从而可以避免因触电、漏电引起的人身伤亡事故、设备损坏以及火灾。

漏电保护器通常安装在中性点直接接地的三相四线制低压电网中，提供间接接触保护。当其额定动作电流在 30mA 及以下时，也可以作为直接接触保护的补充保护。

💡 **注意**

装设漏电保护器仅是防止发生人身触电伤亡事故的一种有效的后备安全措施，而最根本的措施是防患于未然。不能过分夸大漏电保护器的作用，而忽视了根本安全措施，对此应有正确的认识。

漏电保护器按所具有的保护功能与结构特征可分为以下几种：①漏电继电器（漏电继电器由零序电流互感器和继电器组成，它只具备检测和判断功能，由继电器触头发出信号，控制断路器或交流接触器切断电源或控制信号元件发出声光信号）；②漏电开关（漏电开关由零序电流互感器、漏电脱扣器和主开关组成，装在绝缘外壳内，具有漏电保护和手动通断电路的功能）；③漏电断路器（漏电断路器具有漏电保护和过载保护功能，有些产品就是在断路器上加装漏电保护部分而成）；④漏电保护插座、漏电保护插头。

漏电保护器按额定漏电动作电流值可分为以下几种：①高灵敏度漏电保护器（额定漏电动作电流为 30mA 及以下）；②中灵敏度漏电保护器（额定漏电动作电流为 30mA 以上至 1000mA）；③低灵敏度漏电保护器（额定漏电动作电流为 1000mA 以上）。

漏电保护器按动作时间可分为以下几种：①瞬时型（又称快速型）漏电保护器（即动作时间为快速，一般动作时间不超过 0.2s）；②延时型漏电保护器（在漏电保护器的控制电路中增加了延时电路，使其动作时间达到一定的延时，一般规定一个延时级差为 0.2s）；③反时限漏电保护器（漏电保护器的动作时间随着动作电流的增大而在一定范围内缩短，一般电子式漏电保护器都具有一定的反时限特性）。

漏电保护器的种类非常多，常用漏电断路器的外形如图 5-27 所示，常用漏电继电器的外形如图 5-28 所示。

(a)

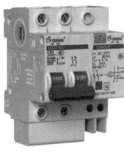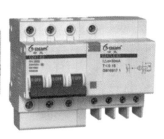
(b)

图 5-27　常用漏电断路器的外形

(a)　　　　　　　　　　　　　　　　(b)

图 5-28　常用漏电继电器的外形

5.12.1　漏电保护器的选择

（1）必须选用符合国家技术标准的产品

漏电保护电器是一种关系人身、设备安全的保护电器，因而国家对其质量的要求非常严格，用户在使用时必须选用符合国家技术标准，并具有国家认证标志的产品。

（2）根据保护对象合理选用

漏电保护器的保护对象主要是为了防止人身直接接触或间接接触触电。

① 直接接触触电保护。直接接触触电保护是防止人体直接触及电气设备的带电体而造成触电伤亡事故。直接接触触电电流就是触电保护电器的漏电动作电流，因此，从安全角度考虑，应选用额定漏电动作电流为 30mA 以下的高灵敏度、快速动作型的漏电保护器。如对于手持电动工具、移动式电气设备、家用电器等，其额定漏电动作电流一般应不超过 30mA；对于潮湿场所的电气设备，以及在发生触电后可能会产生二次性伤害的场所，如高空作业或河岸边使用的电气设备，额定漏电动作电流一般为 10mA；对于医院中的医疗电气设备，由于病人触电时，其心室纤颤阈值比健康人低，因此建议选用额定漏电动作电流为 6mA 的漏电保护器。

② 间接接触触电保护。间接接触触电保护是为了防止电气设备在发生绝缘损坏时，在金属外壳等外露导电部件上出现持续带有危险电压而产生触电的危险。漏电保护器用于间接接触触电保护时，主要是采用自动切断电源的保护方式。如对于固定式的电气设备、室外架空线路等，一般应选用额定漏电动作电流为 30mA 及以上，快速动作型或延时动作型（对于分级保护中的上级保护）的漏电保护器。

（3）根据使用环境要求合理选用

漏电保护器的防护等级应与使用环境条件相适应。

（4）根据被保护电网不平衡泄漏电流的大小合理选用

由于低压电网对地阻抗的存在，即使在正常情况下，也会产生一定的对地泄漏电流，并且这个对地泄漏电流的大小还会随着环境气候，如雨雪天气的变化影响而在一定范围内发生变化。

从保护的观点看，漏电保护器的漏电动作电流选择得越小，无疑可以提高安全性，但是，任何供电电路和电气设备都存在正常的泄漏电流，当触电保护器的灵敏度选取过高时，将会导致漏电保护器的误动作增多，甚至不能投入运行。因此，在选择漏电保护器时，额定漏电动作电流一般应大于被保护电网的对地不平衡泄漏电流的最大值的 4 倍。

（5）根据漏电保护器的保护功能合理选用

漏电保护器按保护功能，可分为漏电保护专用、漏电保护和过电流保护兼用以及漏电、过电流、短路保护兼用等多种类型产品。

① 漏电保护专用的保护器适用于有过电流保护的一般住宅、小容量配电箱的主开关，以及需在原有的配电电路中增设漏电保护器的场合。

② 漏电、过电流保护兼用的保护器适用于短路电流比较小的分支电路。

③ 漏电、过电流和短路保护兼用的保护器适用于低压电网的总保护或较大的分支保护。

（6）根据负载种类合理选用

低压电网的负载有照明负载、电热负载、电动机负载（又称动力负载）、电焊机负载、电解负载、电子计算机负载等。

① 对于照明、电热等负载，可以选用一般的漏电保护专用或漏电、过电流、短路保护兼用的漏电保护器。

② 漏电保护器有电动机保护用和配电保护用之分。对于电动机负载，应选用漏电、电动机保护兼用的漏电保护器，保护特性应与电动机过载特性相匹配。

③ 电焊机负载与电动机不同，其工作电流是间歇脉冲式的，应选用电焊设备专用漏电保护器。

④ 对于电力电子设备负载，应选用能防止直流成分有害影响的漏电保护器。

⑤ 对于一旦发生漏电切断电源时，会造成事故或重大经济损失的电气装置或场所，如应急照明、用于消防设备的电源、用于防盗报警的电源以及其他不允许停电的特殊设备和场所，应选用报警式漏电保护器。

（7）额定电压与额定电流的选用

漏电保护器的额定电压和额定电流应与被保护线路（或被保护电气设备）的额定电压和额定电流相吻合。

（8）极数和线数的选用

漏电保护器的极数和线数形式应根据被保护电气设备的供电方式来选用。

单相 220V 电源供电的电气设备，应选用二极或单极二线式漏电保护器；三相三线 380V 电源供电的电气设备，应选用三极式漏电保护器；三相四线 380V 电源供电的电气设备，应选用三极四线或四极式漏电保护器。

5.12.2　漏电保护器的安装、使用与维护

（1）安装前的检查

① 检查漏电保护器的外壳是否完好，接线端子是否齐全，手动操作机构是否灵活有效等。

② 检查漏电保护器铭牌上的数据是否符合使用要求，发现不相符时应停止安装使用。

（2）安装与接线时的注意事项

① 应按规定位置进行安装，以免影响动作性能。在安装带有短路保护的漏电保护器时，必须保证在电弧喷出方向有足够的飞弧距离。

② 注意漏电保护器的工作条件，在高温、低温、高湿、多尘以及有腐蚀性气体的环境中使用时，应采取必要的辅助保护措施，以防漏电保护器不能正常工作或损坏。

③ 注意漏电保护器的负载侧与电源侧。漏电保护器上标有负载侧和电源侧时，应按此规定接线，切忌接反。

④ 注意分清主电路与辅助电路的接线端子。对带有辅助电源的漏电保护器，在接线时要注意哪些是主电路的接线端子，哪些是辅助电路的接线端子，不能接错。

⑤ 注意区分工作中性线和保护线。对具有保护线的供电线路，应严格区分工作中性线和保护线。在进行接线时，所有工作相线（包括工作中性线）必须接入漏电保护器，否则，漏电保护器将会产生误动作。而所有保护线（包括保护零线和保护地线）绝对不能接入漏电保护器，否则，漏电保护器将会出现拒动现象。因此，通过漏电保护器的工作中性线和保护线不能合用。

⑥ 漏电保护器的漏电、过载和短路保护特性均由制造厂调整好，不允许用户自行调节。

⑦ 使用之前，应操作试验按钮，检验漏电保护器的动作功能，只有能正常动作，方可投入使用。

（3）漏电保护器的使用

漏电保护器能否起到保护作用及使用寿命的长短，除决定于产品本身的质量和技术性能以及产品的正确选用外，还与产品使用过程中的正确使用与维护有关。在正常情况下，一般应尽量做到以下几点。

① 对于新安装及运行一段时间（通常是相隔一个月）后的漏电保护器，需在合闸通电状态下按动试验按钮，检验漏电保护动作是否正常。检验时不可长时间按住试验按钮，且每两次操作之间应有10s以上的间隔时间。

② 使用漏电动作电流能分级可调的漏电保护器时，要根据气候条件、漏电流的大小及时调整漏电动作电流值。切忌调到最大一档便了事，这样将失去它应有的作用。

③ 有过载保护的漏电保护器在动作后需要投入时，应先按复位按钮使脱扣器复位，不应按漏电指示器，因为它仅指示漏电动作。

④ 漏电保护器因被保护电路发生过载、短路或漏电故障而打开后，若操作手柄仍处于中间位置，则应查明原因，排除故障，然后方能再次闭合。闭合时，应先将操作手柄向下扳到"分"位置，使操作机构给予"再扣"后，方可进行闭合操作。

（4）漏电保护器的维护

① 应定期检修漏电保护器，清除附在保护器上的灰尘，以保证其绝缘良好。同时应紧固螺钉，以免发生因振动而松脱或接触不良的现象。

② 漏电保护器因执行短路保护而分断后，应打开盖子做内部清理。清理灭弧室时，要将内壁和栅片上的金属颗粒和烟灰清除干净。清理触头时，要仔细清理表面上的毛刺、颗粒等，以保证接触良好。当触头磨损到原来厚度的1/3时，应更换触头。

③ 大容量漏电保护器的操作机构在使用一定次数（约1/4机械寿命）后，其转动机构部分应加润滑油。

5.12.3　漏电保护器的常见故障及排除方法

漏电保护器的常见故障及排除方法见表 5-12。

表 5-12　漏电保护器的常见故障及排除方法

故障现象	发生原因	排除方法
漏电保护电器 不能闭合	① 储能弹簧变形导致闭合力减小 ② 操作机构卡住 ③ 漏电脱扣器未复位	① 更换储能弹簧 ② 重新调整操作机构 ③ 调整漏电脱扣器
漏电保护电器 不能带电投入	① 过电流脱扣器未复位 ② 漏电脱扣器未复位 ③ 漏电脱扣器不能复位 ④ 漏电脱扣器吸合无法保持	① 等待过电流脱扣器自动复拉 ② 按复位按钮,使脱扣器手动复位 ③ 查明原因,排除线路上漏电故障点 ④ 更换漏电脱扣器
漏电开关打 不开	① 触头发生熔焊 ② 操作机构卡住	① 排除熔焊故障,修理或更换触头 ② 排除卡住现象,修理受损零件
一相触头不能 闭合	① 触头支架断裂 ② 金属颗粒将触头与灭弧室卡住	① 更换触头支架 ② 清除金属颗粒,或更换灭弧室
启动电动机时 漏电开关立即 断开	① 过电流脱扣器瞬时整定值太小 ② 过电流脱扣器动作太快 ③ 过电流脱扣器额定值选择不正确	① 调整过电流脱扣瞬时整定弹簧力 ② 适当调大整定电流值 ③ 重新选用
漏电保护电器 工作一段时间 后自动断	① 过电流脱扣器长延时整定值不正确 ② 热元件变质 ③ 整定电流值选择不当	① 重新调整 ② 将已变质元件更换掉 ③ 重新调整整定电流值或重新选用
漏电开关温升 过高	① 触头压力过小 ② 触头表面磨损严重或损坏 ③ 两导电零件连接处螺钉松动 ④ 触头超程太小	① 调整触头压力或更换触头弹簧 ② 清理接触面或更换触头 ③ 将螺钉拧紧 ④ 调整触头超程
操作试验按钮 后漏电保护电 器不动作	① 试验电路不通 ② 试验电阻已烧坏 ③ 试验按钮接触不良 ④ 操作机构卡住 ⑤ 漏电脱扣器不能使断路器(自动开关)自由脱扣 ⑥ 漏电脱扣器不能正常工作	① 检查该电路,接好连接导线 ② 更换试验电阻 ③ 调整试验按钮 ④ 调整操作机构 ⑤ 调整漏电脱扣器 ⑥ 更换漏电脱扣器
触头过度磨损	① 三相触头动作不同步 ② 负载侧短路	① 调整到同步 ② 排除短路故障,并更换触头
相间短路	① 尘埃堆积或粘有水气、油垢,使绝缘劣化 ② 外接线未接好 ③ 灭弧室损坏	① 经常清理,保持清洁 ② 拧紧螺钉,保证外接线相间距离 ③ 更换灭弧室
过电流脱扣器 烧坏	① 短路时机构卡住,开关无法及时断开 ② 过电流脱扣器不能正确地动作	① 定期检查操作机构,使之动作灵活 ② 更换过电流脱扣器

5.13 常用低压电器的图形符号与文字符号

常用低压电器的图形符号与文字符号扫下面二维码获取。

第6章
电气控制电路

6.1 电动机基本控制电路

6.1.1 三相异步电动机单向启动、停止控制电路

三相异步电动机单向启动、停止控制电路原理图如图 6-1 所示，与其对应的实物接线图如图 6-2 所示。

（1）控制目的

三相异步电动机单向启动、停止电气控制电路应用广泛，也是最基本的控制电路。该电路能实现对电动机启动运行和停止的自动控制、远距离控制、频繁操作，并具有必要的保护措施，如短路保护、过载保护和失压保护等。

（2）控制方法

图 6-1 是采用继电器 - 接触器进行控制的三相异步电动机单向启动、停止控制电路。电路中使用的低压电器有刀开关 QS、熔断器 FU1 和 FU2、启动按钮 SB2，停止按钮 SB1、接触器 KM、热继电器 FR 等。

（3）应用场合

三相异步电动机单向启动、停止电气控制电路应用在不需要点动、不需要正反向（可逆）运行，仅需要单方向运行的电气设备上，如水泵电动机等。

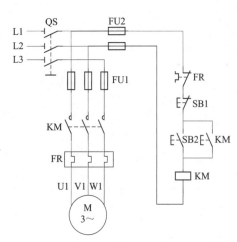

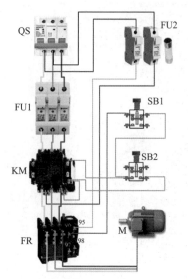

图 6-1　三相异步电动机单向启动、停止控制
电路（原理图）

图 6-2　三相异步电动机单向启动、停止控制
电路（接线图）

(4) 基本工作原理

由图 6-1 可知，启动电动机时，合上刀开关 QS，按下启动按钮 SB2，接触器 KM 线圈得电，KM 的铁芯吸合，主触点闭合，接通电动机的三相电源，电动机启动运转，与此同时，与启动按钮 SB2 并联的接触器的常开（动合）辅助触点 KM 也闭合，起自锁（自保持）作用，电源 L1 通过熔断器 FU2 →停止按钮 SB1 的常闭触点→接触器 KM 的常开辅助触点（已经闭合）→接触器 KM 的线圈→熔断器 FU2 →电源 L2 构成闭合回路，所以松开启动按钮 SB2，接触器 KM 也可以继续保持通电，维持其吸合状态，电动机继续运转。这个辅助触点 KM 通常称为自锁触点。

欲使电动机停转时，按下停止按钮 SB1，接触器 KM 的线圈失电而释放，KM 的主、辅触点均复位，即其主触点 KM 断开，切断了电动机的电源，电动机停止运行。

图 6-1 中，FR 为热继电器，当电动机过载或因故障使电动机电流增大时，热继电器 FR 内的双金属片温度会升高，产生弯曲，使热继电器的常闭触点 FR 断开，接触器 KM 失电释放，电动机断电停止运行，从而可以实现过载保护。

6.1.2　电动机的电气联锁控制电路

(1) 控制目的

一台生产机械有较多的运动部件，这些部件根据实际需要应有互相配合、互相制约、先后顺序等各种要求。这些要求若用电气控制来实现，就称为电气联锁。

例如，电动机要实现正、反转控制，需要将其电源的相序中任意两相对调即可（我们称为换相），通常是 V 相不变，将 U 相与 W 相对调，为了保证两个接触器动作时能够可靠调换电动机的相序，接线时应使接触器的上端（电源侧）接线保持一致，在接触器的下端（负载侧）调相。由于将两相相序对调，故需确保两个接触器 KM1 和 KM2 的线圈不能同时得电，否则会发生严重的相间短路故障，因此必须采取联锁。

（2）控制方法

为安全起见，常采用按钮联锁与接触器联锁的双重联锁正反转控制线路。使用了按钮联锁，即使同时按下正反转按钮，调（换）相用的两接触器也不可能同时得电，避免了相间短路。另外，由于应用的接触器联锁，所以只要其中一个接触器得电，其常闭触点就不会闭合，这样电动机的供电系统就不可能相间短路，有效地保护了电动机，同时也避免在调相时相间短路造成事故，烧坏接触器。

另外，还可在两个接触器之间进行机械联锁。在机械、电气双重联锁的应用下，可以更加安全、可靠地保护电动机和电气设备。

（3）应用场合

联锁，顾名思义就是联动和锁定。用两套锁定装置控制电路交叉连接，即一个打开，另一个锁定；或者是只有在一个打开时，另一个才能打开，这都叫联锁。在自动化控制中，继电器联锁起到的作用是防止电气短路，或者保证设备的动作按设定顺序完成。

联锁控制就是电器设施中的一种联动控制方式，按照控制对象（应用场合）可分为互相制约、按先决条件制约、选择制约等多种类型。

（4）联锁控制电路

① 互相制约的联锁控制电路。互相制约的联锁控制又称互锁控制。例如，当拖动生产机械的两台电动机同时工作会造成事故时，要使用互锁控制；又如，许多生产机械常常要求电动机能正反向工作，对于三相异步电动机，可借助正反向接触器改变定子绕组的相序来实现，而正反向工作时也需要互锁控制，否则，当误操作同时使正反向接触器线圈得电时，将会造成短路故障。

互锁控制电路构成的原则：将两个不能同时工作的接触器KM1 和 KM2 各自的常闭触点（动断触点）相互交换地串接在彼此的线圈回路中，如图 6-3 所示。

② 按先决条件制约的联锁控制电路。在生产机械中，要求必须满足一定先决条件才允许开动某一电动机或执行元件时（即要求各运动部件之间能够实现按顺序工作时），就应采用按先决条件制约的联锁控制线路（又称按顺序工作的联锁控制线路）。例如车床主轴转动时要求油泵先给齿轮箱供油润滑，即要求保证润滑泵电动机启动后主拖动电动机才允许启动。

这种按先决条件制约的联锁控制电路构成的原则如下。

a. 要求接触器 KM1 动作后，才允许接触器 KM2 动作时，需将接触器 KM1 的常开触点（动合触点）串联在接触器 KM2 的线圈电路中，如图 6-4（a）、（b）所示。

b. 要求接触器 KM1 动作后，不允许接触器 KM2 动作时，则需将接触器 KM1 的常闭触点（动断触点）串联在接触器 KM2 的线圈电路中，如图 6-4（c）所示。

③ 选择制约的联锁控制电路。某些生产机械要求既能够正常启动、停止，又能够实现调整时的点动工作时（即需要在工作状态和点动状态之间进行选择时），需采用选择联锁控制线路。其常用的实现方式有以下两种。

a. 用复合按钮实现选择联锁，如图 6-5（a）所示。

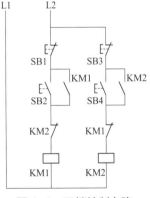

图 6-3　互锁控制电路

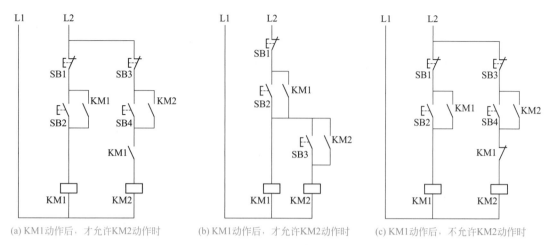

(a) KM1动作后，才允许KM2动作时　　(b) KM1动作后，才允许KM2动作时　　(c) KM1动作后，不允许KM2动作时

图6-4　按先决条件制约的联锁控制电路

b. 用继电器实现选择联锁，如图6-5（b）所示。

工程上通常还采用机械互锁进一步保证正反转接触器不可能同时通电，提高可靠性。

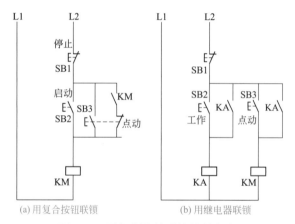

(a) 用复合按钮联锁　　　　(b) 用继电器联锁

图6-5　选择制约的联锁控制电路

6.1.3　两台三相异步电动机的互锁控制电路

（1）控制电路

当拖动生产机械的两台电动机同时工作会造成事故时，应采用互锁控制电路。图6-6是两台电动机互锁控制电路的原理图，图6-7是与其对应的接线图。将接触器KM1的动断辅助触点串接在接触器KM2的线圈回路中，而将接触器KM2的动断辅助触点串接在接触器KM1的线圈回路中即可。

（2）电路的工作原理分析

1）控制电动机M1。

① 启动电动机M1。

按下电动机M1的启动按钮SB2 → SB2常开触头闭合→接触器KM1线圈得电而吸合→KM1的三副主触头闭合→电动机M1得电启动运转；与此同时，KM1常开辅助触头闭合，

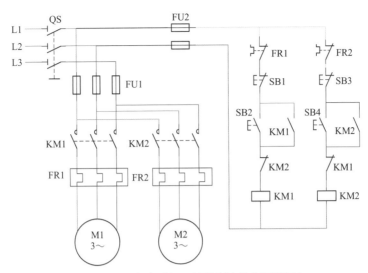

图 6-6　两台电动机互锁控制电路（原理图）

起自锁（自保持）作用。这样，当松开 SB2 时，接触器 KM1 的线圈通过其辅助触头 KM1 可以继续保持通电，维持其吸合状态，电动机 M1 继续运转。

电动机 M1 运行时，由于串联在接触器 KM2 回路中的 KM1 的常闭辅助触头已经断开（起互锁作用）。所以，如果此时按下电动机 M2 的启动按钮 SB4，接触器 KM2 的线圈不能得电，电动机 M2 不能启动运行。KM1 的常闭辅助触头起到了互锁作用。

② 停止电动机 M1。

按下停止按钮 SB1 → SB1 常闭触头断开 → 接触器 KM1 线圈失电而释放 → KM1 的三副主触头断开（复位）→ 电动机 M1 断电并停止。与此同时，KM1 常开辅助触头断开（复位），解除自锁；KM1 常闭辅助触头闭合（复位），解除互锁。

2）控制电动机 M2。

① 启动电动机 M2。

按下电动机 M2 的启动按钮 SB4 → SB4 常开触头闭合 → 接触器 KM2 线圈得电而吸合 → KM2 的三副主触头闭合 → 电动机 M2 得电启动运转；与此同时，KM2 常开辅助触头闭合，起自锁（自保持）作用。这样，当松开 SB4 时，接触器 KM2 的线圈通过其辅助触头 KM2 可以继续保持通电，维持其吸合状态，

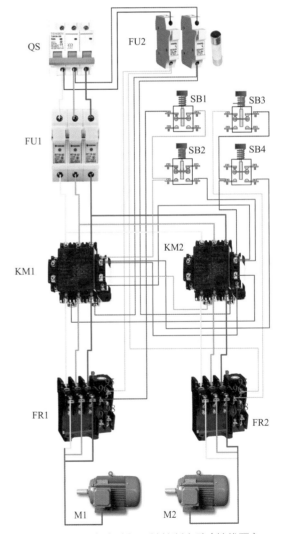

图 6-7　两台电动机互锁控制电路（接线图）

电动机 M2 继续运转。

电动机 M2 运行时，由于串联在接触器 KM1 回路中的 KM2 的常闭辅助触头已经断开（起互锁作用），所以，如果此时按下电动机 M1 的启动按钮 SB2，接触器 KM1 的线圈不能得电，电动机 M1 不能启动运行。KM2 的常闭辅助触头起到了互锁作用。

② 停止电动机 M2。

按下停止按钮 SB3 → SB3 常闭触头断开→接触器 KM2 线圈失电而释放→ KM2 三副主触头断开（复位）→电动机 M2 断电并停止。与此同时，KM2 常开辅助触头断开（复位），解除自锁；KM2 常闭辅助触头闭合（复位），解除互锁。

6.1.4 用按钮和接触器复合联锁的三相异步电动机正反转控制电路

三相异步电动机联锁控制的目的是防止电气短路。三相异步电动机联锁控制的方式有电气联锁和机械联锁两种，其特点如下。

① 电气连锁。电气联锁的接线简单，一般不需要添加硬件，可靠性较高。但是，当接触器发生触点粘连故障时，可能发生短路。

② 机械连锁。机械联锁属于硬连锁，故障率较高，但绝对不会有短路现象发生。

通常，在三相异步电动机正反转控制电路中，电气联锁用得比较多，机械联锁用得比较少。

（1）控制电路

用按钮和接触器复合联锁的三相异步电动机正反转控制电路的原理图如图 6-8 所示，与其对应的接线图如图 6-9 所示。这种控制电路的优点是操作方便，而且安全可靠。

（2）电路的工作原理分析

1）控制电动机 M 正转。

① 正向启动电动机 M。

按下电动机 M 的正向启动按钮 SB2 → SB2 常开触头闭合→接触器 KM1 线圈得电吸合→ KM1 的三副主触头闭合→电动机 M 得电正向启动运转；与此同时，KM1 常开辅助触头闭合，

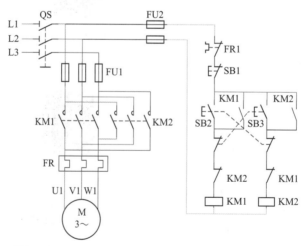

图 6-8　用按钮和接触器复合联锁的三相异步电动机正反转控制电路（原理图）

起自锁（自保持）作用。这样，当松开 SB2 时，接触器 KM1 的线圈通过其辅助触头 KM1 可以继续保持通电，维持其吸合状态，电动机 M 继续正向运转。

电动机 M 正向运行时，由于串联在接触器 KM2 线圈回路中的 KM1 的常闭辅助触头已经断开（起互锁作用）。所以，KM1 的常闭辅助触头起到了互锁作用。

② 停止电动机 M。

按下停止按钮 SB1 → SB1 常闭触头断开→接触器 KM1 线圈失电而释放→KM1 的三副主触头断开（复位）→电动机 M 断电并停止。与此同时，KM1 常开辅助触头断开（复位），解除自锁；KM1 常闭辅助触头闭合（复位），解除互锁。

2）使正在正向运行的电动机 M 反转。

① 反向启动电动机 M。

由于采用了复合按钮（注意，复合按钮的触头的动作顺序是：当按下复合按钮时，其常闭触头先断开，常开触头后闭合；当松开复合按钮时，其常开触头先复位，常闭触头后复位），所以按下电动机 M 的反向启动按钮 SB3 → SB3 常闭触头先断开→切断正向接触器 KM1 的线圈回路→KM1 线圈失电而释放→KM1 的三副主触头断开（复位）→电动机 M 断电并停止，与此同时，KM1 常闭辅助触头闭合（复

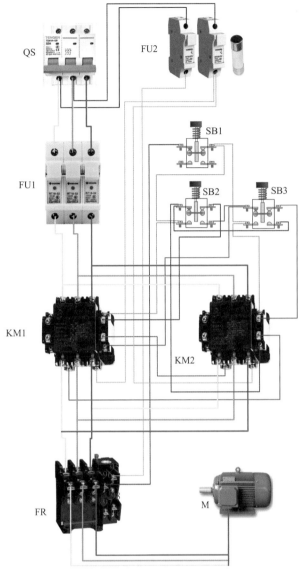

图 6-9 用按钮和接触器复合联锁的三相异步电动机正反转控制电路（接线图）

位），解除互锁。稍后，反向启动按钮 SB3 的常开触头闭合→接触器 KM2 的线圈得电吸合→KM2 的三副主触头闭合→电动机 M2 得电反向启动运转；与此同时，KM2 的常开辅助触头闭合，起自锁（自保持）作用。这样，当松开 SB3 时，接触器 KM2 的线圈通过其辅助触头 KM2 可以继续保持通电，维持其吸合状态，电动机 M 继续反向运转。

电动机 M 反向运行时，由于串联在接触器 KM1 线圈回路中的 KM2 的常闭辅助触头已经断开（起互锁作用）。所以，KM2 的常闭辅助触头起到了互锁作用。

② 停止电动机 M。

按下停止按钮 SB1 → SB1 常闭触头断开→接触器 KM2 线圈失电而释放→ KM2 的三副主触头断开（复位）→电动机 M 断电并停止。与此同时，KM2 常开辅助触头断开（复位），解除自锁；KM2 常闭辅助触头闭合（复位），解除互锁。

6.1.5 采用中间继电器联锁的三相异步电动机点动与连续运行控制电路

（1）控制目的

在一些有特殊工艺要求、精细加工或调整工作时，要求机床点动运行，但在机床加工过程中，大部分时间要求机床连续运行，即要求电动机既能点动工作，又能连续运行，这时就要用到电动机的点动与连续运行控制电路。

（2）电路的组成

采用中间继电器联锁的三相异步电动机点动与连续运行控制电路如图6-10所示，与其对应的接线图如图6-11所示。该控制电路由主电路和控制电路两部分组成。

① 主电路。主电路由电源开关QS、熔断器FU1、接触器KM的主触点、热继电器的热元件FR和电动机M组成。主电路中电源开关QS起隔离电源的作用；熔断器FU1对主电路进行短路保护；热继电器FR对电动机进行过载保护；主电路的接通和分断是由接触器KM的三对主触点完成的。

② 控制电路。控制电路由熔断器FU2、停止按钮SB1、启动按钮（又称长动按钮）SB2、点动按钮SB3、热继电器的常闭触头FR、中间继电器的两对常开触点KA、接触器的电磁线圈KM和中间继电器的电磁线圈KA组成。控制电路中熔断器FU2作短路保护；中间继电器的一对常开触点KA起"自锁"作用；中间继电器的另一对常开触点串联在接触器KM的线圈回路中，连续运行（长动）时接通接触器线圈KM的电源。

（3）电路的工作原理分析

当正常工作时，按下启动按钮SB2，中间继电器KA得电吸合并自锁，其另一对常开触点KA闭合，使接触器KM的线圈得电吸合并自锁（自保），接触器的三对主触点KM闭合，接通三相异步电动机的电源，电

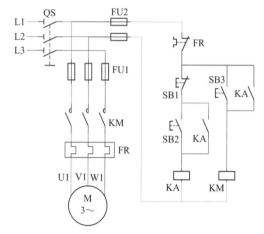

图6-10 采用中间继电器联锁的三相异步电动机点动与连续运行控制电路（原理图）

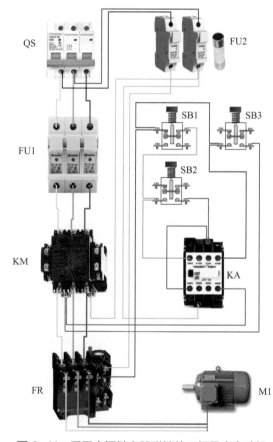

图6-11 采用中间继电器联锁的三相异步电动机点动与连续运行控制电路（接线图）

动机启动运转。欲使电动机停止时，按下停止按钮 SB1，中间继电器 KA 线圈失电释放，其常开触点 KA 断开（复位），解除自锁。与此同时，串联在接触器 KM 线圈回路中的另一对常开触点 KA 断开（复位），接触器 KM 线圈失电释放，其主触点 KM 断开，切断了三相异步电动机 M 的电源，电动机停止。

当点动工作时，按下点动按钮 SB3，接触器 KM 得电吸合，接触器的三对主触点 KM 闭合，接通三相异步电动机的电源，电动机启动运转。由于接触器 KM 不能自锁（自保），所以，松开点动按钮 SB3，接触器 KM 立即失电释放，其主触点 KM 断开，切断了三相异步电动机 M 的电源，则电动机将立即停止，从而可靠地实现了点动控制。

6.1.6　电动机的多地点操作控制电路

（1）控制目的

所谓多地控制，是指能够在不同的地点对同一台电动机的动作进行控制。在实际生活和生产现场中，通常需要在两地或两地以上的地点进行控制操作。因为用一组按钮（每组按钮由一个启动按钮和一个停止按钮构成）可以在一处进行控制，所以，要在多地点进行控制，就应该有多组按钮。电动机多地点操作控制电路的目的就是在多地点控制同一台电动机。

（2）控制方法

电动机多地点操作控制电路的控制方法（即多组按钮的接线原则）：在接触器 KM 的线圈回路中，将所有停止按钮（SB1、SB3、SB5……）的常闭触点串联在一起，而将所有启动按钮（SB2、SB4、SB6……）的常开触点并联在一起。其中 SB2、SB1 为一组安装在甲地的启动按钮和停止按钮；SB4、SB3 为一组安装在乙地的启动按钮和停止按钮；SB6、SB5 为一组安装在丙地的启动按钮和停止按钮。这样就可以分别在甲、乙、丙三地启动（或停止）同一台电动机，达到操作方便的目的。根据上述原则，可以推广于更多地点的控制。

（3）电路的组成

图 6-12 是实现两地操作的控制电路，与之对应的接线图如图 6-13 所示。该控制电路由主电路和控制电路两部分组成。

① 主电路。主电路由电源开关 QS、熔断器 FU1、接触器 KM 的主触点、热继电器的热元件 FR 和电动机 M 组成。主电路中电源开关 QS 起隔离电源的作用；熔断器 FU1 对主电路进行短路保护；热继电器 FR 对电动机进行过载保护；主电路的接通和分断是由接触器 KM 的三对主触点完成的。

② 控制电路。控制电路由熔断器 FU2、停止按钮（SB1、SB3）、启动按钮（SB2、SB4）、热继电器的常闭触头 FR、接触器的常开辅助触

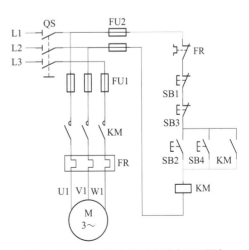

图 6-12　两地操作控制电路（原理图）

点 KM 和接触器的电磁线圈 KM 组成。控制电路中熔断器 FU2 作短路保护、接触器的常开辅助触点用作接触器 KM 的自锁（自保持）。

（4）电路的工作原理分析

在图 6-12 中，接触器线圈 KM 的得电条件为启动按钮 SB2、SB4 的常开触点任一个闭合，KM 辅助常开触点构成自锁，这里按钮的常开触点并联构成逻辑或的关系，任一条件满足，就能接通接触器线圈 KM 的电路；接触器线圈 KM 失电条件为按钮 SB1、SB3 的常闭触点任一个断开，这里按钮的常闭触点串联构成逻辑与的关系，其中任一条件满足，即可切断接触器线圈 KM 的电路。这样就可以分别在甲、乙两地启动或停止同一台电动机，达到操作方便的目的。

6.1.7 多台电动机的顺序控制电路

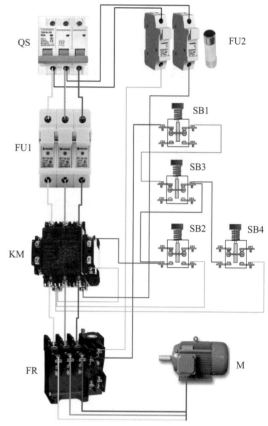

图 6-13 两地操作控制电路（接线图）

（1）顺序控制的目的

所谓顺序控制就是针对顺序控制系统，按照生产工艺预先规定的顺序，在各个输入信号的作用下，根据内部状态和时间的顺序，在生产过程中各个执行机构自动地有秩序地进行操作。如果一个控制系统可以分解成几个独立的控制动作，且这些动作必须严格按照一定的先后次序执行，才能保证生产过程的正常运行，那么系统的这种控制称为顺序控制。

要求几台电动机的启动或停止必须按一定的先后顺序来完成的控制方式也叫顺序控制。

（2）控制方法

两台电动机顺序控制的方法：将接触器 KM1 的一副常开辅助触点串联在接触器 KM2 线圈的控制线路中。这就保证了只有当接触器 KM1 接通，电动机 M1 启动后，电动机 M2 才能启动，而且，如果由于某种原因（如过载或失压等）使接触器 KM1 失电释放，而导致电动机 M1 停止时，电动机 M2 也立即停止，即可以保证电动机 M2 和 M1 同时停止。

（3）电路的组成

图 6-14 所示是两台电动机 M1 和 M2 的顺序控制电路的原理图，与其对应的接线图如图 6-15 所示。另外，该控制电路还可以实现单独停止电动机 M2。

（4）电路的工作原理分析

下面以图 6-14 为例，分析两台电动机顺序控制电路的工作原理。

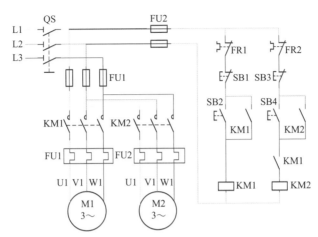

图 6-14 两台电动机的顺序控制电路（原理图）

1）控制电动机 M1。

① 启动电动机。

按下电动机 M1 的启动按钮 SB2 →
SB2 常开触点闭合→接触器 KM1 线圈得电
而吸合→ KM1 的三副主触点闭合→电动机
M1 得电启动运转；与此同时，KM1 常开
辅助触点闭合，起自锁（自保持）作用。这
样，当松开 SB2 时，接触器 KM1 的线圈通
过其辅助触点 KM1 可以继续保持通电，维
持其吸合状态，电动机 M1 继续运转。

电动机 M1 启动运行后，由于串联在
接触器 KM2 线圈回路中的 KM1 的常开辅
助触点已经闭合，所以，如果此时按下电
动机 M2 的启动按钮 SB4，接触器 KM2 的
线圈可以得电吸合，电动机 M2 可以启动
运行。但是，如果电动机 M1 没有启动运
行，由于串联在接触器 KM2 线圈回路中的
KM1 的常开辅助触点处于断开位置，所以，
如果按下电动机 M2 的启动按钮 SB4，接触
器 KM2 的线圈不能得电，电动机 M2 不能
启动运行，即 KM1 的常开辅助触点在此起
到了互锁作用，以保证电动机 M1 启动运
行以后，电动机 M2 才能启动运行，从而
实现了顺序控制。

② 停止电动机 M1。

按下停止按钮 SB1 → SB1 常闭触点断
开→接触器 KM1 线圈失电而释放→ KM1

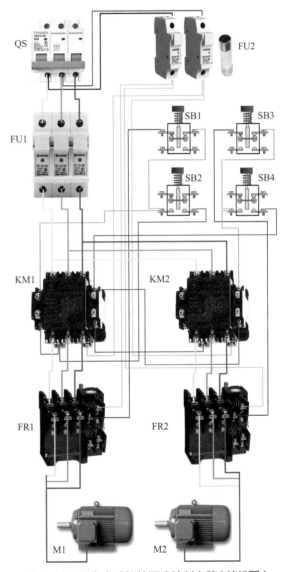

图 6-15 两台电动机的顺序控制电路（接线图）

的三副主触点断开（复位）→电动机 M1 断电并停止。与此同时，KM1 常开辅助触点断开（复位），解除自锁；KM1 的另一对常开辅助触点断开（复位），实现对电动机 M2 的联锁。

2）控制电动机 M2。

① 启动电动机 M2。当电动机 M1 还没有启动运行时，由于串联在接触器 KM2 线圈回路中的 KM1 的常开辅助触点处于断开状态，所以按下电动机 M2 的启动按钮 SB4，接触器 KM2 也不能得电吸合，实现了对电动机 M2 的联锁。

当电动机 M1 启动运行后，由于串联在接触器 KM2 线圈回路中的 KM1 常开辅助触点处于闭合状态，此时按下电动机 M2 的启动按钮 SB4 → SB4 常开触点闭合→接触器 KM2 线圈得电而吸合→ KM2 的三副主触点闭合→电动机 M2 得电启动运转；与此同时，KM2 常开辅助触点闭合，起自锁（自保持）作用。这样，当松开 SB4 时，接触器 KM2 的线圈通过其辅助触点 KM2 可以继续保持通电，维持其吸合状态，电动机 M2 继续运转。

电动机 M1 和电动机 M2 运行时，如果电动机 M1 发生过载，热继电器 FR1 的常闭触点将断开，切断了接触器 KM1 线圈回路的电流，接触器 KM1 失电释放，电动机 M1 断电并停止运行，与此同时，由于串联在接触器 KM2 线圈回路中的 KM1 的常开辅助触头断开（复位），切断了接触器 KM2 线圈回路中的电流，接触器 KM2 失电释放，电动机 M2 也断电并停止运行。

② 停止电动机 M2。按下停止按钮 SB3 → SB3 常闭触点断开→接触器 KM2 线圈失电而释放→ KM2 三副主触头断开（复位）→电动机 M2 断电并停止。与此同时，KM2 常开辅助触头断开（复位），解除自锁。

6.1.8 行程控制电路

（1）控制目的

行程控制就是用运动部件上的挡铁碰撞行程开关而使其触点动作，以接通或断开电路，来控制机械行程。

行程控制是按运动部件移动的距离发出指令的一种控制方式，在生产中得到广泛的应用，例如运动部件（如机床工作台）的左、右、上、下运动，包括行程控制、自动换向、往复循环、终端限位保护等。

（2）控制方法

行程控制用行程开关实现。行程开关（也称限位开关）是一种根据生产机械的行程信号进行动作的器件，其结构和工作原理与按钮类似，同样有动合（常开）触头和动断（常闭）触头。行程开关和按钮一样，要连接在控制电路中。

行程开关安装在固定的基座上，当与装在被它控制的生产机械运动部件上的撞块相撞时，撞块压下行程开关的滚轮，便发出触头通或断信号。当撞块离开后，有的行程开关自动复位（如单轮旋转式），而有的行程开关不能自动复位（如双轮旋转式）。后者需依靠另一方向的二次相撞来复位。

行程控制或限位保护在摇臂钻床、万能铣床、桥式起重机及各种其他生产机械中经常被采用。

（3）电路的组成

图 6-16 所示为小车限位控制电路的原理图，与其对应的接线图如图 6-17 所示，它是行程控制的一个典型实例。

（4）电路的工作原理分析

行程控制电路如图 6-16（a）所示，基本上是一个电动机正、反转控制电路，电动机正、反转带动运动部件前进、后退，运动部件上的撞块（又称挡铁）1、2 和行程开关 SQ1、SQ2 的安装位置如图 6-16（b）所示。

该电路的工作原理如下：先合上电源开关 QS；然后按下向前按钮 SB2，接触器 KM1 因线圈得电而吸合并自锁，电动机 M 正转，小车向前运行；当小车运行到终端位置时，小车上的挡铁碰撞行程开关 SQ1，使 SQ1 的常闭触头断开，接触器 KM1 因线圈失电而释放，电动机断电，小车停止前进。此时即使再按下向前按钮 SB2，接触器 KM1 的线圈也不会得电，保证小车不会超过行程开关 SQ1 所在位置。

当按下向后按钮 SB3 时，接触器 KM2 因线圈得电而吸合并自锁，电动机 M 反转，小车向后运行，行程开关 SQ1 复位，其常闭触头闭合。当小车运行到另一终端位置时，行程开关 SQ2 的常闭触头断开，接触器 KM2 因线圈失电而释放，电动机 M 断电，小车停止运行。

6.1.9 自动往复循环控制电路

（1）控制目的

有些生产机械，要求工作台在一定距离内能自动往复，不断循环，以使工件能连续加工。其对电动机的基本要求仍然是启动、停止和反向控制，所不同的是，当工作台运动到一定位置时，能

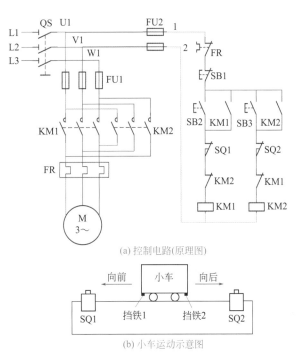

(a) 控制电路(原理图)

(b) 小车运动示意图

图 6-16　行程控制电路（小车限位控制电路原理图）

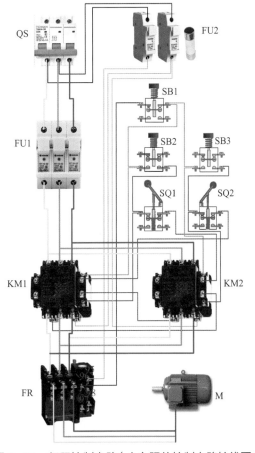

图 6-17　行程控制电路（小车限位控制电路接线图）

自动改变电动机工作状态。

（2）电气控制电路的组成

自动往复循环控制电路如图6-18所示，与图6-18（a）对应的接线图如图6-19所示。本电路具有启动后能自动往返运动的特点，适用于需要做自动往返运动的生产机械。

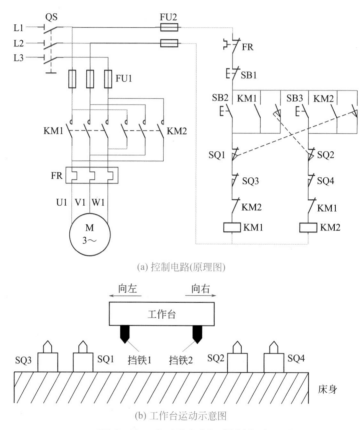

(a) 控制电路(原理图)

(b) 工作台运动示意图

图 6-18 自动往复循环控制电路

（3）电路的工作原理分析

图6-18中，SB1为停止按钮，SB2为电动机正转启动按钮，SB3为电动机反转启动按钮。SQ1和SQ2是复合式行程开关，各具有一个动断触头和一个动合触头，其中，SQ1为电动机正转变反转的行程开关，SQ2为电动机反转变正转的行程开关，若电动机正转拖动运动部件向左移动，则行程开关SQ1安装在左边位置，SQ2安装在右边位置，压合行程开关的机械挡铁安装在运动部件上。行程开关SQ3和SQ4为终端限位保护开关，行程开关SQ3和SQ4各具有一个动断触头，当挡铁撞击行程开关SQ1或SQ2时，如果行程开关SQ1或SQ2由于故障，没有动作，运动部件将按原来的方向继续运动，使挡铁撞击SQ3或SQ4切断控制电路，并使电动机停止，从而起到终端限位保护的作用。

先合上电源开关QS，然后按下启动按钮SB2，接触器KM1因线圈得电而吸合并自锁，电动机正转启动，通过机械传动装置拖动工作台向左移动，当工作台移动到一定位置时，挡铁1碰撞行程开关SQ1，使其动断触点断开，接触器KM1因线圈断电而释放，电动机停止，与此同时，行程开关SQ1的动合触点闭合，接触器KM2因线圈得电而吸合并自锁，电动机反转，拖

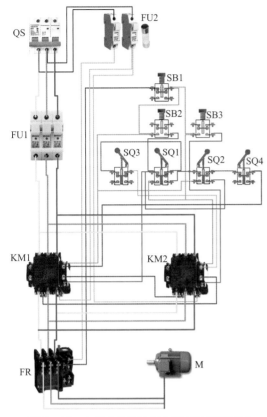

图 6-19　自动往复循环控制电路（接线图）

动工作台向右移动。同时，行程开关 SQ1 复位，为下次正转做准备。当工作台向右移动到一定位置时，挡铁 2 碰撞行程开关 SQ2，使其动断触点断开，接触器 KM2 因线圈断电而释放，电动机停止，与此同时，行程开关 SQ2 的动合触点闭合，使接触器 KM1 线圈又得电，电动机又开始正转，拖动工作台向左移动。如此周而复始，使工作台在预定的行程内自动往复移动。当按下停止按钮 SB1 时，电动机停止运转。

工作台的行程可通过移动挡铁（或行程开关 SQ1 和 SQ2）的位置来调节，以适应加工零件的不同要求。行程开关 SQ3 和 SQ4 用来作限位保护，安装在工作台往复运动的极限位置上，以防止行程开关 SQ1 和 SQ2 失灵，工作台继续运动不停止而造成事故。

（4）带有点动的自动往复循环控制电路

带有点动的自动往复循环控制电路原理图如图 6-20 所示。它是在图 6-18 中加入了点动按钮 SB4 和 SB5，以供点动调整工作台位置时使用。其工作原理与图 6-18 基本相同。读者可自行分析。

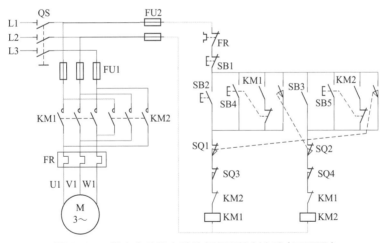

图 6-20　带有点动的自动往复循环控制电路（原理图）

6.1.10　无进给切削的自动循环控制电路

（1）控制目的

为了提高加工精度，有的生产机械对自动往复循环还提出了一些特殊要求。以钻孔加工过程自动化为例，钻削加工时刀架的自动循环如图 6-21 所示。其具体要求如下：刀架能自动地由位置 1 移动到位置 2 进行钻削加工；刀架到达位置 2 时不再进给，但钻头继续旋转，进行无进给切削以提高工件加工精度，短暂时间后，刀架再自动退回位置 1。

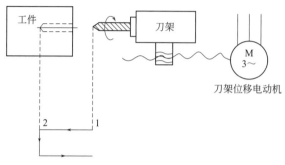

图 6-21　刀架的自动循环

（2）电气控制电路的组成

无进给切削的自动循环控制电路原理图如图 6-22 所示，与其对应的接线图如图 6-23 所示。这里采用行程开关 SQ1 和 SQ2 分别作为测量刀架运动到位置 1 和 2 的测量元件，由它们给出的控制信号通过接触器控制刀架位移电动机，其中 SQ2 是复合式行程开关；KT 为通电延时型时间继电器，用于控制无进给切削时间；SB2 为刀架进给按钮、SB3 为刀架退回按钮、SB1 为停止按钮；KM1 为正转（刀架进给）接触器、KM2 为反转（刀架退回）接触器；熔断器 FU 用作电动机 M 的短路保护；热继电器 FR 用作电动机 M 的过载保护。

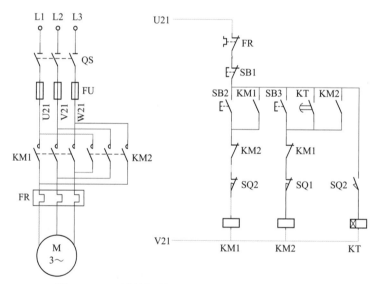

图 6-22　无进给切削的自动循环控制电路（原理图）

（3）工作原理分析

按下进给按钮 SB2，正向接触器 KM1 因线圈得电而吸合并自锁，刀架位移电动机 M 正转，刀架进给，当刀架到达位置 2 时，挡铁碰撞行程开关 SQ2，其动断触点断开，正转接触器 KM1 因线圈断电而释放，刀架位移电动机停止工作，刀架不再进给，但钻头继续旋转（其

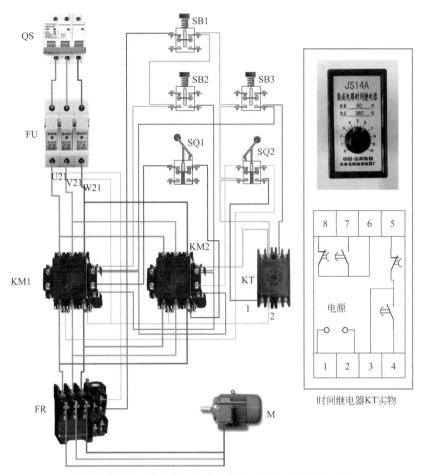

图 6-23 无进给切削的自动循环控制电路（接线图）

拖动电动机在图 6-22 中未绘出）进行无进给切削。与此同时，行程开关 SQ2 的动合触点闭合，接通时间继电器 KT 的线圈，开始计算无进给切削时间。到达预定无进给切削时间后，时间继电器 KT 延时闭合的动合触点闭合，使反转接触器 KM2 因线圈得电而吸合并自锁，刀架位移电动机 M 反转，于是刀架开始返回。当刀架退回到位置 1 时，挡铁碰撞行程开关 SQ1，其动断触点断开，反转接触器 KM2 因线圈断电而释放，刀架位移电动机停止，刀架自动停止运动。

6.2 常用电气设备控制电路

6.2.1 起重机械常用电磁抱闸制动控制电路

在许多生产机械设备中，为了使生产机械能够根据工作需要迅速停车，常常采用机械制动。机械制动是利用机械装置使电动机在切断电源后迅速停转。采用比较普遍的机械制动是电磁抱闸。电磁抱闸主要由制动电磁铁和闸瓦制动器两部分组成。

图 6-24 是起重机械常用电磁抱闸制动控制电路。

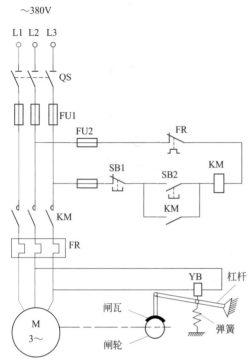

图6-24 起重机械常用电磁抱闸制动控制电路

当按下启动按钮SB2时，接触器KM的线圈得电动作，其常开主触点KM闭合，电动机M接通电源。与此同时，电磁抱闸的线圈YB也接通了电源，其铁芯吸引衔铁而闭合，同时衔铁克服弹簧拉力，迫使制动杠杆向上移动，从而使制动器的闸瓦与闸轮松开，电动机正常运转。

当按下停止按钮SB1时，接触器KM线圈断电释放，电动机M的电源被切断，电磁抱闸的线圈YB也同时断电，衔铁释放，在弹簧拉力的作用下使闸瓦紧紧抱住闸轮，电动机迅速被制动停转。

这种制动控制电路在起重机械上被广泛采用。当重物吊到一定高处，线路突然发生故障断电时，电动机断电，电磁抱闸线圈也断电，闸瓦立即抱住闸轮使电动机迅速制动停转，从而可防止重物掉下。另外，也可利用这一点将重物停留在空中某个位置。

6.2.2 断电后抱闸可放松的制动控制电路

当电动机经制动停止以后，某些机械设备有时还需用人工将工件传动轴做转动调整，图6-25所示的断电后抱闸可放松的控制电路可满足这种需要。

启动时，先接通电源开关QS，然后按下启动按钮SB2，接触器KM1的线圈得电吸合，接触器KM1的主触头闭合，接通三相异步电动机M的电源，电动机M启动运行，与此同时，接触器KM1的常开辅助触头闭合，对接触器KM1实现自锁。

当制动时，按下电动机停止按钮SB1，按钮SB1的常闭触头先断开，接触器KM1释放，电动机M断电停止运行，然后按钮SB1的常开触头闭合，接触器KM2得电吸合，使YB动作，抱闸抱紧使电动机停止。

松开按钮SB1后，接触器KM2的线圈失电释放，电磁铁线圈YB失电释放，抱闸放松。

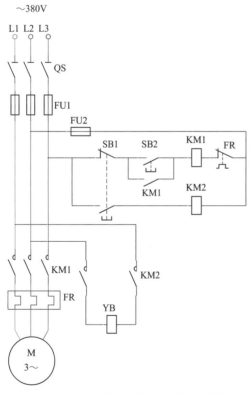

图6-25 断电后抱闸可放松的制动控制电路

6.2.3 建筑工地卷扬机控制电路

在建筑工地上常用的一种卷扬机为单筒快速电磁制动式电控卷扬机，它主要由卷扬机交流电动机、电磁制动器、减速器及卷筒组成。图 6-26 所示的建筑工地卷扬机控制电路就是一个典型的电动机正、反转带电磁抱闸制动的控制电路。

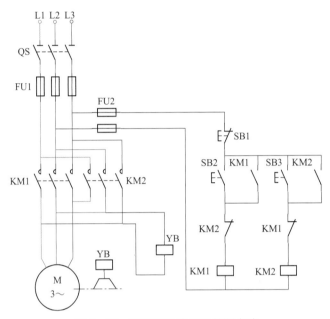

图 6-26　建筑工地卷扬机控制电路

当合上电源开关 QS，按下正转启动按钮 SB2 时，正转接触器 KM1 得电吸合并自锁，其主触点 KM1 闭合，接通电动机 M 和电磁铁线圈 YB 的电源，电磁铁 YB 得电吸合，使制动闸立即松开制动轮，电动机 M 正转，带动卷筒转动，使钢丝绳卷在卷筒上，从而带动提升设备向楼层高处运输。

当需要卷扬机停止时，按下停止按钮 SB1，接触器 KM1 断电释放，切断电动机 M 和电磁铁线圈 YB 的电源，电动机停转，并且电磁抱闸立即抱住制动轮，避免货物以自重下降。

当需要卷扬机做反向下降运行时，按下反转按钮 SB3。反转接触器 KM2 得电吸合并自锁，其主触点 KM2 反序接通电动机的电源，电磁铁线圈 YB 也同时得电吸合，松开抱闸，电动机反转运行，使卷筒反向松开卷绳，货物下降。

这种卷扬机的优点是体积小、结构简单、操作方便，重物下降时安全可靠，因此得到广泛采用。

6.2.4 带运输机控制电路

在大型建筑工地上，当原料堆放较远，使用很不方便时，可采用带运输机来运送粉料。利用带传送机构把粉料运送到施工现场或送入施工机械中加工，这既省时又省力。图 6-27 是一种多条带运输机控制电路。电路采用两台电动机拖动，这是一个两台电动机按顺序启动、按反顺序停止的控制电路。

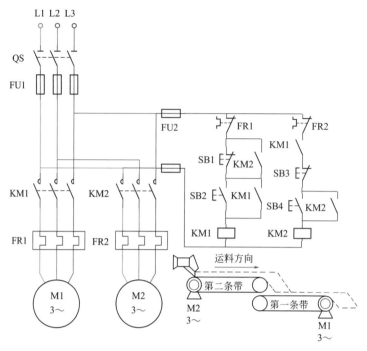

图 6-27 一种多条带运输机控制电路

　　为了防止运料带上运送的物料在带上堆积堵塞，在控制上要求：先启动第一条运输带的电动机 M1，当 M1 运转后，才能启动第二条运输带的电动机 M2。这样能保证首先将第一条运输带上的物料先清理干净，来料后能迅速运走，不至于堵塞。停止带运输时，要先停止第二条运输带的电动机 M2，然后才能停止第一条运输带的电动机 M1。

　　启动时，先按下启动按钮 SB2，接触器 KM1 得电吸合并自锁，主触点 KM1 闭合，使电动机 M1 运转，第一条带开始工作。KM1 的另一个常开辅助触点闭合，为接触器 KM2 通电做准备，这时再按下启动按钮 SB4，接触器 KM2 得电动作，电动机 M2 运转，第二条带投入运行。

　　停止运行时，先按下停止按钮 SB3，接触器 KM2 断电释放，主触点 KM2 断开（复位），电动机 M2 停转，第二条带停止运输。再按下按钮 SB1，接触器 KM1 断电释放，主触点 KM1 断开（复位），电动机 M1 停转，第一条带也停止运输。

　　由于在 KM2 线圈回路串联了 KM1 的常开辅助触点，使得在接触器 KM1 未得电前，接触器 KM2 不能得电；而又在停止按钮 SB1 上并联了 KM2 的常开辅助触点，能保证只有 KM2 先断电释放后，KM1 才能断电释放。这就保证了第一条运输带先工作，第二条运输带才能开始工作；第二条运输带先停止，第一条运输带才能停止。防止了物料在运输带上的堵塞。

6.2.5　混凝土搅拌机控制电路

　　混凝土搅拌机控制电路如图 6-28 所示。M1 为搅拌机滚筒电动机，正转时搅拌混凝土，反转时使搅拌好的混凝土出料，正、反转分别由接触器 KM1 和 KM2 控制；M2 为料斗电动机，正转时牵引料斗起仰上升，将砂子、石子和水泥倒入搅拌机滚筒，反转时使料斗下降放平，等待下一次上料，正、反转分别由接触器 KM3 和 KM4 控制；M3 为水泵电动机，由接触器 KM5 控制。

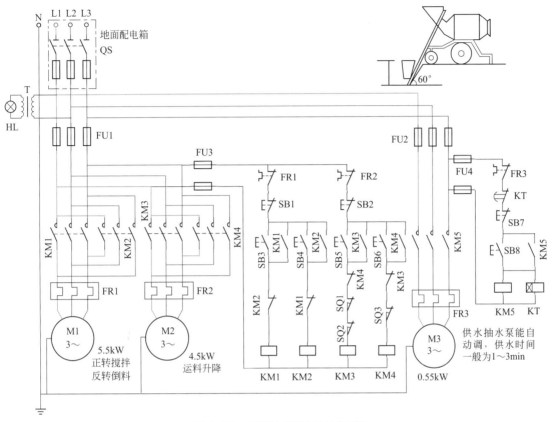

图 6-28　混凝土搅拌机控制电路

当把水泥、砂子、石子配好料后，操作人员按下上升按钮 SB5，接触器 KM3 的线圈得电吸合并自锁，使上料卷扬电动机 M2 正转，料斗送料起升。当升到一定高度后，料斗挡铁碰撞上升限位开关 SQ1 和 SQ2，使 KM3 断电释放。这时料斗已升到预定位置，把料自动倒入搅拌机内，并自动停止上升。然后操作人员按下下降按钮 SB6，接触器 KM4 的线圈得电吸合并自锁，其主触点逆序接通料斗电动机 M2 的电源，使电动机 M2 反转，卷扬系统带动料斗下降，待下降到其料口与地面平齐时，料斗挡铁碰撞下降限位开关 SQ3，使接触器 KM4 断电释放，料斗自动停止下降，为下次上料做好准备。

待上料完毕，料斗停止下降后，操作人员再按下水泵启动按钮 SB8，接触器 KM5 的线圈得电吸合并自锁，使供水水泵电动机 M3 运转，向搅拌机内供水，与此同时，时间继电器 KT 得电工作，待供水与原料成比例后（供水时间由时间继电器 KT 调整确定，根据原料与水的配比确定），KT 动作延时结束，时间继电器 KT 的延时断开的常闭触点断开，从而使接触器 KM5 断电自动释放，水泵电动机停止。也可根据供水情况，手动按下停止按钮 SB7，停止供水。

加水完毕即可实施搅拌，按下搅拌启动按钮 SB3，搅拌控制接触器 KM1 得电吸合并自锁，搅拌电动机 M1 正转搅拌，搅拌完毕后按下停止按钮 SB1，搅拌机停止搅拌。出料时，按下出料按钮 SB4，接触器 KM2 得电吸合并自锁，其主触点 KM2 逆序接通电动机 M1 的电源，M1 反转即可把混凝土泥浆自动搅拌出来。当出料完毕或运料车装满后，按下停止按钮 SB1，接触器 KM2 断电释放，电动机 M1 停转，出料停止。

6.2.6 自动供水控制电路

图 6-29 所示自动供水控制电路是一种采用干簧管来检测和控制水位的电路。该控制电路由电源电路和水位检测控制电路组成，电路简单、工作可靠，既可用于生活供水，也可用于农田灌溉。

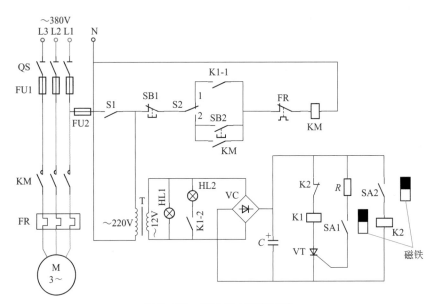

图 6-29　自动供水控制电路

水位检测控制电路由干簧管 SA1、SA2，继电器 K1、K2，晶闸管 VT，电阻器 R，交流接触器 KM，热继电器 FR，控制按钮 SB1、SB2 和手动 / 自动控制开关 S2 组成。

图 6-29 中 S2 为手动 / 自动控制开关，S2 位于位置 1 时为自动控制状态，S2 位于位置 2 时为手动控制状态；HL1 和 HL2 分别为电源指示灯和自动控制状态时的上水指示灯。

接通刀开关 QS 和电源开关 S1，L1 端和 N 端之间的交流 220V 电压经电源变压器 T 降压后产生交流 12V 电压，作为 HL1 和 HL2 的工作电压，同时还经整流桥堆 VC 整流及滤波电容器 C 滤波后，为水位检测控制电路提供 12V 直流工作电压。

SA1 为低水位检测与控制用干簧管，SA2 为高水位检测与控制用干簧管。

在受控水位降至低水位时，安装在浮子上的永久磁铁靠近 SA1，SA1 的触点在永久磁铁的磁力作用下接通，使晶闸管 VT 受触发导通，继电器 K1 通电吸合，使常开触点 K1-1 和 K1-2 闭合，其中，触点 K1-1 闭合，使接触器 KM 通电吸合，水泵电动机 M 通电工作；触点 K1-2 闭合，使上水指示灯 HL2 点亮。

浮子随着水位的上升而上升，使永久磁铁离开 SA1，SA1 的触点断开，但晶闸管 VT 仍维持导通状态。直到水位上升至设定的高水位、永久磁铁靠近 SA2 时，SA2 的触点接通，使继电器 K2 通电吸合，K2 的常闭触点断开，使继电器 K1 释放，晶闸管 VT 截止，继电器 K1 的常开触点 K1-1 和 K1-2 断开，HL2 熄灭，接触器 KM 失电释放，电动机 M 断电而停止工作。

当用户用水使水位下降、永久磁铁降至 SA2 以下时，SA2 的触点断开，使继电器 K2 失电释放，K2 的常闭触点又接通（复位），但此时继电器 K1 和接触器 KM 仍处于截止状态，直到水位又降至 SA1 处、SA1 的触点接通时，晶闸管 VT 再次导通，继电器 K1 和接触器 KM 吸合，电动机 M 又通电工作。

以上工作过程周而复始地进行，可以使受控水位保持在高水位与低水位之间，从而实现了水位的自动控制。

6.2.7　无塔增压式供水电路

图 6-30 是一种无塔增压式供水电路，该电路由电源电路和压力计检测控制电路组成，其电源电路由熔断器 FU2、刀开关 Q2、电源变压器 T、整流二极管 VD 和滤波电容器 C 组成。

其压力检测控制电路由电接点压力计 Q3，继电器 K1、K2，中间继电器 KA1、KA2，交流接触器 KM，热继电器 FR，控制按钮 SB1、SB2 和刀开关 Q2 等组成。该电路具有自动控制与手动控制两种功能。

接通刀开关 Q1 和 Q2，L3 端与 N 端之间的交流 220V 电压经电源变压器 T 降压、二极管 VD 整流及电容器 C 滤波后产生 9V 直流电压，供给继电器 K1 和 K2。

刚通电供水时，水罐内压力较小，电接点压力计的动触点（中）与设定的压力下限触点（低）接通，使 K1 通电吸合，K1 的常开触点接通，使中间继电器 KA1 通电吸合，KA1 的常开触点接

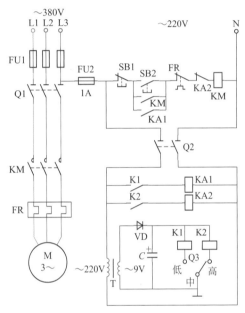

图 6-30　无塔增压式供水电路

通，又使接触器 KM 通电吸合，KM 的常开主触点接通，潜水泵电动机 M 通电工作，向水罐内供水。

随着水罐内水位的不断上升，水罐内的压力也不断增大，Q3 的动触点与压力下限触点断开，K1 和 KA1 释放，但由于 KM 的常开辅助触点接通后使 KM 自锁，此时电动机 M 仍通电工作。

当 Q3 的动触点与设定的压力上限触点（高）接通时，K2 和 KA2 相继吸合，KA2 的常闭触点断开，使接触器 KM 失电释放，电动机 M 断电而停止供水。

随着用户不断用水，使水罐内水位和压力下降时，Q3 的动触点与压力上限触点（高）断开，K2 和 KA2 释放，但由于 KA1 的常开触点处于断开状态，接触器 KM 仍不能吸合，电动机 M 仍处于断电状态。当水罐内水位和压力继续下降，使 Q3 的动触点与压力下限触点（低）接通时，K1、KA1 和 KM 相继吸合，电动机 M 又通电启动，向水罐内供水。

以上工作过程周而复始地进行，可以实现不间断自动供水。

将 Q2 断开时，压力检测控制电路停止工作，供水系统由自动控制变为手动控制，即按一下启动按钮 SB2，水泵电动机 M 通电工作。若要停止供水，按一下停止按钮 SB1 即可。

6.2.8　排水泵控制电路

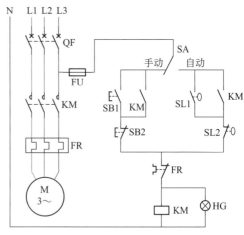

图 6-31 是一种排水泵控制电路，它由主电路和控制电路组成，其主电路包括断路器 QF、交流接触器 KM 的主触头、热继电器 FR 的热元件及三相交流电动机 M 等；其控制电路包括控制按钮 SB1、SB2，选择开关 SA，水位信号开关 SL1、SL2 以及交流接触器 KM 的线圈等。

这个电路有两种工作状态可供选择，即手动控制和自动控制。本电路手动、自动控制共用热继电器进行过载保护。

采用手动控制时，将单刀双掷开关 SA 置于"手动"位置，按下按钮 SB1 时水泵电动机 M 启

图 6-31　排水泵控制电路

动，按下按钮 SB2 时水泵电动机 M 停机。图 6-31 中 HG 为绿色信号灯，点亮时表示接触器 KM 处于运行状态。

采用自动控制时，将单刀双掷开关 SA 置于"自动"位置，当集水井（池）中的水位到达高水位时，SL1 闭合，接触器 KM 的线圈得电吸合并自锁，KM 的主触点闭合，水泵电动机启动排水；待水位降至低水位时，SL2 动作，将其常闭触点断开，接触器 KM 的线圈失电复位，排水泵停止排水。

6.2.9　电动葫芦的控制电路

电动葫芦的控制电路如图 6-32 所示。升降电动机采用正、反转控制，其中 KM1 闭合，电动机正转，实现吊钩上升功能；而 KM2 闭合，电动机反转，实现吊钩下降功能。吊钩水平移动电动机也采用正、反转控制，其中 KM3 闭合，电动机正转，实现吊钩向前平移功能；而 KM4 闭合，电动机反转，实现吊钩向后平移功能。由于各接触器均无设置自锁触点，所以吊钩上升、下降、前移、后移均为点动控制。

按下吊钩上升按钮 SB1，接触器 KM1 线圈得电吸合，升降电动机 M1 主回路中 KM1 常开主触点闭合，电动机 M1 正转，开始将吊钩提升；与接触器 KM2 线圈串联的 KM1 常闭辅助触点断开，实现互锁。按下吊钩下降按钮 SB2，接触器 KM2 线圈得电吸合，升降电动机 M1 主回路中 KM2 常开主触点闭合，电动机 M1 反转，开始将吊钩下放；与接触器 KM1 线圈串联的 KM2 常闭辅助触点断开，实现互锁。

按下吊钩前移按钮 SB3，接触器 KM3 线圈得电吸合，吊钩水平移动电动机 M2 主回路中 KM3 的常开主触点闭合，电动机 M2 正转，开始将吊钩向前平移；与接触器 KM4 线圈串联的 KM3 常闭辅助触点断开，实现互锁。按下吊钩后移按钮 SB4，接触器 KM4 线圈得电吸合，吊钩水平移动电动机 M2 主回路中 KM4 常开主触点闭合，电动机 M2 反转，开始将吊钩向后平移；与接触器 KM3 线圈串联的 KM4 常闭辅助触点断开，实现互锁。

利用行程开关 SQ1 实现吊钩上升时的行程控制，当行程开关 SQ1 动作后，吊钩上升按钮 SB1 失去作用。利用行程开关 SQ2 实现吊钩前移时的行程控制，当行程开关 SQ2 动作后，吊钩前移按钮 SB3 失去作用。利用行程开关 SQ3 实现吊钩后移时的行程控制，当行程开关

电源开关及保护	升降电动机及电磁制动		吊钩水平移动电动机		吊钩升降		控制平移	
	上升	下降	向前	向后	上升	下降	向前	向后

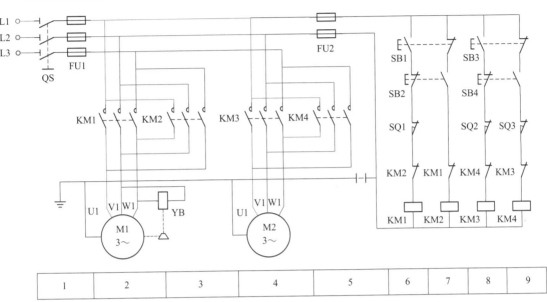

图 6-32　电动葫芦的控制电路

SQ3 动作后，吊钩后移按钮 SB4 失去作用。

6.3　电动机控制电路的调试方法

6.3.1　通电调试前的检查和准备

电气设备安装完毕，在通电试车前，应准备好调试用的工具和仪表，对线路、电动机等进行全面的检查，然后才能通电试车。

① 准备好调试所需的工具、仪表，如螺钉旋具、验电笔、万用表、钳形表、绝缘电阻表等。

② 清除安装板上的线头杂物，检查各开关、触点动作是否灵活可靠，灭弧装置有无破损。

③ 按照电路原理图和接线图，逐段检查接线有无漏接、错接，检查导线连接点是否符合工艺要求。

④ 对于新投入使用或停用 3 个月以上的低压电动机，应用 500V 绝缘电阻表测量其绝缘电阻，低压电动机的绝缘电阻不得小于 0.5MΩ，否则应查明原因并修理。

⑤ 用绝缘电阻表测量主电路、控制电路对机壳的绝缘电阻及不同回路之间的绝缘电阻，各项绝缘电阻不应小于 0.5MΩ。

⑥ 对不可逆运转的机械设备，应检查电动机的转向与机械设备要求的方向是否一致。

一般可通电检查；对于连接好的设备，可用相序表等进行测量。

⑦ 检查传动设备及所带生产机械的安装是否牢固。

⑧ 检查轴承的油位是否正常。

⑨ 检查电动机及所带机械设备的润滑系统、冷却系统，打开有关的水阀门、风阀门、油阀门。

⑩ 如有可能，用手盘车，检查转子转动是否灵活，有无卡涩现象。

⑪ 对于绕线转子异步电动机或直流电动机，还应检查电刷的牌号是否符合要求、压力是否合适、能否自由活动，集电环或换向器是否光洁、偏心，电刷与集电环或换向器接触是否良好等。

⑫ 电动机通电前，要认真检查其铭牌电压、频率等参数与电源电压是否一致，然后按接线图检查各部分的接线是否正确，各接线螺钉是否紧固，各导线的截面、标号是否与图纸所标一致。

⑬ 检查测量仪表是否齐全，配有电流互感器的，电流互感器的一、二次确认无开路现象。

⑭ 检查设备机座、电线钢管的保护接地或接零线是否接好。

6.3.2 保护定值的整定

（1）低压断路器的调整

① 低压断路器分为保护电动机用与保护配电线路用两种，不应选错；保护电动机时，断路器的额定电流应大于或等于电动机的额定电流。

② 长延时动作过电流脱扣器的额定电流按电动机额定电流的 1.0 ～ 1.2 倍整定；6 倍长延时动作电流整定值的可返回时间应不小于电动机的实际启动时间。可返回时间分为 1s、3s、5s、8s、15s。

③ 瞬时动作的过电流值，应按电动机启动电流的 1.35 ～ 1.7 倍整定。

（2）过电流继电器的调整

过电流继电器的保护定值一般按产品有关资料来定。若无资料，对于保护三相异步电动机，一般可调整为电动机额定电流的 1.7 ～ 2.0 倍；频繁启动时，可调整为电动机额定电流的 2.25 ～ 2.5 倍；对于直流电动机，可调整为电动机额定电流的 1.1 ～ 1.15 倍。

（3）过电压继电器的调整

过电压继电器一般按产品有关资料来整定，如无资料，可调整为电动机额定电压的 1.1 ～ 1.15 倍。

（4）欠电流继电器的调整

欠电流继电器吸合值可调整为直流电动机额定励磁电流值，释放值可调整为电动机最小励磁电流的 0.8 倍。

（5）热继电器动作电流的调整

热继电器的整定电流一般应与电动机额定电流调整一致；对于过载能力差的电动机，应适当减少整定值，热元件的整定值一般调整为电动机额定电流的 0.7 倍左右；对启动时间长或带冲击性负载的电动机，应适当增大整定值，一般调整到电动机额定电流的 1.1 ～ 1.2 倍。

此外，热继电器的动作时间应大于电动机的启动时间。

6.3.3　通电试车的方法步骤

（1）通电试车的注意事项

① 电气设备经静态检查、保护定值整定后，方可进行通电试车。

② 试车前，设备上应无人工作，周围无影响运行的杂物，照明充足。

③ 通电试车的步骤一般是先试控制电路，后试主电路，当主电路发生故障时，可由控制电路将主电路切除。

（2）通电试车方法

1）控制电路通电试车。

① 断开电动机主电路，将控制、保护、信号、联锁电路的有关设备全部送电。检查各部分的电压是否正常，接触器、继电器线圈温升是否正常，信号灯是否正常。

② 操作相应（按钮）开关，试启动相应保护装置、电气联锁装置、限位装置，观察有关接触器、继电器是否正常动作，信号灯是否变化。

2）主电路通电试车。

恢复好控制电路及主电路接线后，通电试车前，有条件的应将电动机与生产机械分开，按照"先空载、后负载，先点动、后连续，先低速、后高速，先启动、后制动，先单机、后多机"的原则通电试车。试车过程中，要注意检查以下内容。

① 严格执行电动机的允许启动次数，严禁连续多次启动，否则，电动机容易过热烧坏。一般冷态下允许连续启动 2 次，间隔 5min；热态时只允许启动 1 次。启动时间不超过 3s 的电动机，可允许多启动一次。

② 减压启动（又称降压启动）时，应掌握好减压启动切换到全压运行的时间。

③ 电动机安装现场距离控制台较远时，应派专人到电动机安装现场，监视启动过程。

④ 检查各指示仪表的指示，空载和负载电流是否合格（是否平衡、是否稳定、空载电流占额定电流的百分比是否过大）。

⑤ 检查电动机的转向、启动、转速是否正常；声音、温升有无异常；制动是否迅速。

⑥ 检查轴承是否发热，检查传动带是否过紧或联轴器有无问题。

⑦ 再次试验控制回路保护装置、联锁装置、限位装置等动作是否可靠。如有惯性越位，应反复调整；如果保护装置动作，应查明原因，处理故障后再通电试验，切不可增大保护强行送电，以免保护失灵而烧毁设备。

⑧ 在电动机试车时，如出现以下现象，应立即停机。

a. 电动机不转或低速运转。

b. 超过正常启动时间，电流表不返回。

c. 三相电流剧增或三相电流严重不平衡。

d. 电动机有异常声音、剧烈振动、轴承过热或声音异常。

e. 电动机扫膛或机械撞击。

f. 启动装置起火冒烟。

g. 电动机所带负载损坏、卡阻。

h. 人身事故等。

6.4 电动机控制电路调试实例

下面以图 6-16 所示的行程控制电路为例，介绍电动机控制电路的调试方法。该电路的工作原理分析见 6.1.8 节，对于该控制电路的具体调试方法如下。

（1）检查接线

对照接线图检查线号和接线端子的接触情况，重点检查接在接触器 KM1 和 KM2 主触点的进线和出线，控制电路中 KM1 和 KM2 的联锁触点，行程开关 SQ1 和 SQ2 的触点的连接是否正确。

将万用表置于 R × 1 挡，调零后做如下检查。

① 检查主电路。因为正反转控制的是同一台电动机，所以主电路的电器除两个交流接触器外都是公用的，正反转的两个交流接触器的电源侧（入线端）并联在主回路中，但是两个边相在负载侧（出线端）换了相，这是检查的重点。

取下熔断器 FU2 内的熔体，断开主电路与控制电路的联系，用万用表测量开关 QS 下的端子 U1—V1、V1—W1、W1—U1 之间的电阻，正常时表针应指向"∞"；然后分别按下接触器 KM1 和 KM2 的触点架，使 KM1 或 KM2 的触点闭合，重复上述测量，测得电动机三相定子绕组的阻值；最后再同时按下接触器 KM1 和 KM2 的触点架，由于正、反转时电源 L1、L3 经接触器 KM1 与 KM2 的主触点调相，所以测量 W1—U1 之间的电阻应为"0"。

② 检查启动、停止及自锁环节。分别按下按钮 SB2 和 SB3，用万用表测量图 6-16 中 1—2 之间的电阻，测量的控制回路电阻是接触器 KM1 或 KM2 线圈的电阻（应在几百欧），否则表明控制回路有开路故障；同时按下按钮 SB2 和 SB3，由于两控制回路并联，测得的电阻值应减小（因为接触器 KM1 和 KM2 的线圈并联，所以并联电阻值减小）；在按下按钮 SB2 和 SB3 的同时，按下停止按钮 SB1，测得的控制回路"通"变为"断"，否则应检查按钮 SB1 的接线是否有误。

③ 检查互锁环节。先检查接触器 KM1 的互锁触点，即按下正向启动按钮 SB2（或 KM1 的触点架），用万用表测量图 6-16 中 1—2 之间的电阻后，再按下接触器 KM2 的触点架，若万用表由一定值变为"∞"，则表明 KM2 的互锁触点接线正确，否则，应检查接触器 KM2 互锁触点的接线是否有误。然后，再按下反向启动按钮 SB3（或 KM2 的触点架），用万用表测量图 6-16 中 1—2 之间的电阻后，再按下接触器 KM1 的触点架，若万用表由一定值变为"∞"，则表明 KM1 的互锁触点接线正确，否则，应检查接触器 KM1 互锁触点的接线是否有误。

④ 检查行程控制环节。先检查行程开关 SQ1 的正向限位作用，即按下正向启动按钮 SB2（或 KM1 的触点架），用万用表测量图 6-16 中 1—2 之间的电阻后，再按下行程开关 SQ1 的滚轮，若万用表由一定值变为"∞"，则表明 SQ1 的触点接线正确，否则，应检查 SQ1 触点的接线是否有误。然后，再检查行程开关 SQ2 的反向限位作用。

（2）调整定值

由于电动机频繁可逆运行，热继电器 FR 的电流整定值应调整为电动机额定电流的

1.1 ～ 1.2 倍。

（3）空操作试验

① 拆开端子板到电动机的接线，合上隔离开关 QS。

② 按下正向按钮 SB2 后松开，能听到接触器 KM1 有较响的吸合声，测量端子板上 U、V、W 接线端子有三相交流电源输出；然后用干木棒按下行程开关 SQ1 的滚轮，接触器 KM1 应立即释放，端子板上 U、V、W 接线端子上的电压消失。然后，用同样的方法，检查反向接触器 KM2 的吸合情况及行程开关 SQ2 对 KM2 的控制作用。

（4）带负载试车

检查正向运行及限位作用。断开隔离开关 QS，接上电动机，再合上 QS，按下正向启动按钮 SB2 的同时，还应按住停止按钮 SB1，以保证万一出现故障可立即按下停止按钮 SB1 停机，以防事故扩大。正常时，电动机如果正向（朝 SQ1 方向）启动，说明线路正确，否则应立即停机，调换开关 QS 或接线端子上三相电源的任意两相，重新试车。当电动机正向运行到规定位置附近时，应注意观察挡块与行程开关 SQ1 滚轮的相对位置，当挡块碰撞 SQ1 的滚轮后，电动机应立即停机。否则应停机后调整运动部件上挡块与行程开关 SQ1 的相对位置，以便挡块能可靠地碰到行程开关上的滚轮，并使其触点分断。

停机后，再用同样的方法检查反向运行及限位作用。反复试验几次，观察反向运行和限位控制是否可靠。

6.5 电气控制电路常见故障的检修方法

机床电气控制线路是多种多样的，机床的电气故障往往又是与机械、液压、气动系统交错在一起，比较复杂，不正确的检修方法有时还会使故障扩大，甚至会造成设备及人身事故，因此必须掌握正确的检修方法。常见的故障分析方法包括感官诊断法、电压测量法、电阻测量法、短接法、强迫闭合法、类比法、置换元件法和逐步接入法等。实际检修时，要综合运用以上方法，并根据积累的经验，对故障现象进行分析，快速准确地找到故障部位，采取适当方法加以排除。

6.5.1 感官诊断法

感官诊断法（又称直接观察法）是根据机床电器故障的外在表现，通过眼看、鼻闻、耳听、手摸、询问等手段，来检查，判断故障的方法。

（1）诊断方法

① 望。查看熔断器的熔体是否熔断及熔断情况；检查接插件是否良好，连接导线有无

断裂脱落，绝缘是否老化；观察电气元件烧黑的痕迹；更换明显损坏的元器件。

② 闻。闻一闻故障电器是否因电流过大而产生的异味。如果有，应立即切断电源检查。

③ 问。向机床操作者和故障在场人员询问故障情况，包括故障发生的部位，故障现象（如响声、冒火、冒烟、异味、明火等，热源是否靠近电器，有无腐蚀性气体侵蚀，有无漏水等），是否有人修理过，修理的内容等。

④ 切。电动机、变压器和电磁线圈正常工作时，一般只有微热的感觉。而发生故障时，其外壳温度会明显上升。所以，可在断开电源后，用手触摸电动机等外壳的温度来判断故障。

⑤ 听。因电动机、变压器等故障运行时的声音与正常时是有区别的，所以通过听它们发出的声音，可以帮助查找故障。

（2）检查步骤

① 初步检查。根据调查的情况，查看有关电器外部有无损坏，连线有无断路、松动，绝缘有无烧焦，螺旋熔断器的熔断指示器是否跳出，电器有无进水、油垢，开关位置是否正确等。

② 试车。通过初步检查，确认不会使故障进一步扩大和不会发生人身、设备事故后，可进行试车检查。试车中要注意有无严重跳火、冒火、异常气味、异常声音等现象，一经发现应立即停车，切断电源。注意检查电动机的温升及电器的动作程序是否符合电气原理图的要求，从而发现故障部位。

（3）故障分析与注意事项

① 用观察火花的方法检查故障。电器的触点在闭合分断电路或导线线头松动时会产生火花，因此可以根据火花的有无、大小等现象来检查电器故障。例如，正常紧固的导线与螺钉间不应有火花产生，当发现该处有火花时，说明线头松动或接触不良。电器的触点在闭合、分断电路时跳火，说明电路是通路，不跳火说明电路不通。当观察到控制电动机的接触器主触点两相有火花，一相无火花时，说明无火花的触点接触不良或这一相电路断路。三相中有两相的火花比正常大，另一相比正常小，可初步判断为电动机相间短路或接地。三相火花都比正常大，可能是电动机过载或机械部分卡住。在辅助电路中，若接触器线圈电路为通路，衔铁不吸合，要分清是电路断路还是接触器机械部分卡住造成的。可按一下启动按钮，如按钮常开触点在闭合位置，断开时有轻微的火花，说明电路为通路，故障在接触器本身机械部分卡住等；如触点间无火花，说明电路是断路的。

② 从电器的动作程序来检查故障。机床电器的工作程序应符合电器说明书和图纸的要求，如某一电路上的电器动作过早、过晚或不动作，说明该电路或电器有故障。还可以根据电器发出的声音、温度、压力、气味等分析判断故障。另外运用直观法，不但可以确定简单的故障，还可以把较复杂的故障缩小到较小的范围。

③ 注意事项。

a. 当电气元件已经损坏时，应进一步查明故障原因后再更换；否则会造成元件的连续烧坏。

b. 试车时，手不能离开电源开关，以便随时切断电源。

c. 直接观察法的缺点是准确性差，所以不经进一步检查不要盲目拆卸导线和元件，以免延误时机。

6.5.2 电压测量法

正常工作时，电路中各点的电压是一定的，当电路发生故障时，电路中各点的电压也会随之改变，所以用万用表电压挡测量电路中关键测试点的电压值与电路原理图上标注的正常电压值进行比较，来缩小故障范围或故障部位。

（1）检查方法和步骤

① 分阶测量法。电压的分阶测量法如图 6-33 所示。当按下启动按钮 SB2 时，如果接触器 KM1 不吸合，则说明电路有故障。

检查时，需要两人配合进行。一人按下 SB2 不放，另一人把万用表拨到电压 500V 挡位上，首先测量 0、1 两点之间的电压，若电压值为 380V，说明控制电路的电源电压正常。然后，将黑色测试棒接到 0 点上，红色测试棒按标号依次向前移动，分别测量标号 2、3、4、5、6 各点的电压。电路正常的情况下，0 与 2～6 各点电压均为 380V。若 0 与某一点之间无电压，说明电路有故障。例如，测量 0 与 2 两点之间的电压时，电压为 0V，说明热继电器 FR 的常闭触点接触不良或触点两端接线柱所接导线断路。究竟故障在触点上还是连线断路，可先接牢所接导线，然后将红色测试棒接在 FR 常闭触点的接线柱 2 上，若电压仍为 0V，则故障在 FR 常闭触点上。

如果测量 0 与 2 两点之间的电压为 380V，说明热继电器 FR 的常闭触点无故障。但是，测量 0 与 3 两点之间的电压时，如电压为 0V，则说明行程开关 SQ 的常闭触点有故障或接线柱与导线接触不良。

维修实践中，根据故障的情况也可不必逐点测量，而多跨几个标号测试点进行测量。

② 分段测量法。触点闭合后，各电器之间的导线在通电时，其电压降接近于零。而用电器、各类电阻、线圈通电时，其电压降等于或接近于外加电压。根据这一特点，采用分段测量法检查电路故障更为方便。电压的分段测量法如图 6-34 所示。

当按下按钮 SB2 时，如接触器 KM1 不吸合，说明电路有故障。检查时，按住按钮 SB2 不放，先测 0、1 两点的电源电压。电压在 380V，而接触器不吸合，说明电路有断路

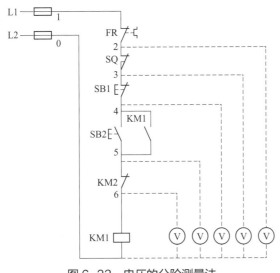

图 6-33　电压的分阶测量法

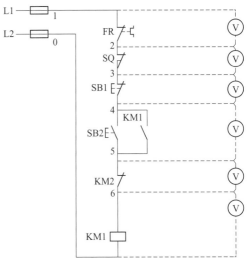

图 6-34　电压的分段测量法

之处。此时，可将红、黑两测试棒逐段或者重点测相邻两点标号的电压。当电路正常时，除 0 与 6 两标号之间的电压等于电源电压 380V 外，其他相邻两点间的电压都应为零。如测量某相邻两点电压为 380V，说明该两点之间所包括的触点或连接导线接触不良或断路。例如，标号 3 与 4 两点之间的电压为 380V，则说明停止按钮 SB1 接触不良。同理，可以查出其他故障部位。

当测量电路电压无异常，而 0 与 6 之间电压正好等于电源电压，接触器 KM1 仍不吸合，则说明接触器 KM1 的线圈断路或机械部分被卡住。

对于机床电器开关及电器相互之间距离较大、分布面较广的设备，由于万用表的测试棒连线长度有限，所以用分段测量法检查故障比较方便。

（2）注意事项

① 用分阶测量法时，标号 6 以前各点对 0 点电压应为 380V，如低于该电压（相差 20% 以上，不包括仪表误差），可视为电路故障。

② 用分段测量法时，如果测量到接触器线圈两端 6 与 0 的电压等于电源电压，可判断为电路正常；如不吸合，说明接触器本身有故障。

③ 电压的两种检查方法可以灵活运用，测量步骤也不必过于死板，也可以在检查一条电路时，采用两种方法。

④ 在运用以上两种测量方法时，必须将启动按钮 SB2 按住不放，才能测量。

6.5.3　电阻测量法

电路在正常状态和故障状态下的电阻是不同的。例如，由导线连接的线路段的电阻为零，出现断路时，断路点两端的电阻为无穷大；负载两端的电阻为某一定值，负载短路时，负载两端的电阻为零或减小。所以可以通过测量电路的电阻值来查找故障点。

电阻测量法可以测量元器件的质量，也可以检查线路的通断、接插件的接触情况，通过对测量数据的分析来寻找故障元器件。

（1）检查方法和步骤

① 分阶测量法。电阻的分阶测量法如图 6-35 所示。当确定电路中的行程开关 SQ 闭合时，按下启动按钮 SB2，接触器 KM1 不吸合，说明该电路有故障。检查时先将电源断开，把万用表拨到电阻挡上，测量 0、1 两点之间的电阻（注意测量时，要一直按下按钮 SB2）。若两点之间的电阻值接近接触器线圈电阻值，说明接触器线圈良好。如电阻为无穷大，说明电路断路。为了进一步检查故障点，将 0 点上的测试棒移至标号 2 上，如果电阻为零，说明热继电器触点接触良好。再将测试棒分别移至标号 3 ~ 6，逐步测量 1-3、1-4、1-5、1-6 各点的电阻值。当测量到某标号时电阻突然增大，则说明测试棒刚刚跨过的触点或导线断路；若电阻为零，说明各触点接触良好。根据其测量结果可找出故障点。

② 分段测量法。电阻的分段测量法如图 6-36 所示。先切断电源，然后按下启动按钮 SB2 不放，两测试棒逐段或重点测试相邻两标号（除 0-6 两点之间外）的电阻。如两点之间的电阻很大，说明该触点接触不良或导线断路。例如，当测得 2-3 两点之间的电阻很大时，说明行程开关 SQ 的触点接触不良。这种方法适用于开关、电器在机床上分布距离较大的电气设备。

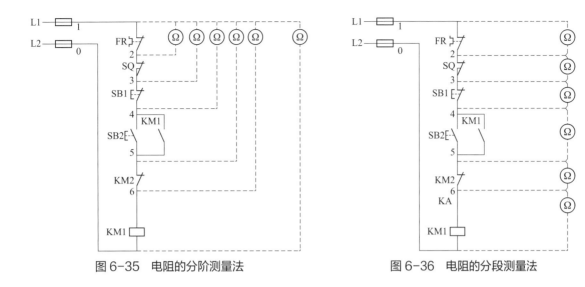

图 6-35　电阻的分阶测量法　　　　　图 6-36　电阻的分段测量法

（2）注意事项

电阻测量法的优点是安全，缺点是测量电阻值不准确时容易造成判断错误。为此应注意以下几点。

① 用电阻测量法检查故障时，一定要断开电源。

② 如所测量的电路与其他电路并联，必须将该电路与其他电路断开，否则电阻不准确。

③ 测量高电阻器件，万用表要拨到适当的挡位。在测量连接导线或触点时，万用表要拨到 R × 1 的挡位上，以防仪表误差造成误判。

④ 对于较为复杂的电路，例如电路板上某电阻的阻值、电容器是否漏电等，一般应卸下来才能确定，因为电路板上很多元器件相互关联，无法独立测试某一元件。

6.5.4　短接法

电路或电器的故障大致归纳为短路、过载、断路、接地、接线错误、电器的电磁及机械部分故障 6 类。诸类故障中出现较多的是断路故障，它包括导线断路、虚连、松动、触点接触不良、虚焊、假焊、熔断器熔断等。对这类故障除用电阻法、电压法检查外，还有一种更为简单可靠的方法，就是短接法。方法是用一根绝缘良好的导线，将所怀疑的断路部位短接起来，如短接到某处，电路工作恢复正常，则说明该处有断路故障。

（1）检查方法和步骤

① 局部短接法。局部短接法如图 6-37 所示。当按下启动按钮 SB2，接触器 KM1 不吸合，说明该电路有故障。检查时，可首先测量 0、1 两点电压，若电压正常，可将按钮 SB2 按住不放，分别短接 1-2、2-3、3-4、4-5、5-6。当短接到某点，接触器吸合，说明故障就在这两点之间。

② 长短接法。长短接法如图 6-38 所示，是指依次短接两个或多个触点或线段，用来检查故障的方法。这样做既节约时间，又可弥补局部短接法的某些缺陷。例如，用长短接法一次可将 1-6 间短接，如短接后接触器 KM1 吸合，说明 1-6 这段电路上一定有断路的地方，然后再用局部短接的方法来检查，就不会出现错误判断的现象。

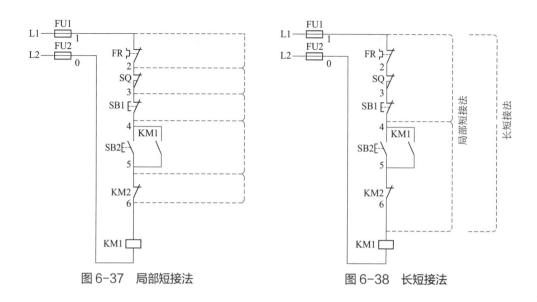

图 6-37　局部短接法　　　　　　图 6-38　长短接法

长短接法的另一个作用是把故障点缩小到一个较小的范围之内。总之，应用短接法时，可将长短接与局部短接相结合，加快排除故障的速度。

（2）注意事项

① 应用短接法是用手拿着绝缘导线带电操作的，所以一定要注意安全，避免发生触电事故。

② 应确认所检查的电路电压正常时，才能进行检查。

③ 短接法只适用于压降极小的导线及电流不大的触点之类的断路故障。对于压降较大的电阻、线圈、绕组等断路故障，不得用短接法，否则就会出现短路故障。

④ 对于机床的某些要害部位，要慎重行事，必须在保障电气设备或机械部位不出现事故的情况下，才能使用短接法。

⑤ 在怀疑熔断器熔断或接触器的主触点断路时，先要估计一下电流。一般在 5A 以下时才能使用短接法，否则，容易产生较大的火花。

6.5.5　强迫闭合法

在排除机床电气故障时，如果经过直接观察法检查后没有找到故障点，而身边也没有适当的仪表进行测量，可用一根绝缘棒将继电器、接触器、电磁铁等的衔铁（动铁芯）部分用外力强行按下，使其常开触点或衔铁闭合，然后观察机床电气部分或机械部分出现的各种现象，如电动机从不转到转动，机床相应的部分从不动到正常运行等。利用这些外部现象的变化来判断故障点的方法叫强迫闭合法。

（1）检查方法和步骤

下面以图 6-39 为例，介绍采用强迫闭合法检查控制回路故障的方法步骤。若按下启动按钮 SB2，接触器 KM 不吸合，可用一根细绝缘棒或一把绝缘良好的螺丝刀（注意手不能接触金属部分），从接触器灭弧罩的中间孔（小型接触器用两根绝缘棒对准两侧的触点支架）快速按下，然后迅速松开，可能有如下情况出现。

① 电动机启动，接触器不再释放，说明启动按钮 SB2 接触不良。

② 强迫闭合时，电动机不转，但有"嗡嗡"声，松开时看到三个主触点都有火花，且亮度均匀。其原因是电动机过载使控制电路中的热继电器 FR 常闭触点跳开。

③ 强迫闭合时，电动机运转正常，松开后电动机停转，同时接触器也随之跳开，一般是控制电路中的接触器辅助触点 KM 接触不良、熔断器 FU2 熔断或停止、启动按钮接触不良。

④ 强迫闭合时，电动机不转，有"嗡嗡"声，松开时接触器的主触点只有两触点有火花。说明电动机主电路中有一相断路或接触器有一对主触点接触不良。

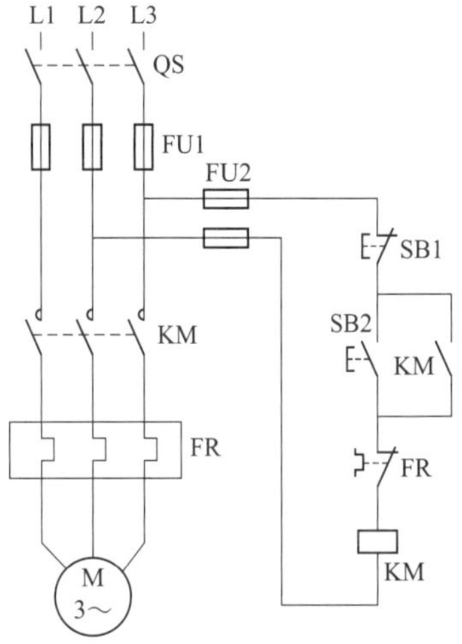

图 6-39 强迫闭合法

（2）注意事项

采用强迫闭合法时，所用的工具必须有良好的绝缘性能，该法如运用得当，比较简单易行；但运用不好，容易出现人身和设备事故。所以应注意以下几点。

① 运用强迫闭合法时，应对机床电路控制程序比较熟悉，对要强迫闭合的电器与机床机械部分的传动关系比较明确。

② 用强迫闭合法前，必须对整个有故障的电气设备做仔细的外部检查，如发现以下情况，不得采用强迫闭合法检查。

a. 在具有联锁保护的正反转控制电路中，如果两个接触器中有一个未释放，不得强迫闭合另一个接触器。

b. Y-△启动控制电路中，当接触器 KM 没有释放时，不能强迫闭合其他接触器。

c. 机床的运动机械部分已达到极限位置，但是弄不清反向控制关系时，不要随便采用强迫闭合法。

d. 当强迫闭合某电器时，可能造成机械部分（机床夹紧装置等）严重损坏时，不得随便采用强迫闭合法。

6.5.6 其他检查法

（1）电流测量法

电流测量法是通过测量电路中某测试点的工作电流的大小、电流的有无来判断故障的方法。例如，负载开路后，负载电流很小或为零；负载短路后，负载电流会急剧增大；负载接地后，漏电电流增大。所以针对不同的故障现象，通过测量电路中的电流，可以查找电路的故障。

测量电流时，应选用合适的仪表。测量的负载电流较大时，通常可以采用钳形电流表或电流表经电流互感器测量；负载电流较小时，可以采用数字万用表或普通指针式万用表直接串联于电路中测量。

如果测量的是直流电路，使用电流表时，应注意电流的正负极。

（2）置换元件法

置换元件法又称替换法。当某些电器的故障原因不易确定或检查时间过长时，为了保证机床的利用率，可置换同一型号的性能良好的元器件进行实验，以证实故障是否由此电器引起。如果某元件一经替换，故障排除，则被替换下来的元器件就是故障元器件。所以替换法是确切判断某一个元器件是否失效或不合适的最为有效的方法之一。这种方法适用于容易拆装的元器件，如带有插座的继电器、集成电路等。

当代换的元器件接入电路后，再次损坏，则应考虑是否由于代用件型号不对，还要考虑一下所接入电路是否存在其他故障。

（3）类比法

类比法又称对比法。当遇到一个并不熟悉的设备，手头上又没有参考资料时，如果可以找到相同的设备或在同一台设备中有相同的功能单元，可以采用类比法，即通过对设备的工作状态、参数的比较，来判断或确定故障，这样可以大幅缩短检修速度。

对比法在检查故障时经常使用，如比较继电器、接触器的线圈电阻、弹簧压力、动作时间、工作时发出的声音等。电路中的电气元件属于同样控制性质或多个元件共同控制同一台设备时，可以利用其他相似的或同一电源的元件动作情况来判断故障。例如，异步电动机正反转控制电路，若正转接触器 KM1 不吸合，可操纵反转，看反转接触器 KM2 是否吸合，如 KM2 吸合，则证明 KM1 的电路本身有故障。再如，反转接触器吸合时，电动机两相运转，可操作电动机正转，若电动机运转正常，说明 KM2 的一对主触点或连线有一相接触不良或断路。

（4）逐步接入法

遇到难以检查的短路或接地故障时，可重新更换熔体，然后逐步或重点将各支路一条一条地接入电源，重新试验，当接到某条支路时，熔断器又熔断，则故障就在这条电路及所包括的电气元件中，这种方法叫逐步接入法。

在用逐步接入法排除故障时，因大多数并联支路已经拆除，为了保护电器，可用较小容量的熔断器接入电路进行试验。

（5）排除法

排除法是指根据故障现象，分析故障原因，并将引起故障的各种原因一条一条地列出，然后一个一个地进行检查排除，直至查出真正的故障位置的方法。

第7章
低压配电线路

7.1 低压架空线路的维修

7.1.1 低压架空线路的组成

低压架空线路的结构（如图7-1所示）主要由导线、电杆、横担、绝缘子、金具、拉

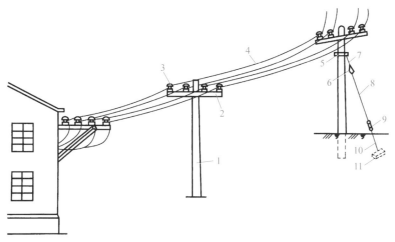

图7-1 低压架空线路的结构

1—电杆；2—横担；3—绝缘子；4—导线；5—拉线抱箍；6—拉线绝缘子；
7—拉线上把；8—拉线腰把；9—花篮螺栓；10—拉线底把；11—拉线底盘

线和电杆基础等组成。为了安全，有些架空线路还设有防雷保护设施（如避雷线）及接地装置。

7.1.2 低压架空线路各部分的作用

① 导线。它是架空线路的主体，负责传输电能。由于导线架设在电杆的上面，要经常承受自重、风、雨、冰、雪、有害气体的侵蚀以及空气温度变化的影响等作用。因此，要求导线不仅具有良好的导电性能，还要有足够的机械强度和良好的抗腐蚀性能。

② 电杆。它是架空线路最基本的元件之一，其作用主要是支撑导线、横担、绝缘子和金具等，使导线对地面及其他设施（如建筑物、桥梁、管道及其他线路等）之间能够保持应有的安全距离（常称限距）。由于它担负着导线、横担、绝缘子和金具等其他部件及自身的重量，还要承受导线张力和风力的压力。因此，电杆应具备足够的机械强度和高度，以保证线路在自然条件发生剧烈变化和发生故障时不致倾倒和折断。

③ 绝缘子。绝缘子俗称瓷瓶。它的作用是固定或支持导线，并使导线与导线之间或与横担、电杆以及大地之间相互绝缘。正常情况下，它不但要承受工作电压和大气过电压的作用，还要承受导线的垂直荷重和水平荷重。另外，一旦导线断线还要承受导线的拉力。因此，绝缘子应具有良好的电气绝缘强度和足够的机械强度。

④ 横担。它是电杆上部用来安装绝缘子以固定导线的部件，其作用是使每根导线保持一定的距离，防止风吹摇摆而造成相间短路。因此，横担应具有一定的长度和足够的机械强度。

⑤ 金具。架空线路上用的金属部件，统称为金具。其作用是连接和固定导线、绝缘子、横担和拉线等，也用于保护导线和绝缘子。

⑥ 拉线。它是为了平衡电杆各方面的作用力，防止电杆倾倒而设置的。拉线应具有足够的机械强度，并要求确实拉紧。

⑦ 电杆基础。其作用是将电杆固定在地面上，保证电杆不歪斜、下沉和倾覆。

7.1.3 对低压架空线路的基本要求

① 低压架空线路路径应尽量沿道路平行敷设，避免通过起重机械频繁活动地区和各种露天堆场，还应尽量减少与其他设备的交叉和跨越建筑物。

② 向重要负荷供电的双电源线路，不应同杆架设；架设低压线路不同回路导线时，应使动力线在上、照明线在下，路灯照明回路应架设在最下层。为了维修方便，直线横担数不宜超过4层，各层横担之间要满足最小距离的要求。

③ 低压线路的导线，一般采用水平排列，其次序为面向负荷从左侧起，导线排列相序为L1、N、L2、L3。其线间距离不应小于规定数值。

④ 为保证架空线路的安全运行，架空线路在不同地区通过时，导线对地面、水面、道路、建筑物以及其他设施应保持一定的距离。

⑤ 两相邻电杆之间的距离（俗称档距）应根据所用导线规格和具体环境条件等因素来确定。

7.1.4 常用电杆的类型

电杆按在线路中的作用可分为直线杆、耐张杆、转角杆、终端杆、分支杆和跨越杆六种，如图7-2所示。

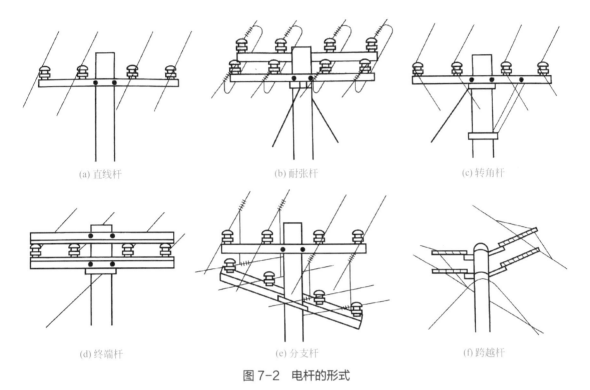

| (a) 直线杆 | (b) 耐张杆 | (c) 转角杆 |
| (d) 终端杆 | (e) 分支杆 | (f) 跨越杆 |

图7-2　电杆的形式

① 直线杆。直线杆又称中间杆，是架空线路使用最多的电杆，大约占全部电杆的80%。直线杆只考虑承受导线的垂直荷重以及线路垂直方向风力的水平荷重，不考虑承受顺线路方向的导线拉力。因此，只用于线路的直线部分，不得作为分支杆、终端杆、耐张杆。直线杆顶部比较简单，这种电杆一般不装拉线。但在台风较多和多雨地区，每隔两三档应该在线路两侧打一对拉线，防止向两侧倒杆。

② 耐张杆。耐张杆又称承力杆和锚杆。为了防止线路某处断线，造成整个线路的电杆顺线路方向倾倒，必须设置耐张杆。耐张杆在正常情况下承受的荷重和直线杆相同，但有时还要承受临档导线拉力差所引起的顺线路方向的拉力。通常在耐张杆的前后各装一根拉线，用来平衡这种拉力。

两个耐张杆之间的距离称为耐张段，或者说在耐张段的两端安装耐张杆。

③ 转角杆。转角杆用在线路改变方向的地方，通过转角可以实现线路转弯。转角杆的构造应根据转角的大小来确定。当线路偏转的角度小于15°时，可以使用一根横担；转角在15°～30°时，可以使用两根横担；转角在30°～45°时，除使用两根横担外，两侧导线应用跳线连接；转角在45°～90°时，应用两根横担并用跳线连接两侧的导线。转角不大时（在30°以内），应在导线合成拉力的相反方向装一根拉线，来平衡两侧导线的拉力；转角较大时，应采用两根拉线各平衡一侧导线的拉力。

④ 终端杆。终端杆实际上是安装在线路起点和终点的耐张杆。终端杆只有一侧有导线，为了平衡单方向导线的拉力，一般应在导线的对面装有拉线。

⑤ 分支杆。分支杆位于干线向外分支线的地方，是线路分接支线时的支持点。分支杆要承受干线和支线两部分的力，干线部分按原干线方向受的力不变（根据受力情况，干线方向原为直线杆、转角杆和耐张杆等，依然保持不变），另再加上支线方向上的力（当为一条分支线时，受力如同终端杆，当为十字交叉分支线时，受力如同耐张杆）。所以分支杆又分直线分支杆、转角分支杆、耐张分支杆和交叉分支杆等。

⑥ 跨越杆。跨越位于线路与河流、公路、铁路或其他线路的交叉处，是线路通过上述地区的支持点。由于跨距大，跨越杆通常比一般电杆高，受力也大。

7.1.5　常用架空导线的类型

低压架空线路所用的导线分为裸导线和绝缘导线两种。按导线的结构可分为单股导线、多股导线等；按导线的材料又分为铜导线、铝导线、钢芯铝导线等。

① 裸导线。裸导线主要用于郊外，有硬铜绞线、硬铝绞线和钢芯铝绞线之分。铜绞线的型号为 TJ，铝绞线的型号为 LJ，钢芯铝绞线的型号为 LGJ。其中，T 表示铜线，L 表示铝线，J 表示多股绞合线。由于铜线造价高，目前主要用铝绞线。钢芯铝绞线主要用于高压架空线路。

② 绝缘导线。绝缘线是在裸线外面加一层绝缘层，绝缘材料主要有聚氯乙烯塑料和橡胶。塑料绝缘导线简称塑料线，型号有 BV 和 BLV 型。B 表示布线用导线（布置线路用导线），V 表示塑料绝缘，L 表示铝导线（没有 L 的为铜导线）。

橡胶绝缘导线简称橡皮线，型号为 BX、BLX、BXF 和 BLXF 几种。X 表示橡胶绝缘，F 表示氯丁橡胶绝缘，氯丁橡胶绝缘比较耐老化而且不易燃烧。

7.1.6　常用架空导线的选择

① 低压架空线路一般采用裸绞线。只有接近民用建筑的接户线和街道狭窄、建筑物稠密、架空高度较低等场合才选用绝缘导线。架空线路不应使用单股导线或已断股的绞线。

② 应保证有足够的机械强度。架空导线本身有一定的重量，在运行中还要受到风雨、冰雪等外力的作用，因此必须具有一定的机械强度。为了避免发生断线事故，架空导线的截面积一般不宜小于 16mm^2。

③ 导线允许的载流量应能满足负载的要求。导线的实际负载电流应小于导线的允许载流量。

④ 线路的电压损失不宜过大。由于导线具有一定的电阻，电流通过导线时会产生电压损失。导线越细、越长，负载电流越大，电压损失就越大，线路末端的电压就越低，甚至不能满足用电设备的电压要求。因此，一般应保证线路的电压损失不超过 5%。

⑤ 380V 三相架空线路裸铝导线截面积选择可参考表 7-1。

表 7-1　380V 三相架空线路裸铝导线截面积选择参考

送电距离 /km	0.2	0.3	0.4	0.5	0.6	0.7	0.8	0.9	1.0
输送容量 /kW	裸铝导线截面积 /mm²								
6	16	16	16	16	25	25	35	35	35
8	16	16	16	25	35	35	50	50	50
10	16	16	25	35	50	50	50	70	70
15	16	25	35	50	70	70	95		
20	25	35	50	70	95				
25	35	50	70	95					
30	50	70	95						
40	50	95							
50	70								
60	95								

注：本表按 2A/kW，功率因数为 0.80，线间距离为 0.6 计算，电压降不超过额定值的 5%。

7.1.7　常用架空导线的连接

（1）导线的连接应符合的要求

① 不同金属、不同规格、不同绞向的导线严禁在一个档距内连接。

② 在一个档距内，每根导线不应超过一个接头；接头距导线的固定点不应小于 0.5m。

（2）导线的接头应符合的要求

① 钢芯铝绞线、铝绞线在档距内的接头，宜采用钳压或爆压（采用爆压连接，需注意接头处不能有断股）。

② 铜绞线与铝绞线连接时，宜采用铜铝过渡线夹、铜铝过渡线。

③ 铝绞线、铜绞线的跳线连接，宜采用钳压、线夹连接或搭接。

④ 对于独股铜导线和多股铜绞线，还可以采用缠绕法（又称缠接法），拉线也可以采用这种方法。

⑤ 导线连接时，其接头处的机械强度不应低于原导线强度的 95%；接头处的电阻不应超过同长度导线电阻的 1.2 倍。

导线连接的质量好坏，直接影响导线的机械强度和电气性能，所以必须严格按照连接方法，认真仔细做好接头。

（3）单股线缠绕法

单股线的缠绕法（又称绑接法）适用于单股裸铜线。缠绕前先把两线头拉直，除去表面铜锈，用一根比连接部位长的裸铜绑线（又称辅助线）衬在两根导线的连接部位，用另一根铜绑线，将需要连接的导线部位紧密地缠绕。缠绕后，将绑线两端与底衬绑线两端分别绞合拧紧，再将连接导线的两端反压在缠绕圈上即可。单股线的缠绕方法见图 7-3，绑扎长度应符合表 7-2 的规定。铜导线在做完接头后，对接头部位都要进行涮锡处理。

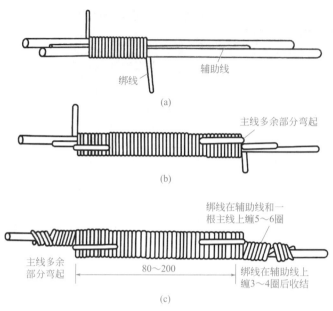

图 7-3 单股线的缠绕方法

表 7-2 绑扎长度值

导线截面 /mm²	绑扎长度 /mm	导线截面 /mm²	绑扎长度 /mm
35 及以下 60	＞ 150 ＞ 200	70	＞ 250

（4）多股线交叉缠绕法

多股线交叉缠绕法（又称缠接法）的操作步骤如下。

① 将连接导线的线头（约线芯直径的 15 倍）绞合层按股线分散开并拉直。

② 把中间线芯剪掉一半，用砂布将每根导线外层擦干净。

③ 将两个导线头按股相互交叉对插，用手钳整理，使股线间紧密合拢，见图 7-4（a）。

④ 取导线本体的单股或双股，分别由中间向两边紧密地缠绕，每绕完一股（将余下线尾压住），再取一股继续缠绕，见图 7-4（b）。直到股线绕完为止。

⑤ 最后一股缠完后拧成小辫，缠绕时应缠紧并排列整齐，见图 7-4（c）。

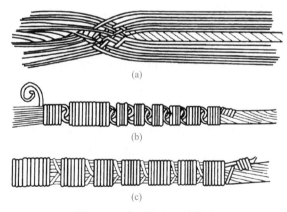

图 7-4 多股线交叉缠绕法

多股线交叉缠绕连接法的接头长度可参考表 7-3。

表 7-3　多股线交叉缠绕连接法的接头长度

导线截面积 /mm²	16	25	50	70	95
接头长度 /mm	200	300	400	500	600

7.1.8　导线在绝缘子上的绑扎

在低压架空线路上，一般都用绝缘子作为导线的支持物。直线杆上的导线与绝缘子的贴靠方向应一致；转角杆上的导线，必须贴靠在绝缘子外侧，导线在绝缘子上的固定，均采用绑扎方法，裸铝绞线因质地过软，而绑扎线较硬，且绑扎时用力较大，故在绑扎前需在铝绞线上包缠一层保护层（如铝包带），包缠长度以两端各伸出绑扎处 10 ～ 30mm 为准。

（1）蝶式绝缘子上导线的绑扎

绑扎前，先在导线绑扎处包缠 150mm 长的铝带，包缠时，铝带每圈排列必须整齐、紧密和平服。

1）导线在蝶式绝缘子直线支持点上的绑扎方法（图 7-5）。

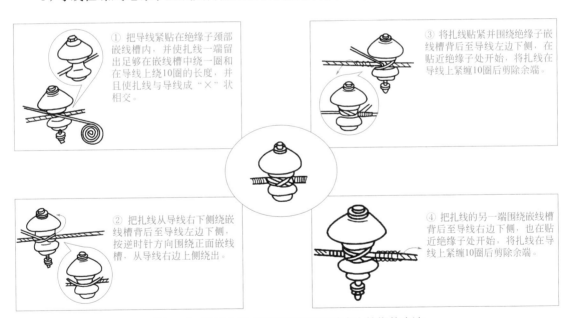

① 把导线紧贴在绝缘子颈部嵌线槽内，并使扎线一端留出足够在嵌线槽中绕一圈和在导线上绕10圈的长度，并且使扎线与导线成"×"状相交。

② 把扎线从导线右下侧绕嵌线槽背后至导线左边下侧，按逆时针方向围绕正面嵌线槽，从导线右边上侧绕出。

③ 将扎线贴紧并围绕绝缘子嵌线槽背后至导线左边下侧，在贴近绝缘子处开始，将扎线在导线上紧缠10圈后剪除余端。

④ 把扎线的另一端围绕嵌线槽背后至导线右边下侧，也在贴近绝缘子处开始，将扎线在导线上紧缠10圈后剪除余端。

图 7-5　导线在蝶式绝缘子直线支持点上的绑扎方法

2）导线在蝶式绝缘子始端和终端支持点上的绑扎方法（图 7-6）。

（2）针式绝缘子上导线的绑扎

绑扎前，先在导线绑扎处包缠 150mm 长的铝带。

1）导线在针式绝缘子颈部的绑扎方法（图 7-7）

① 把导线末端先在绝缘子嵌线槽内围绕一圈。

③ 把扎线短的一端嵌入两导线末端并合处的凹缝中，扎线长的一端在贴近绝缘子处，按顺时针方向把两导线紧紧地缠扎在一起。

② 把导线末端压着第一圈后再绕第二圈。

④ 在两始、终端导线上紧缠扎线到100mm长后，将扎线短的一端用钢丝嵌绞6圈后剪去余端，并贴紧在两导线的夹缝中。

图7-6　导线在蝶式绝缘子始端和终端支持点上的绑扎方法

① 在贴近绝缘子处的导线右边扎线短的一端缠绕3圈，然后与另一端扎线互绞6圈，并把导线嵌入绝缘子颈部的嵌线槽内。

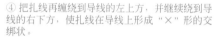
④ 把扎线再缠绕到导线的左上方，并继续到导线的右下方，使扎线在导线上形成"×"形的交绑状。

② 将扎线从绝缘子背后紧紧地绕到导线的左下方。

⑤ 最后把扎线缠绕到导线左上方，并贴近绝缘子处紧缠导线3圈后，向绝缘子背部绕过与另一端扎线紧绞6圈后，剪去余端。

③ 把扎线从导线的左下方缠绕到导线的右上方以后，并如同上述方法再把扎线绕绝缘子1圈。

图7-7　导线在针式绝缘子颈部的绑扎方法

2）导线在针式绝缘子顶部的绑扎方法（图 7-8 ）

①把导线嵌入绝缘子顶部嵌线槽内，并在导线右边绝缘子处用扎线绕上3圈。

②接着把扎线长的一端按顺时针方向从绝缘子颈槽中缠绕到导线左边下侧，并贴近绝缘子在导线上缠绕3圈。

③按顺时针方向缠绕绝缘子颈槽到导线右边下侧，并在右边导线上缠绕3圈(在原3圈扎线右侧)。

④缠绕绝缘子颈槽到导线左边下侧，并继续缠绕导线3圈(也排列在原3圈左侧)。

⑤此后重复步骤③所示方法，把扎线缠绕绝缘子颈槽到右边下侧，并斜压住顶槽中的导线，继续绕到导线左边下侧。

⑥接着从导线左边下侧按逆时针方向缠绕绝缘子颈槽到右边导线下侧。

⑦然后把扎线从导线右边下侧斜压住顶槽中的导线，并缠到导线左边下侧，使顶槽中的导线被扎线压成"×"状。

⑧最后将扎线从导线左边下侧按顺时针方向缠绕绝缘子颈槽到扎线的另一端，相交于绝缘子中间，并互绞6圈后剪去余端。

图 7-8　导线在针式绝缘子顶部的绑扎方法

7.1.9　架空线路检查与维护周期

架空线路检查与维护周期见表 7-4。

表 7-4　架空线路检查与维护周期

序号	项目	周期	备注
1	登杆检查（1 ～ 10kV 线路）	五年至少一次	木杆、木横担线路每年一次
2	绝缘子清扫或水清洗	根据污秽程度检查	
3	木杆根部检查、刷防腐油	每年一次	
4	铁塔金属基础检查	五年一次	锈后每年一次
5	盐、碱、低洼地区混凝土杆根部检查	一般五年一次	发现问题后每年一次
6	导线连接线夹检查	五年至少一次	

序号	项目	周期	备注
7	拉线根部检查 镀锌铁线 镀锌拉线棒	三年一次 五年一次	锈后每年一次 锈后每年一次
8	铁塔和混凝土杆钢圈刷涂料	根据涂料脱落情况检查	
9	悬式绝缘子绝缘电阻测试	根据安排	
10	导线弧垂、限距及交叉跨越距离测量	根据巡视结果决定	

7.1.10　架空线路的巡视检查

架空线路巡视检查的目的是掌握架空线路的运行情况，及时发现问题，防止事故的发生。同时，经过巡视检查提供线路检修的详细内容。因此，对于在巡视中发现的问题，应详细地记录地点和杆号。

（1）巡视的种类

① 定期性巡视。定期性巡视一般是 1～2 个月进行一次。定期性巡视是巡线人员日常工作的主要内容之一，通过定期巡视，可以及时了解和掌握线路元件、配电设备的运行情况以及沿线的环境状况等。

② 特殊性巡视。当气候异常变化或沿线地区受到自然灾害，将严重影响线路供电安全时，需要立即进行特殊性巡视。特殊性巡视可以及时发现线路的缺陷。如重雾或大雪时巡视，可以及时发现绝缘子放电以及导线接头发热等故障；雷雨过后巡视，可以及时发现线路设施有无损坏和防雷保护装置的动作情况。

③ 夜间巡视。夜间巡视的主要目的是检查导线连接和绝缘子的缺陷。因为夜间可以发现在白天巡视中无法发现的缺陷，如电晕（由于绝缘子严重脏污，造成的绝缘子表面闪络前的表面放电现象）和导线接触部位发红现象（由于导线接触不良，当通过负荷电流时，导线接触部位的温度上升很高，导致接头发红），在夜间都可以看出。

夜间巡视应在线路负荷最大，而且没有月光的时刻进行，每次巡线人数不得少于两人，并应沿线路外侧进行巡视，以免误碰到掉落地面的断线而发生触电事故。

④ 故障巡视。故障巡视是在线路发生故障、开关掉闸后（无论是否重合良好或有无接地现象），运行人员应沿线路进行巡视，查找故障地点及故障内容。对于线路较长、分布较广的线路，可采取分段巡查的办法，以便尽快发现故障点。

（2）巡视的内容

架空线路巡视检查的主要内容如下。

① 检查电杆有无倾斜、变形、腐朽或损坏，电杆基础是否完好。

② 检查拉线有无松弛、破损现象，拉线金具及拉线桩是否完好。

③ 检查电杆金具和绝缘子支持物是否牢固，有无焊缝开裂。螺钉、螺母有无丢失和松动。横担有无倾斜现象。

④ 检查线路是否与树枝或其他物体相接触，导线上是否悬挂有树枝、瓜藤、风筝等杂物。

⑤ 检查导线的接头是否完好，有无过热发红、氧化或断脱现象。

⑥ 检查导线是否在绝缘子上绑扎良好。

⑦ 检查绝缘子有无破损、放电或严重污染等现象。

⑧ 沿线路的地面有无易燃、易爆或强腐蚀性物体堆放。

⑨ 沿线路附近有无可能影响线路安全运行的危险建筑物或新建的违章建筑物。

⑩ 检查接地装置是否完好，特别是雷雨季节前应对避雷器的接地装置进行重点检查。

⑪ 检查是否有其他危及线路安全的异常情况。

⑫ 检查拉线是否完好，以及拉线是否松弛、螺钉是否锈蚀等。

（3）架空线路巡视检查的注意事项

① 巡视过程中，无论线路是否停电，均应视为带电，巡线时应走上风侧。

② 单人巡线时，不可做蹬杆工作，以防无人监护而造成触电。

③ 巡线中发现线路断线，应设法防止他人靠近，在断线周围 8m 以内不准进入。应找专人看守，并设法迅速处理。

④ 夜间巡视时，应准备照明用具，巡线员应在线路两侧行走，以防断线或倒杆危及人身安全。

⑤ 对于检查中发现的问题，应在专用的运行维护记录中做好记载。

⑥ 对能当场处理的问题应当即进行处理，对重大的异常现象应及时报告主管部门迅速处理。

7.1.11　架空线路的测试

（1）绝缘子的测试

线路上如果存在不良绝缘子，会使其绝缘水平降低，容易发生闪络事故。因此，必须对绝缘子定期进行测试。若发现不合格的绝缘子应及时更换，使线路保持正常的绝缘水平。绝缘子测试一般每年进行一次。方法是利用特制的绝缘子测试杆，在带电线路上直接进行测量。

绝缘子测试杆有两种，即可变火花间隙型和固定火花间隙型。

由于每一片绝缘子有一定的电容，电容值的大小由绝缘子的构造及其在绝缘子串中的位置决定。因此，绝缘子串中各片绝缘子上的电压分布是不均匀的。

可变火花间隙型的绝缘子测试杆，其电极间的距离是可调的，改变测试杆上电极间的距离，直至放电，即可测出每一片绝缘子上的电压。当测试的电压小于完好绝缘子所应分布的电压时，即可判定为不良绝缘子。

固定火花间隙型的绝缘子测试杆，其电极间的距离，已预先按照绝缘子串中绝缘子的最小电压来整定（一般间隙可定为 0.8mm）。由于间隙已经固定，所以绝缘子串的电压分布不能测出，只能发现零值或低值绝缘子。

绝缘子的测试工作，不得在潮湿、有雾或下雨的天气中进行。此外，测试的次序，应从靠近横担的绝缘子试起，直至把这一串绝缘子测试完毕。

（2）导线接头测试

架空线路的导线接头是一个薄弱环节。经过长期运行以后的接头，其接触电阻可能会增大。接触恶化的接头，在夜间能够看到发热变红的现象。因此，除正常巡视观察接头的状况外，还要定期测量接头的电阻。

在档距内的接头，一方面是电气的连接；另一方面也是机械的连接。它要承受拉力，所以无论哪种导线，都应该每年测量一次。对于不承受拉力的接头（如跳线处接头），也应该至少每隔两年测量一次。

正常的接头两端的电压降，通常不超过同样长度导线的电压降的 1.2 倍。如果超过 2 倍，一定要更换接头，方能继续运行，否则将引起事故。

实际上，现场往往通过测量接头两端的电压降来判断其连接的好坏。测量时，可以在带电线路上直接测试负荷电流在导线连接处的电压降；也可以在停电后，通直流电流进行电压降的测量。带电测试一定要采用合格的绝缘工具进行操作，并应制定安全措施。

此外，还可通过导线接头温度的测量，来检验接头的连接质量。目前常用红外线测温仪进行检查。

7.1.12 架空线路事故的预防

架空配电线路受自然环境的影响，经常出现故障。因此应根据事故特点，掌握季节和环境变化特点，采取必要的预防措施。

① 认真巡视检查线路，及时发现和处理损伤的导线。

② 在春、夏季节，应及时砍伐或修剪线路附近的树木，以防止树木或树枝被大风刮断倒落在导线上砸断导线。

③ 使用时间较长和表面有腐蚀痕迹的导线，应进行拉力试验，不符合要求者应予以更换。

④ 防污。污染能引起绝缘子表面闪络或把绝缘子烧毁，特别是在大雾天气更容易发生闪络事故。因此，在大雾天气或者气温在 0℃ 左右的雨雪季节来临之前，应抓紧绝缘子的测试、清扫及紧固连接螺栓等工作，以防泄漏电流引起绝缘子表面闪络事故。

⑤ 防雷。在雷雨季节到来之前，应做好防雷设备的试验检查工作，并按期测试接地装置的电阻。

⑥ 防暑。由于天气热，导线满载运行，使导线的弧垂增大，以致风吹导线时造成相间放电或短路，把导线烧断。因此，在高温季节到来之前，应检查各相导线的弧垂，以防止因气温增高、弧垂增大而发生事故。对满负荷运行的电气设备，要加强温度监视。

⑦ 防寒防冻。冬季天气寒冷，导线热胀冷缩，会使导线缩短、弧垂减小、拉力增大，以致发生断线故障。因此，在严寒季节到来之前，应特别注意导线弧垂，过紧的应加以调整以防断线。

⑧ 防风。大风会刮倒基础未夯实的电杆。因此，在风季到来之前，要加固拉线及电杆基础，调整各相导线弧垂，清扫线路周围杂物。

⑨ 防汛。在雨季到来之前，未对电杆采取预防措施，致使电杆周围积水，土质变软，遇到风天就有可能发生倒杆事故。因此，要采取各种措施防止倒杆。

⑩ 及时对基础下沉的电杆和拉线填土夯实。

⑪ 整修松弛的拉线，加封花篮螺栓和 UT 形线夹。

⑫ 更换有裂纹和破损的绝缘子。

⑬ 及时修补断股和烧伤的导线。

7.2 室内配电线路的安装与维修

7.2.1 室内配电线路的种类及适用的场合

(1) 室内配电线路的种类

室内配电线路是指敷设在建筑物内，接到用电器具的供电线路和控制线路。室内配电线路分为明配线和暗配线两种。导线沿墙壁、天花板、房梁及柱子等明敷设的配线，称为明配线；导线穿入管中并埋设在墙壁内、地坪内或装设在顶棚内的配线，称为暗配线。

按配线方式的不同，室内配电线路可分为瓷夹板配线、塑料夹板配线、绝缘子配线、槽板配线、钢管配线、塑料管配线、钢索配线等。

(2) 常用室内配电线路适用的场合

① 瓷夹板配线，适用于负荷较小的干燥场所，如办公室、住宅内照明的明配线。

② 鼓形绝缘子配线，适用于负荷较大的干燥或潮湿场所。

③ 针式绝缘子配线，适用于负荷较大、线路较长而且受拉力较大的干燥或潮湿场所。

④ 槽板配线，适用于负荷较小、要求美观的干燥场所。

⑤ 金属管配线，适用于导线易受损伤、易发生火灾的场所，有明管配线和暗管配线两种。

⑥ 塑料管配线，适用于潮湿或有腐蚀性的场所，有明管配线和暗管配线两种。

⑦ 钢索配线，适用于屋架较高、跨度较大的大型厂房，多数应用在照明线上，用于固定导线和灯具。

7.2.2 室内配电线路应满足的技术要求

室内配线不仅要求安全可靠，而且要使线路布置合理、整齐美观、安装牢固。一般技术要求如下。

① 导线的额定电压应不小于线路的工作电压。导线的绝缘应符合线路的安装方式和敷设的环境条件。导线的截面积应能满足电气和力学性能要求。

② 配线时应尽量避免导线接头。导线连接和分支处不应受机械力的作用。穿管敷设导线，在任何情况下都不能有接头，必要时尽量将接头放在接线盒的接线柱上。

③ 在建筑物内配线要保持水平或垂直。水平敷设的导线，距地面不应小于2.5m；垂直敷设的导线，距地面不应小于1.8m。否则，应装设预防机械损伤的装置加以保护，以防漏电伤人。

④ 导线穿过墙壁时，应加套管保护，套管两端出线口伸出墙面的距离应不小于10mm。在天花板上走线时，可采用金属软管，但应固定稳妥。

⑤ 配线的位置应尽可能避开热源和便于检查、维修。

⑥ 为了确保用电安全，室内电气管线和配电设备与其他管道、设备之间的最小距离不得小于表7-5所规定的数值。否则，应采取其他保护措施。

表7-5 室内电气管线和配电设备与其他管道、设备之间的最小距离 /m

类别	管线及设备名称	管内导线	明敷绝缘导线	裸母线	配电设备
平行	煤气管	0.1	1.0	1.0	1.5
	乙炔管	0.1	1.0	2.0	3.0
	氧气管	0.1	0.5	1.0	1.5
	蒸汽管	1.0/0.5	1.0/0.5	1.0	0.5
	暖水管	0.3/0.2	0.3/0.2	1.0	0.1
	通风管	—	0.1	1.0	0.1
	上、下水管	—	0.1	1.0	0.1
	压缩气管	—	0.1	1.0	0.1
	工艺设备	—	—	1.5	—
交叉	煤气管	0.1	0.3	0.5	—
	乙炔管	0.1	0.5	0.5	—
	氧气管	0.1	0.3	0.5	—
	蒸汽管	0.3	0.3	0.5	—
	暖水管	0.1	0.1	0.5	—
	通风管	—	0.1	0.5	—
	上、下水管	—	0.1	0.5	—
	压缩气管	—	0.1	0.5	—
	工艺设备	—	—	1.5	—

注：表中有两个数据者，第一个数值为电气管线敷设在其他管道之上的距离；第二个数值为电气管线敷设在其他管道下面的距离。

⑦ 弱电线不能与大功率电力线平行，更不能穿在同一管内。如因环境所限，必须平行走线，则应远离50cm以上。

⑧ 报警控制箱的交流电源应单独走线、不能与信号线和低压直流电源线穿在同一管内。

⑨ 同一根管或线槽内有几个回路时，所有绝缘导线和电缆都应具有与最高标称电压回路绝缘相同的绝缘等级。

⑩ 配线用塑料管（硬质塑料管、半硬塑料管）、塑料线槽及附件，应采用阻燃制品。

⑪ 配线工程中所有外露可导电部分的接地要求，应符合有关规程的规定。

7.2.3 室内配电导线的选择

（1）导线颜色的选择

室内配电导线有红、绿、黄、蓝和黄绿双色五种颜色。我国住宅用户一般为单相电源进户，进户线有3根，分别是相线（L）、中性线（N）和接地线（PE），在选择进户线时，相线应选择黄、红或绿线，中性线选择淡蓝色线，接地线选择黄绿双色线。3根进户线进入配电箱后分成多条支路，各支路的接地线必须为黄绿双色线，中性线的颜色一般宜采用淡蓝色线，而各支路的相线可都选择黄线，也可以分别采用黄、绿、红3种颜色的导线，如一条支路的相线选择黄线，另一条支路的相线选择红线或绿线，支路相线选择不同颜色的导线，有利于检查区分线路。

（2）导线截面积的选择

进户线一般选择截面积在 10～25mm² 的 BV 型或 BVR 型导线；照明线路一般选择截面积为 1.5～2.5mm² 的 BV 型或 BVR 型导线；普通插座一般选择截面积为 2.5～4mm² 的 BV 型或 BVR 型导线；空调及浴霸等大功率线路一般选择截面积为 4～6mm² 的 BV 型或 BVR 型导线。

7.2.4　室内配电导线的连接

（1）导线连接的基本要求

在配线过程中，会出现线路分支或导线太短的情况，经常需要将一根导线与另一根导线连接。在各种配线方式中，导线的连接除了针式绝缘子、鼓形绝缘子、蝶式绝缘子配线可在布线中间处理外，其余均需在接线盒、开关盒或灯头盒内处理。导线的连接质量对安装的线路能否安全可靠运行影响很大。常用的导线连接方法有铰接、绑接、焊接、压接和螺栓连接等。其基本要求如下。

① 剥削导线绝缘层时，无论用电工刀或剥线钳，都不得损伤线芯。

② 接头应牢固可靠，其机械强度不小于同截面导线的 80%。

③ 连接电阻要小。

④ 绝缘要良好。

（2）用铰接法进行单芯铜线的连接

根据导线截面的不同，单芯铜导线的连接常采用铰接法和绑接法。

铰接法适用于 4mm² 及以下的小截面单芯铜线直线连接和分线（支）连接。铰接时，先将两线相互交叉，同时将两线芯互铰 2～3 圈后，再扳直与连接线成 90°，将导线两端分别在另一线芯上紧密地缠绕 5 圈，余线割弃，使端部紧贴导线，如图 7-9（a）所示。

双线芯连接时，两个连接处应错开一定距离，如图 7-9（b）所示。

单芯丁字分线连接时，将导线的线芯与干线交叉，一般先粗卷 1～2 圈或打结以防松脱，然后再密绕 5 圈，如图 7-9（c）、（d）所示。

单芯十字分线铰接方法如图 7-9（e）、（f）所示。

（3）用绑接法进行单芯铜线的连接

绑接法又称缠卷法，分为加辅助线和不加辅助线两种，一般适用于 6mm² 及以上的单芯线的直线连接和分线连接（图 7-10）。

连接时，先将两线头用钳子适当弯起，然后并在一起。加辅助线（即一根同径线芯）后 [图 7-10（a）]，一般用一根 1.5mm² 的裸铜线做绑线，从中间开始缠绑，缠绑长度约为导线直径的 10 倍。两头分别在一线芯上缠绕 5 圈，余下线头与辅助线绞合 2 圈，剪去多余部分，如图 7-10（b）所示。较细的导线可不用辅助线。

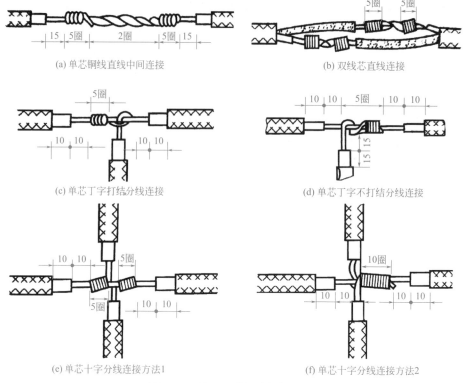

(a) 单芯铜线直线中间连接

(b) 双线芯直线连接

(c) 单芯丁字打结分线连接

(d) 单芯丁字不打结分线连接

(e) 单芯十字分线连接方法1

(f) 单芯十字分线连接方法2

图 7-9　单、双芯铜线铰接连接

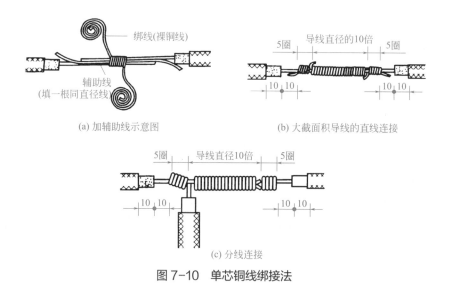

绑线(裸铜线)

辅助线
(填一根同直径线)

(a) 加辅助线示意图

(b) 大截面积导线的直线连接

(c) 分线连接

图 7-10　单芯铜线绑接法

单芯丁字分线连接时，先将分支导线折成 90°紧靠干线，其公卷长度也为导线直径的
10 倍，再单绕 5 圈，如图 7-10（c）所示。

（4）多芯铜线的直线连接

连接时，先剥去导线两端绝缘层，将导线线芯顺次解开，用钳子逐根拉直，剪去中间的
一股，并将靠近绝缘层 1/3 长度的线芯绞紧，再将剩余 2/3 部分分散成 30°的伞状，用细砂
纸清除氧化膜。再把两个伞状线芯线头隔根对插后合拢，然后取一端的任意两股（或一股），

同时缠绕 4 ~ 5 圈后，再换另外两股缠绕，并把原来两股端部压在线束中。以此类推，直至缠至导线解开点，剪去余下线芯，并用钳子敲平线头。另一侧也同样缠绕，如图 7-11 所示。

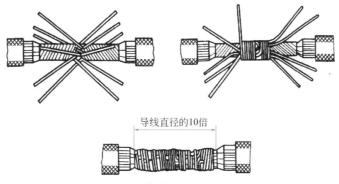

图 7-11　多芯铜线直线连接法

（5）多芯铜线的分支连接

多芯铜线分支连接时，先剥去导线两端绝缘层，将分支导线端头散开，拉直分为两股，各曲折 90°，贴在干线下，先取一股，用钳子缠绕 5 圈，余线压在线束中或割弃，再调换一根，以此类推，缠至距离绝缘层 15mm 为止。另一侧也按上述方法缠绕，但方向相反，如图 7-12 所示。

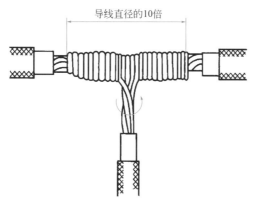

图 7-12　多芯铜线分支连接法

（6）不同截面导线的连接

① 单芯细导线与单芯粗导线的连接。将细导线在粗导线线头上紧密缠绕 5 ~ 6 圈，弯曲粗导线头的端部，使它压在缠绕层上，再用细导线头缠绕 3 ~ 5 圈，切去余线，钳平切口毛刺，如图 7-13 所示。

图 7-13　不同截面导线的连接

② 软导线与硬导线的连接。先将软导线拧紧，将软导线在单芯导线线头上紧密缠绕 5 ~ 6 圈，弯曲单芯线头的端部，使它压在缠绕层上，以防绑线松脱，如图 7-14 所示。

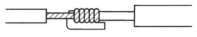

图 7-14　软、硬导线的连接

（7）单芯导线与多芯导线的连接

① 在多芯导线的一端，用旋具将多芯线分成两组，如图 7-15（a）所示。

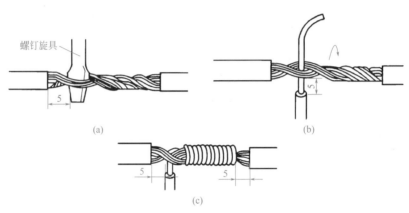

螺钉旋具

（a）

（b）

（c）

图 7-15　单芯导线与多芯导线的连接

② 将单芯导线插入多芯导线，但不要插到底，应距绝缘切口留有 5mm 的距离，便于包扎绝缘，如图 7-15（b）所示。

③ 将单芯导线按顺时针方向紧密缠绕 10 圈，然后切断余线，钳平切口毛刺，如图 7-15（c）所示。

（8）单芯绝缘导线在接线盒内的连接

① 单芯铜导线。连接时，先将连接线端相并合，在距绝缘层 15mm 处，用其中一根芯线在连接线端缠绕 2 ～ 4 圈，然后留下适当长度，余线剪断折回并压紧，以防线端部扎破所包扎的绝缘层，如图 7-16（a）所示。

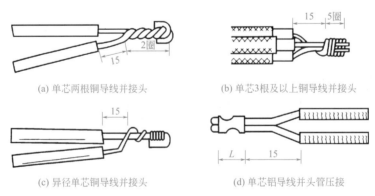

（a）单芯两根铜导线并接头

（b）单芯3根及以上铜导线并接头

（c）异径单芯铜导线并接头

（d）单芯铝导线并接头管压接

图 7-16　单芯线并接头

3 根及以上单芯铜导线连接时，可采用单芯线并接方法进行连接。先将连接线端并合，在距绝缘层 15mm 处用其中的一根线芯，在其连接线端缠绕 5 圈剪断，然后把余下的线头折回压在缠绕线上，最后包扎好绝缘层，如图 7-16（b）所示。

在进行导线下料时，应计算好每根短线的长度，其中用来缠绕的线应长于其他线，一般不能用盒内的相线去缠绕并接的导线，这样将会导致盒内导线留头短。

② 异径单芯铜导线。不同直径的导线连接时，先将细线在粗线上距绝缘层 15mm 处交叉，并将线端部向粗线端缠绕 5 圈，再将粗线端头折回，压在细线上，如图 7-16（c）所示。注意：如果细导线为软线，则应先进行挂锡处理。

③ 单芯铝导线。在室内配线工程中，对于 $10mm^2$ 及以下的单芯铝导线的连接，主要采用铝套管进行局部压接。压接前，先根据导线截面和连接线根数选用合适的压接管，再将要连接的两根导线的线芯表面及铝套管内壁氧化膜清除，然后最好涂上一层中性凡士林油膏，使其与空气隔绝不再氧化。压接时，先把线芯插入适合线径的铝管内，用端头压接钳将铝管线芯压实两处，如图 7-16（d）所示。

单芯铝导线端头除用压接管并头连接外，还可采用电阻焊的方法将导线并头连接。单芯铝导线端头熔焊时，其连接长度应根据导线截面大小确定。

（9）多芯绝缘导线在接线盒内的连接

① 铜绞线。铜绞线一般采用并接的方法进行连接。如图 7-17（a）所示，并接时，先将绞线破开顺直并合拢，用多芯导线分支连接缠绕法弯制绑线，在合拢线上缠绕。其缠绕长度（图中 A 尺寸）应为两根导线直径的 5 倍。

② 铝绞线。多股铝绞线一般采用气焊焊接的方法进行连接，如图 7-17（b）所示。焊接前，一般在靠近导线绝缘层的部位缠以浸过水的石棉绳，以避免焊接时烧坏绝缘层。焊接时，火焰的焰心应离焊接点 2 ～ 3mm，当加热至熔点时，即可加入铝焊粉（焊药）。借助焊粉的填充和搅动，使端面的铝芯融合并连接起来。然后焊枪逐渐向外端移动，直至焊完。

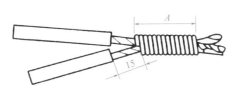

(a) 多股铜绞线并接头

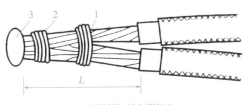

(b) 多股铝绞线气焊接头

图 7-17 多股绞线的并接头

1—石棉绳；2—绑线；3—气焊；A—缠绕长度；L—长度（由导线截面确定）

7.2.5　导线连接后的绝缘处理

（1）导线直线连接后绝缘的包缠

如图 7-18 所示。

① 绝缘带的包缠一般采用斜叠法，使每圈压叠带宽的半幅。包缠时，先将黄蜡带从导线左边完整的绝缘层上开始包缠，包缠约两根带宽后，方可进入无绝缘层的芯线部分。

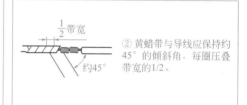

② 黄蜡带与导线应保持约45°的倾斜角，每圈压叠带宽的1/2。

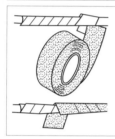

③ 包缠一层黄蜡带后，将黑胶布接在黄蜡带的尾端，按另一斜叠方向包缠一层黑胶布，也要每圈压叠带宽的1/2。绝缘带的终了端一般还要再反向包缠2～3圈，以防松散。

图 7-18　导线直线连接后绝缘带的包缠

> **注意事项**
> ① 用于 380V 线路上的导线恢复绝缘时，应先包缠 1 ～ 2 层黄蜡带，然后再包缠一层黑胶布。
> ② 用于 220V 线路上的导线恢复绝缘时，应先包缠一层黄蜡带，然后再包缠一层黑胶布，也可只包缠两层黑胶布。
> ③ 包缠时，要用力拉紧，使之包缠紧密坚实，不能过疏。更不允许露出芯线，以免造成触电或短路事故。
> ④ 绝缘带不用时，不可放在温度较高的场所，以免失效。

（2）导线分支连接后绝缘的包缠

导线分支连接后绝缘带的包缠如图 7-19 所示，在主线距离切口两根带宽处开始起头。先用自

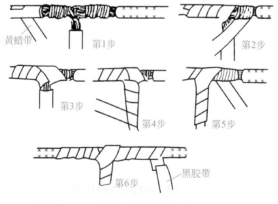

图 7-19　导线分支连接后绝缘带的包缠

黏性橡胶带缠包，便于密封防止进水。包扎到分支处时，用手顶住左边接头的直角处，使胶带贴紧弯角处的导线，并使胶带尽量向右倾斜缠绕。当缠绕右侧时，用手顶住右边接头直角处，胶带向左缠与下边的胶带成 X 状，然后向右开始在支线上缠绕。方法类同直线，应重叠 1/2 带宽。

在支线上包缠好绝缘，回到主干线接头处。贴紧接头直角处，再向导线右侧包扎绝缘。包扎至主线的另一端后，再按上述方法包缠黑胶布即可。

7.2.6　导线与接线桩的连接

（1）导线与平压式接线桩的连接

在各种用电器和电气设备上，均设有接线桩（又称接线柱）供连接导线使用。

导线与平压式接线桩的连接，可根据线芯的规格，采用相应的连接方法。对于截面在 10mm² 及以下的单股铜导线，可直接与器具的接线端子连接。先把线头弯成羊角圈，羊角圈弯曲的方向应与螺钉拧紧的方向一致（一般为顺时针），且圈的大小及根部的长度要适当。接线时，羊角圈上面依次垫上一个弹簧垫和一个平垫，再将螺钉旋紧即可，如图 7-20 所示。

图 7-20　单股导线与平压式接线桩的连接

2.5mm² 及以下的多股铜软线与器具的接线桩连接时，先将软线芯做成羊角圈，挂锡后再与接线桩固定。注意：导线与平压式接线桩连接时，导线线芯根部无绝缘层的长度不要太长，根据导线粗细以 1 ～ 3mm 为宜。多股导线与平压式接线桩的连接如图 7-21 所示。

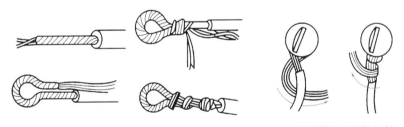

(a) 压接圈做法和连接方式1　　　　　　(b) 压接圈做法和连接方式2

图 7-21　多股导线与平压式接线桩的连接

（2）导线与针孔式接线桩的连接

导线与针孔式接线桩连接时，如果单股导线与接线桩插线孔大小适宜，则只要把线芯插入针孔，旋紧螺钉即可。如果单股线芯较细，则应把线芯折成双根，再插入针孔进行固定，如图 7-22 所示。

如果采用的是多股细丝的软线，必须先将导线绞紧，再插入针孔进行固定，如图 7-23 所示。如果导线较细，可用一根导线在待接导线外部绑扎，也可在导线上面均匀地搪上一层锡后再连接；如果导线过粗，插不进针孔，可将线头剪断几股，再将导线绞紧，然后插入针孔。

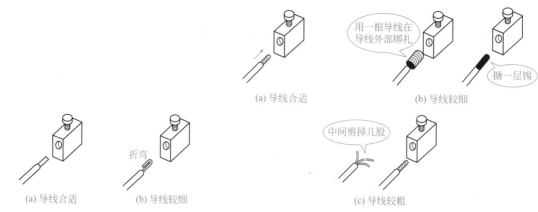

图 7-22　单股导线与针孔式接线桩的连接

图 7-23　多股导线与针孔式接线桩的连接

 注意

　　导线与针孔式接线桩连接时，应使螺钉顶压牢固且不伤线芯。如果用两根螺钉顶压，则线芯必须插到底，保证两个螺钉都能压住线芯，且要先拧紧前端螺钉，再拧紧另一个螺钉。

（3）导线与瓦形接线桩的连接

　　瓦形接线桩的垫圈为瓦形。为了不使导线从瓦形接线桩内滑出，压接前，应先将已除去氧化层和污物的线头弯成 U 形，如图 7-24 所示，再卡入瓦形接线桩压接。如果需要把两个线头接入一个瓦形接线桩内，则应使两个弯成 U 形的线头相重合，再卡入接线桩内，进行压接。

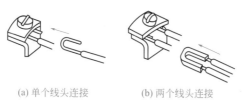

(a) 单个线头连接　　　　(b) 两个线头连接

图 7-24　单股芯线与瓦形接线桩的连接

7.2.7　线槽配电线路的安装

　　塑料线槽配线一般适用于正常环境的室内场所明布线，也用于科研实验室或预制墙板结构以及无法暗布线的工程。还适用于旧工程改造更换线路，同时用于弱电线路在吊顶内暗布线的场所。在高温和易受机械损伤的场所，不宜采用塑料线槽配线。塑料线槽必须选用阻燃型的，线槽应平整、无扭曲变形，内壁应光滑、无毛刺。

　　塑料线槽的明敷设的方法如下。

　　① 线槽及附件连接处应无缝隙，严密平整，紧贴建筑物固定点最大间距一般为 800mm。

② 槽底和槽盖直线对接要求：槽底固定点间距应不小于 500mm，盖板应不小于 300mm，盖板离终端点 30mm 及底板离终端点 50mm 处均应固定。槽底对接缝与槽盖对接缝应错开，且不小于 100mm。

③ 线槽分支接头，线槽附件如三通、转角、插口、接头、盒、箱应采用相同材质的定型产品。槽底、槽盖与各种附件相对接时，接缝处应严实平整，固定牢固。塑料线槽明配线示意图如图 7-25 所示。

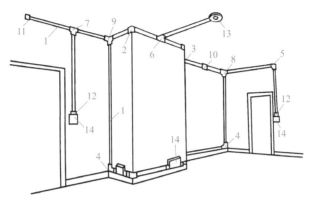

图 7-25　塑料线槽明配线示意图

1—直线线槽；2—阳角；3—阴角；4—直转角；5—平转角；6—顶三通；7—平三通；8—左三通；9—右三通；10—连接头；
11—终端头（堵头）；12—接线盒插口；13—灯吊盒圆台；14—开关、插座接线盒

④ 线槽各附件安装要求：接线盒均应 2 点固定，各种三通、转角等固定点不应少于 2 点（卡装式除外）。接线盒、灯头盒应采用相应插口连接。在线路分支接头处应采用相应接线盒（箱）。线槽的终端应采用终端头封堵。

⑤ 放线时，先用洁净的布清除槽内的污物，使线槽内外清洁。把导线拉直并放入线槽内。

⑥ 同一回路的所有相线和中性线（如果有中性线）以及设备接地线，应敷设在同一个线槽内。

⑦ 同一路径没有抗干扰要求的线路可敷设于同一个线槽内。

⑧ 线槽内电线的总截面积（包括外护层）不应超过线槽内截面积的 40%，载流导线不宜超过 30 根。

⑨ 控制、信号或与其类似的线路（控制、信号等线路可视为非载流导线）的电线，其总截面积不应超过线槽内截面积的 50%。

⑩ 导线的接头应置于线槽的接线盒内。电线在线槽内不宜有接头，但在易于检查的场所，可允许线槽内有分支接头。

⑪ 当导线在垂直或倾斜的线槽内敷设时，应采取措施予以固定，防止因导线的自重而产生移动或使线槽损坏。

⑫ 盖好线槽、接线箱、接线盒的盖子。把槽盖对准槽体边缘，挤压或轻敲槽盖，使槽盖卡紧槽体。槽盖接缝与槽体接缝应错位搭接。

7.2.8　塑料护套线配电线路的安装

（1）塑料护套线的敷设方法

① 塑料护套线的敷设必须横平竖直，敷设时，一只手拉紧导线，另一只手将导线固定

在铝片卡或塑料钢钉线卡上，如图 7-26（a）所示。

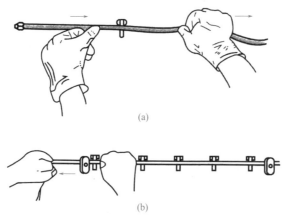

(a)

(b)

图 7-26　塑料护套线的敷设方法

② 由于塑料护套线不可能完全平直无曲，在敷设线路时可采取勒直、勒平和收紧的方法校直。为了固定牢靠、连接美观，塑料护套线经过勒直和勒平处理后，在敷设时还应把塑料护套线尽可能地收紧，把收紧后的导线夹入另一端的瓷夹板等临时位置上，再按顺序逐一用铝片卡夹持，如图 7-26（b）所示。

③ 夹持铝片卡时，应注意塑料护套线必须置于线卡钉位或粘接位的中心，在扳起铝片卡首尾的同时，应用手指顶住支持点附近的塑料护套线。铝片卡的夹持方法如图 7-27 所示。另外，在夹持铝片卡时应注意检查，若有偏斜，应用小锤轻敲线卡进行校正。

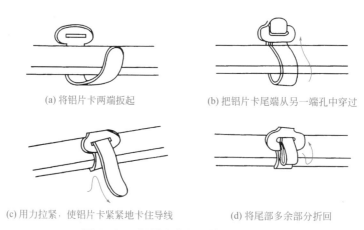

(a) 将铝片卡两端扳起

(b) 把铝片卡尾端从另一端孔中穿过

(c) 用力拉紧，使铝片卡紧紧地卡住导线

(d) 将尾部多余部分折回

图 7-27　铝片卡收紧夹持塑料护套线

④ 塑料护套线在转角部位和进入电气器具、木（塑料）台或接线盒前以及穿墙处等部位时，如出现弯曲和扭曲，应顺弯按压，待导线平直后，再夹上铝片卡或塑料钢钉线卡。

⑤ 多根塑料护套线成排平行或垂直敷设时，应上下或左右紧密排列，间距一致，不得有明显空隙。所敷设的线路应横平竖直，不应松弛、扭绞和曲折，平直度和垂直度不应大于5mm。

⑥ 塑料护套线需要改变方向而进行转弯敷设时，弯曲后的导线应保持平直。为了防止塑料护套线开裂，且敷设时易使导线平直，塑料护套线在同一平面上转弯时，弯曲半径应不

小于塑料护套线宽度的 3 倍；在不同平面转弯时，弯曲半径应不小于塑料护套线厚度的 3 倍。

⑦ 当塑料护套线穿过建筑物的伸缩缝、沉降缝时，在跨缝的一段导线两端，应可靠固定，并做成弯曲状，留有一定裕量。

⑧ 塑料护套线也可穿管敷设，其技术要求与线管配线相同。

（2）塑料护套线配线时的注意事项

① 塑料护套线的分支接头和中间接头，不可在线路上直接连接，应通过接线盒或借用其他电器的接线柱等进行连接。

② 在直线电路上，一般应每隔 200mm 用一个铝片卡（或钢钉线卡）夹住塑料护套线。

③ 塑料护套线转弯时，转弯的半径要大一些，以免损伤导线。转弯处要用两个铝片卡（或钢钉线卡）夹住。

④ 两根塑料护套线相互交叉时，交叉处应用 4 个铝片卡（或钢钉线卡）夹住。塑料护套线应尽量避免交叉。

⑤ 塑料护套线进入木台或套管前，应用一个铝片卡（或钢钉线卡）固定。

⑥ 塑料护套线进行穿管敷设时，板孔内穿线前，应将板孔内的积水和杂物清除干净。板孔内所穿入的塑料护套线，不得损伤绝缘层，并便于更换导线，导线接头应设在接线盒内。

⑦ 环境温度低于 -15℃时，不得敷设塑料护套线，以防塑料发脆造成断裂，影响施工质量。

⑧ 塑料护套线在配线中，当导线穿过墙壁和楼板时，应加保护管，保护管可用钢管、塑料管、瓷管。保护管出地面高度，不得低于 1.8m；出墙面，不得大于 3 ～ 10mm。当导线水平敷设时，距地面最小距离为 2.5m；垂直敷设时，距地面最小距离为 1.8m，低于 1.8m 的部分应加保护管。

⑨ 在地下敷设塑料护套线时，必须穿管。并且根据规范，与热力管道进行平行敷设时，其间距应不小于 1m；交叉敷设时，其间距不小于 0.2m。否则，必须做隔热处理。另外，塑料护套线与不发热的管道及接地导体紧贴交叉时，要加装绝缘保护管，在易受机械损伤的场所，要加装金属管保护。

7.2.9　线管配电线路的安装

线管配电线路按敷设方式可分为明管敷设和暗管敷设两大类，本节主要介绍暗管敷设。

（1）暗管敷设的种类

暗管敷设应与土建施工密切配合；暗配的电线管路应沿最近的路线敷设，并应减少弯曲；埋入墙或混凝土内的管子，离建筑物表面的净距离应大于 15mm。暗管配线的工程多用在混凝土建筑物内，其施工方法有三种。

① 在现场浇筑混凝土构件时埋入线管。

② 在混凝土楼板的垫层内埋入线管。

③ 在混凝土板下的天棚内埋入线管。

现浇结构多采用第一种施工方法，在进行土建施工中预埋钢管。在预制板上配管或管的外表面离混凝土表面小于 15mm 时，采用第二种方法。当混凝土板下有天棚，且天棚距混凝土板有足够的距离时，可采用第三种方法。

（2）暗管敷设的步骤

① 确定设备（灯头盒、接线盒和配管引上、引下）的位置。

② 测量敷设线路长度。

③ 配管加工（锯割、弯曲、套螺纹）。

④ 将管与盒按已确定的安装位置连接起来。

⑤ 将管口堵上木塞或废纸，将盒内填满木屑或废纸，防止进入水泥砂浆或杂物。

⑥ 检查是否有管、盒遗漏或设位错误。

⑦ 将管、盒连成整体固定于模板上（最好在未绑扎钢筋前进行）。

⑧ 在管与管和管与箱、盒连接处，焊上接地线，使金属外壳连成一体。

（3）对埋地钢管的技术要求

管径应不小于 20mm，埋入地下的电线管路不宜穿过设备基础；在穿过建筑物基础时，应再加保护管保护。穿过大片设备基础时，管径不小于 25mm。

（4）钢管暗敷示意图

在钢管暗敷的施工时，先确定好钢管与接线盒的位置，在配合土建施工中，将钢管与接线盒按已确定的位置连接起来，并在管与管、管与接线盒的连接处，焊上接地跨接线，使金属外壳连成一体。钢管暗敷示意图如图 7-28 所示。

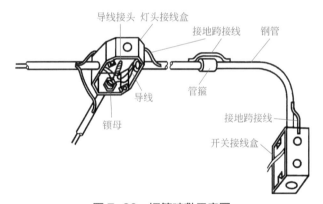

图 7-28　钢管暗敷示意图

（5）线管在现浇混凝土楼板内的敷设

① 线管在混凝土内暗敷设时，可用铁丝将管子绑扎在钢筋上，也可用钉子钉在模板上，用垫块将管子垫高 15mm 以上，使管子与混凝土模板之间保持足够的距离，并防止浇灌混凝土时管子脱开，如图 7-29 所示。

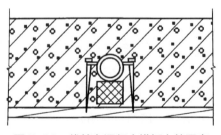

图 7-29　线管在混凝土模板上的固定

② 灯头盒可用铁钉固定或用铁丝缠绕在铁钉上，如图 7-30 所示。灯头盒在现浇混凝土楼板内的安装如图 7-31 所示。

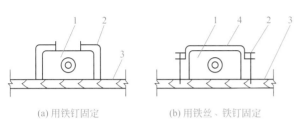

(a) 用铁钉固定　　　　(b) 用铁丝、铁钉固定

图 7-30　灯头盒在模板上固定

1—灯头盒；2—铁钉；3—模板；4—铁丝

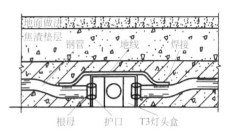

图 7-31　灯头盒在现浇混凝土楼板内的安装

（6）线管在现浇混凝土楼板垫层内的敷设

钢管在楼板内敷设时，管外径与楼板厚度应配合。当楼板厚度为 80mm 时，管外径不应超过 40mm；当楼板厚度为 120mm 时，管外径不应超过 50mm。若管径大于上述尺寸，则钢管应该为明敷或将管子埋在楼板的垫层内。

在楼板的垫层内配管时，对接线盒需在浇灌混凝土前放木砖，以便留出接线盒的位置。当混凝土硬化后再把木砖拆下，然后进行配管。配管完毕后，焊好地线。当垫层是焦渣垫层时，应先用水泥砂浆对配管进行保护，再铺焦渣垫层作地面；如果垫层就是水泥砂浆地面层，就不需对配管再保护了。钢管在现浇楼板垫层内的敷设如图 7-32 所示。

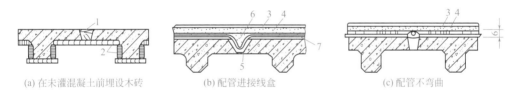

(a) 在未灌混凝土前埋设木砖　　　　(b) 配管进接线盒　　　　(c) 配管不弯曲

图 7-32　钢管在现浇楼板垫层内的敷设

1—木砖；2—模板；3—地面；4—焦渣垫层；5—接线盒；6—水泥砂浆保护；7—钢管

（7）线管在预制板内的敷设

暗管在预制板内敷设的方法与上述方法相似，但接线盒的位置要在楼板上定位凿孔。配管时不要搞断钢筋，其做法如图 7-33 及图 7-34 所示。

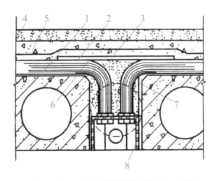

图 7-33　在预制多孔楼板上配管

1—钢管；2—焊接；3—水泥砂浆保护；4—地面；5—焦渣垫层；6—地线；7—镀锌铁丝接地线；8—灯头盒

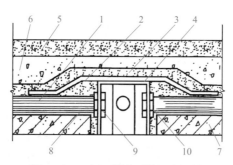

图 7-34　在预制槽形楼板上配管

1—焊接；2—地线；3—钢管用水泥砂浆保护；4—灯头盒；5—地面；6—焦渣垫层；7—钢筋混凝土楼板；8—钢管；9—护口；10—根母

（8）穿线

① 在穿线前，应先将管内的积水及杂物清理干净。

② 选用 ϕ1.2mm 的钢丝作引线，当线管较短且弯头较少时，可把钢丝引线由管子一端送向另一端；如果弯头较多或线路较长，将钢丝引线从管子一端穿入另一端有困难时，可从管子的两端同时穿入钢丝引线，此时引线端应弯成小钩，如图 7-35 所示。当钢丝引线在管中相遇时，用手转动引线使其钩在一起，然后把一根引线拉出，即可将导线牵入管内。

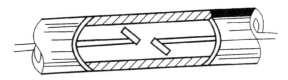

图 7-35　管子两端穿入钢丝引线

③ 导线穿入线管前，在线管口应先套上护圈，接着按线管长度与两端连接所需的长度余量之和截取导线，削去两端绝缘层，同时在两端头标出同一根导线的记号。再将所有导线按图 7-36 所示的方法与钢丝引线缠绕，一个人将导线理成平行束并往线管内输送，另一个人在另一端慢慢抽拉钢丝引线，如图 7-37 所示。

图 7-36　导线与引线的缠绕

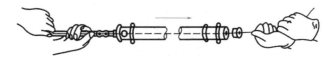

图 7-37　导线穿入管内的方法

④ 在穿线过程中，如果线管弯头较多或线路较长，穿线发生困难时，可使用滑石粉等润滑材料来减小导线与管壁的摩擦，便于穿线。

⑤ 如果多根导线穿管，为防止缠绕处外径过大在管内被卡住，应把导线端部剥出线芯，斜错排开，与钢丝引线一端缠绕接好，然后再拉入管内，如图7-38所示。

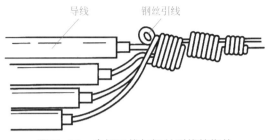

图 7-38　多根导线与钢丝引线的绑扎

（9）线管配线的注意事项

1）管内导线的绝缘强度不应低于500V；铜导线的线芯截面积不应小于$1mm^2$，铝导线的线芯截面积不应小于$2.5mm^2$。

2）管内导线不准有接头，也不准穿入绝缘破损后经过包缠恢复绝缘的导线。

3）不同电压和不同回路的导线不得穿在同一根钢管内。

4）管内导线一般不得超过10根。多根导线穿管时，导线的总截面（包括绝缘层）不应超过线管内径截面的40%。

5）钢管的连接通常采用螺纹连接；硬塑料管可采用套接或焊接。敷设在含有对导线绝缘有害的蒸汽、气体或多尘房屋内的线管以及敷设在可能进入油、水等液体的场所的线管，其连接处应密封。

6）采用钢管配线时必须接地。

7）管内配线应尽可能减少转角或弯曲，转角越多，穿线越困难。为便于穿线，规定线管超过下列长度，必须加装接线盒。

① 无弯曲转角时，不超过45m。

② 有一个弯曲转角时，不超过30m。

③ 有两个弯曲转角时，不超过20m。

④ 有3个弯曲转角时，不超过12m。

8）在混凝土内暗敷设的线管，必须使用壁厚为3mm以上的线管；当线管的外径超过混凝土厚度的1/3时，不得将线管埋在混凝土内，以免影响混凝土的强度。

9）采用硬塑料管敷设时，其方法与钢管敷设基本相同。但明管敷设时还应注意以下几点。

① 管径在20mm及以下时，管卡间距为1m。

② 管径在25～40mm及以下时，管卡间距为1.2～1.5m。

③ 管径在50mm及以上时，管卡间距为2m。

硬塑料管也可在角铁支架上架空敷设，支架间距不能大于上述距离要求。

10）管内穿线困难时应查找原因，不得用力强行穿线，以免损伤导线的绝缘层或线芯。

11）配管遇到伸缩、沉降缝时，不可直接通过，必须做相应处理，采取保护措施；暗敷于地下的管路不宜穿过设备基础，必须穿过设备基础时，要加保护管。

12）绝缘导线不宜穿金属管在室外直接埋地敷设。如必须穿金属管埋地敷设，要做好防水、防腐蚀处理。

7.2.10　室内配电线路的巡视检查

室内配电线路有明敷线、暗敷线、电缆、电气器具连接线等。要搞好室内配电线路的安全检查，必须全面了解室内配电线路的布线情况、结构形式、导线型号规格及配电箱和开关的位置等，并了解负荷大小及配电室的情况。室内配电线路应该定期巡视，巡视周期应该根据实际情况具体掌握。

（1）巡视周期

1kV 以下的室内配线，建议每月进行一次巡视检查，对于重要负荷的配电线路，应增加夜间巡视。1kV 以下室内配线的裸导线（母线），以及配电盘和配电箱，每季度应进行一次停电检查和清扫。500V 以下可进入吊顶内的配线及铁管配线，每年应停电检查一次。如遇暴风雨雪，或系统发生单相接地故障等情况，需要对室外安装的线路及配电箱等进行特殊巡视。

（2）检查内容

① 检查导线与建筑物等是否有摩擦、相蹭；绝缘、支持物是否有损坏和脱落。

② 检查导线各相的弛度和线间距离是否保持相同，必要时应调整导线间和导线与地面的距离。

③ 检查导线的防护网（板）与导线之间的距离是否符合要求。

④ 检查明敷设电线管及塑料线槽等是否有被碰裂、砸伤等现象。

⑤ 检查铁管的接地是否完好，铁管或塑料管的防水弯头有无脱落等现象。

⑥ 检查敷设在地下的塑料管线路，其上方有无重物积压。

⑦ 检查导线是否有长期过负荷现象，导线的各连接点接触是否良好，有无过热现象。

⑧ 对三相四线制照明回路，要重点检查中性线回路各连接点的接触情况是否良好。

⑨ 检查线路是否有腐蚀或脱开现象，是否有私自在线路上接电气设备，以及乱接、乱扯线路等现象。

⑩ 检查配电箱、分线盒、开关、熔断器、母线槽及接地（接零）等运行情况，要着重检查母线接头有无氧化、过热变色或腐蚀，接线有无松脱、放电现象，螺栓是否紧固等。

⑪ 检查线路上及周围有无影响线路安全运行的异常情况，绝对禁止在绝缘导线上悬挂物体，禁止在线路旁堆放易燃易爆物品。

⑫ 对敷设在潮湿、有腐蚀性场所的线路，要做定期的绝缘检查。

7.2.11　配电线路常见故障的排除方法

（1）室内配电线路短路故障的排除

室内线路发生短路时，由于短路电流很大，若熔丝不能及时熔断，就可能烧坏电线或其他用电设备，甚至引起火灾。造成短路的原因大致有以下几种。

① 接线错误而引起相线与中性线直接相碰。

② 因接线不良而导致接头之间直接短路，或接头处接线松动而引起碰线。

③ 在该用插头处不用插头，直接将线头插入插座孔内造成混线短路。

④ 电器用具内部绝缘损坏，导致导线碰触金属外壳而引起电源线短路。

⑤ 房屋失修漏水，造成灯头或开关过潮甚至进水而导致内部相间短路。

⑥ 导线绝缘受外力损伤，在破损处发生电源线碰接或者同时接地。

线路发生短路故障后，应迅速断开总开关，逐段检查，找出故障点并及时处理。同时检查熔断器熔丝是否合适，熔丝电流不可选得太大，更不能用铜丝、铝丝、铁丝等代替。

（2）室内配电线路断路故障的排除

断路是指线路不通，电源电压不能加到用电设备上，用电设备不能正常工作。造成断路的原因主要是导线断落、线头松脱、开关损坏、熔丝熔断，以及导线受损伤而折断或铝导线接头受严重腐蚀而造成的断开现象等。

线路发生断路故障后，首先应检查熔断器内熔丝是否熔断，如果熔丝已经熔断，应接着检查电路中有无短路或过负荷等情况。如果熔丝没有熔断并且电源侧相线也没有电，则应检查上一级的熔丝是否熔断。如果上一级的熔丝也没有断，就应该进一步检查配电盘（板）上的刀开关和线路。这样逐段检查，缩小故障点范围。找到故障点后，应进行可靠处理。

（3）室内配电线路漏电故障的排除

引起漏电的原因主要是导线或用电设备的绝缘因外力而损伤，或经长期使用绝缘发生老化现象，又受到潮气侵袭或者被污染而造成绝缘不良所引起的。室内照明和动力线路漏电时，可按如下方法查找。

① 判断是否确实发生了漏电。方法是：用兆欧表摇测，看绝缘电阻的大小，或在被检查线路的总刀开关上接一个电流表，取下所有灯泡，接通全部电灯开关，仔细观察电流表。若电流表指针摆动，则说明有漏电。指针偏转越大，说明漏电越大。

② 判断漏电性质。仍以接入电流表检查漏电为例，方法是切断零线观察电流的变化。若电流表指示不变，则说明是相线和大地之间有漏电；若电流表指示为零，则是相线与零线之间有漏电；若电流表指示变小但不为零，则表明相线与零线、相线与大地之间均有漏电。

③ 确定漏电范围。方法是取下分路熔断器或拉开分路刀开关，若电流表指示不变，则表明是总线漏电；电流表指示为零，则表明是分路漏电；电流表指示变小但不为零，则表明是总线和分路均有漏电。

④ 找出漏电点。按照上述方法确定漏电范围后，依次断开该线路的灯具开关，当拉断某一开关时，若电流表指示回零，则是这一分支线漏电；若电流表的指示变小，则说明除这一分支线漏电外，还有其他漏电处。若所有灯具开关都断开，电流表指示不变，则说明是该段干线漏电。

依照上述查找方法依次把故障范围缩小到一个较短的线段内，便可进一步检查该段线路的接头，以及电线穿墙转弯、交叉、容易腐蚀和易受潮的地方等处有无漏电情况。当找到漏电点后，及时妥善处理。

第 8 章
电气照明

8.1 电气照明概述

8.1.1 电气照明方式

电气照明是指利用一定的装置和设备将电能转换成光能，为人们的日常生活、工作和生产提供的照明。电气照明一般由电光源、灯具、电源开关和控制线路等组成。良好的照明条件是保证安全生产、提高劳动生产率和人的视力健康的必要条件。

电气照明有室内照明、室外照明和特殊照明等多种形式。室内照明按灯具布置方式又可分为以下几种。

① 一般照明。不考虑特殊或局部的需要，为照亮整个工作场所而设置的照明。这种照明灯具往往是对称均匀排列在整个工作面的顶棚上，因而可以获得基本均匀的照明。如居民住宅、学校教室、会议室等处主要采用一般照明作为基本照明。

② 局部照明。利用设置于特定部位的灯具（固定的或移动的），用于满足局部环境照明需要的照明方式。例如：办公学习用的台灯、检修设备用的手提灯等。

③ 混合照明。由一般照明和局部照明共同组成的照明方式，实际应用中多为混合照明。如居民家庭、饭店宾馆、办公场所等处，都是在采用一般照明的基础上，根据需要在某些部位装设壁灯、台灯等局部照明灯具。

8.1.2 对电气照明质量的要求

① 照度均匀。被照空间环境及物体表面应有尽可能均匀的照度，这就要求电气照明应有合理的光源布置，选择适用的照明灯具。

② 照度合理。根据不同环境和活动的需要，电气照明应提供合理的照度。各种建筑中不同场所一般照明的推荐照度值见表8-1。

表8-1 各种建筑中不同场所一般照明的推荐照度值

建筑性质	房间名称	推荐照度 /lx
居住建筑	厕所、盥洗室 餐室、厨房、起居室 卧室 单身宿舍、活动室	5～15 15～30 20～50 30～50
科技办公建筑	厕所、盥洗室、楼梯间、走道 食堂、传达室 厨房 医疗室、报告厅、办公室、会议室、接待室 实验室、阅览室、书店、教室 设计室、绘图室、打字室 电子计算机机房	5～15 30～75 50～100 75～150 75～150 100～200 150～300
商业建筑	厕所、更衣室、热水间 楼梯间、冷库、库房 一般旅客客房、浴池 大门厅、售票室、小吃店 餐厅、照相馆营业厅、菜市场 钟表眼镜店、银行、邮电营业厅 理发室、书店、服装商店等 字画商店、百货商店 自选市场	5～15 10～20 20～50 30～75 50～100 50～100 70～150 100～200 200～300
道路	住宅小区道路 公共建筑的庭园道路 大型停车场 广场	0.5～2 2～5 3～10 5～15

③ 限制眩光。集中的高亮度光源对人眼的刺激作用称为眩光。眩光损坏人的视力，也影响照明效果。为了限制眩光，可采用限制单个光源的亮度，降低光源表面亮度（如用磨砂玻璃罩），或选用适当的灯具遮挡直射光线等措施。实践证明合理地选择灯具悬挂高度，对限制眩光的效果十分显著。

8.2 常用照明开关和照明电路

8.2.1 常用照明开关的类型

开关意为开启和关闭，开关的作用是接通和断开电路。

照明线路常用的开关有拉线开关、扳把开关、平开关（跷板式开关）等。在住宅的楼道等公共场所，为了节约用电，方便使用，还安装了延时开关（如按钮式延时开关、触摸开关、声控开关等），以使人员离开后，开关自动断电，灯自动熄灭。

根据开关的安装形式，可分为明装式和暗装式。明装式开关有拉线开关、扳把开关等；安装时开关多采用平开关。

根据开关的结构，可分为单极开关、双极开关、三极开关、单控开关、双控开关、多控开关和旋转开关等。

开关还可以根据需要制成复合式开关，如能够随外界光线变化而接通和断开电源的光敏自动开关，用晶闸管或其他元器件改变电压以调节灯光亮度的调光开关和定时开关。

8.2.2　双控开关与单控开关的区别

（1）名词解释

"联"指的是同一个开关面板上有几个开关按钮。

"控"指的是其中开关按钮的控制方式，一般分为"单控"和"双控"两种。

"单联单控"（又称单开单控）指的是一个开关面板上有一个按钮，该按钮控制一组灯具。

"双联单控"（又称双开单控）指的是一个开关面板上有两个按钮，分别控制两组灯具。例如用这两个按钮分别控制客厅的两个灯。

（2）单控开关

单控开关在家庭电路中是最常见的，也就是一个开关控制一件或多件电器，根据所联电器的数量又可以分为单联单控、双联单控、三联单控、四联单控等多种形式。例如：厨房使用单联单控的开关，一个开关控制一组照明灯光；在客厅可能会安装三个射灯，那么可以用一个三联单控的开关来控制。各种单控开关的外形如图8-1所示，其对应的图形符号如图8-2所示。

(a) 单联单控开关

(b) 双联单控开关

(c) 三联单控开关

图8-1　各种单控开关外形

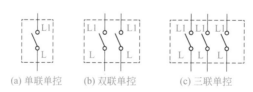

(a) 单联单控　　(b) 双联单控　　(c) 三联单控

图8-2　单控开关的图形符号

（3）双控开关

双控开关就是一个开关同时带常开、常闭两个触点（即为一对）。通常用两个双控开关控制一个灯或电器，意思就是可以用两个开关来控制灯具等电器的开关，例如，在楼下时打开开关，到楼上后关闭开关。另外，双控开关还用于控制应急照明回路需要强制点燃的灯具。

双控开关的外形与单控开关相似（图8-1），双控开关的图形符号如图8-3所示。

单刀双控开关又称单刀双掷开关（或单刀双投开关），从图8-3中可以看出，每个单刀双控开关有3个接线端，分别连着两个触点和一个触刀。

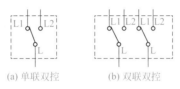

(a) 单联双控   (b) 双联双控

图8-3　双控开关的图形符号

（4）单控开关和双控开关的接线规律

单控开关有两个接线端，分别是L和L1，其L端接入火线，L1端为输出，即单控开关只有一路（L1）输出。双控开关有3个接线端，分别是L、L1和L2，其L端接入火线，L1端和L2端为输出，即双控开关有两路（L1、L2）输出，但是双控开关是一种单刀双投开关。

8.2.3　用一个单联单控开关控制一个灯的电路

用一个单联单控开关控制一个灯的电路原理如图8-4所示，与其对应的实物接线图如图8-5所示。接线时应注意：开关S应安装在相线（火线）上，使开关断开时，电灯灯头不带电，以免触电。电源相线的进线接开关的L端，开关的L1端的引出线接灯座。对于螺口灯座，还应注意：将相线与灯座的中心簧片连接，将中性线（零线）与灯座的铜螺套连接。

图8-4　用一个单联单控开关控制一个灯的
电路原理

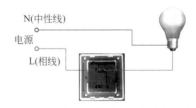

图8-5　用一个单联单控开关控制一个灯的
实物接线图

如果需要用一个单联单控开关控制两个灯（或多个灯），只需将两个灯（或多个灯）并联接入电路即可，但应注意开关的容量是否允许。

8.2.4　用一个单联单控开关控制一个灯并与插座连接

用一个单联单控开关控制一个灯并与插座连接的接线示意图如图8-6所示，与其对应的实物接线图如图8-7和图8-8所示。

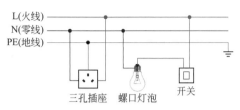

图 8-6 用一个单联单控开关控制一个灯并与
插座连接的接线示意图

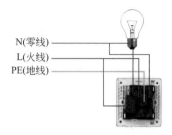

图 8-7 用一个单联单控开关控制一个灯并与插座
连接的实物接线图（开关与插座为一体）

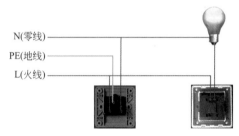

图 8-8 用一个单联单控开关控制一个灯并与插座连接的实物接线图（一个开关和一个插座）

8.2.5 用一个单联单控开关控制一个插座

用一个单联单控开关控制一个插座的实物接线图如图 8-9 所示。该控制方法的优点是可以用一个开关控制插座的通断，这样可以使插座所连接的用电器增加一个控制环节，因此使用方便、安全可靠。

8.2.6 用两个单联双控开关在两个地方控制一个灯的电路

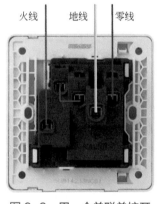

图 8-9 用一个单联单控开关控制一个插座的实物接线图

用两个单联双控开关在两个地方控制一个灯的电路原理图如图 8-10 所示。该控制电路可用于控制楼梯间电灯，楼上、楼下能同时控制。也可用于控制长走廊中的电灯，走廊两端能同时控制。例如，从甲地开灯后，可以在乙地关灯，同理在乙地开灯后，可以在甲地关灯。与图 8-10 对应的实物接线图如图 8-11 所示。

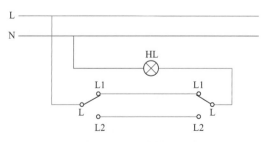

图 8-10 用两个单联双控开关在两个地方控制一个灯的电路原理图

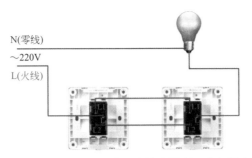

图 8-11　用两个单联双控开关在两个地方控制一个灯的实物接线图

从图 8-10、图 8-11 中可以看出，每个单联双控开关需要连接 3 根线，所以在每个接线盒内应该预留 3 根线。而且在两个单联双控开关之间需要连接两根线，所以在两个单联双控开关之间需要预留两根线。

8.2.7　用两个双联双控开关在两个地方控制两个灯的电路

用两个双联双控开关（又称双开双控开关）在两个地方控制两个灯的实物接线图如图 8-12 所示。从图 8-12 中可以看出，两个双联双控开关中，各自左侧的双控开关共同控制第一个灯，各自右侧的双控开关共同控制第二个灯。

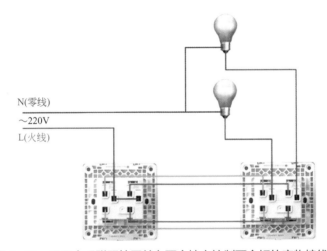

图 8-12　用两个双联双控开关在两个地方控制两个灯的实物接线图

从图 8-12 中可以看出，其中一个双联双控开关需要连接 5 根线，所以其接线盒内应该预留 5 根线。而且另一个双联双控开关需要连接 6 根线，所以其接线盒内应该预留 6 根线。在两个双联双控开关之间需要连接 4 根线，所以在两个双联双控开关之间需要预留 4 根线。

8.2.8　用多个开关在多个地方控制一个灯的电路

用 3 个开关在 3 个地方控制一个灯的接线图如图 8-13 所示。该电路采用了两个单联双控开关和一个双刀双掷开关。图中 S1 和 S2 是单联双控开关，在两个单联双控开关之间任意点接入一个双刀双掷开关 S3，便可以实现三地控制一个灯。图 8-13（a）所示为电路断开的状态，这时无论扳动哪一个开关，都能使电路接通；图8-13（b）所示为电路接通的状态，这时无论扳动哪一个开关，都能使电路断开。

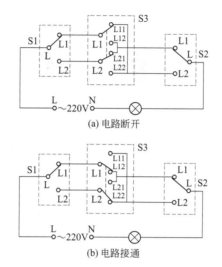

图8-13 用3个开关在3个地方控制一个灯的接线图

如果在两个单联双控开关之间串联接入多个双刀双掷开关S3、S4、…、Sn，则可以实现在多个地方控制一个灯，用多个开关在多个地方控制一个灯的接线图如图8-14所示。

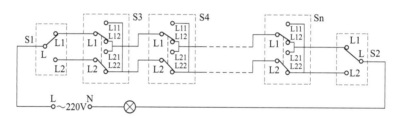

图8-14 用多个开关在多个地方控制一个灯的接线图

8.3 照明开关和插座的选择与安装

8.3.1 照明开关的选择

因为开关的规格一般以额定电压和额定电流表示，所以开关的选择除考虑式样外，还要注意电压和电流。照明供电的电源一般为220V，应选择额定电压为250V的开关。开关额定电流的选择应由负载（电灯和其他家用电器）的电流来决定。用于普通照明时，可选用2.5～10A的开关；用于大功率负载时，应先计算出负载电流，再按2倍负载电流的大小选择开关的额定电流。如果负载电流很大，选择不到相应的开关，则应选用低压断路器或开启式负荷开关。

① 明装式开关。明装式开关有扳把开关和拉线开关两类。扳把开关安装在墙面绝缘台

（枱）上；拉线开关也安装在墙面绝缘台上，由于安装的位置在高处，使用时人手不直接接触开关，因此比较安全。

② 暗装式开关。暗装式开关嵌装在墙壁上与暗线相连接，安装前必须把电线、接线盒预埋在墙内，并把导线从接线盒的电线孔穿入。

8.3.2　开关安装位置的确定

① 开关通常装在门左边或其他便于操作的地点。

② 扳把开关和翘板式开关等的安装位置如图 8-15 ～图 8-17 所示，开关离地面高度一般为 1.2 ～ 1.4m，离门框一般为 150 ～ 200mm。

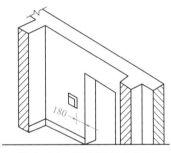

图 8-15　门旁开关盒位置

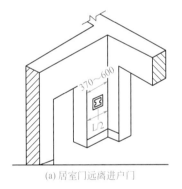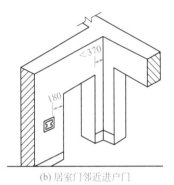

(a) 居室门远离进户门　　　　　　　　(b) 居室门邻近进户门

图 8-16　进户开关在居室门旁设置

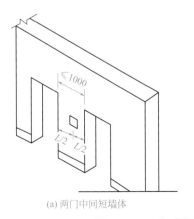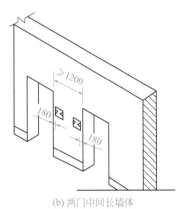

(a) 两门中间短墙体　　　　　　　　(b) 两门中间长墙体

图 8-17　两门中间墙上的开关盒位置

③ 拉线开关离地面高度一般为 2.2 ～ 2.8m，离门框一般为 150 ～ 200mm。若室内净距离低于 3m，则拉线开关离天花板 200mm。

④ 开关位置应与灯位相对应，同一室内开关的开、闭方向应一致。成排安装的开关，其高度应一致，高度差不大于 2mm。

⑤ 暗装式开关的盖板应端正、严密，并紧贴墙面。明装式开关应装在厚度不小于 15mm 的绝缘台上。

8.3.3 拉线开关的安装

（1）明装拉线开关的安装

明装拉线开关既可以装设在明配线路中，也可以装设在暗配线路的八角盒上。

在明配线路中安装拉线开关时，应先固定好木台（绝缘台），拧下拉线开关盖，把两个线头分别穿入开关底座的两个穿线孔内，用两枚木螺钉将开关底座固定在绝缘台上，把导线分别固定到接线桩上，然后拧上开关盖，如图 8-18 所示。明装拉线开关的拉线出口应垂直向下，不使拉线与盒口摩擦，防止拉线磨损断裂。

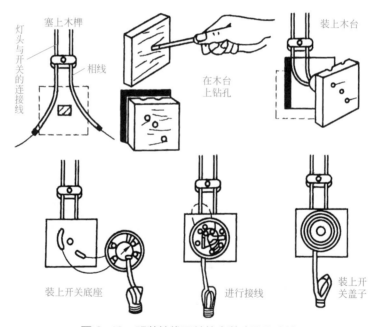

图 8-18　明装拉线开关的安装步骤和方法

在暗配线路中将拉线开关安装在八角盒上时，应先将拉线开关与绝缘台固定好，拉线开关应在绝缘台中心。在现场一并接线及固定开关连同绝缘台。在暗配线路中，明装拉线开关的安装方法见图 8-19。

（2）暗装拉线开关的安装

暗装拉线开关应使用相配套的器具盒，把电源的相线和白炽灯灯座接到开关的两个接线桩上，然后再将开关连同面板固定在预埋好的盒体上，应注意面板上的拉线出口应垂直向下，如图 8-20 所示。

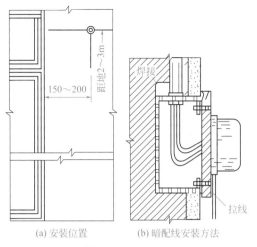

(a) 安装位置　　(b) 暗配线安装方法

图 8-19　明装拉线开关的暗配线安装方法

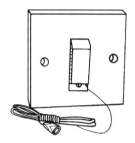

图 8-20　暗装拉线开关

8.3.4　扳把开关的安装

（1）明装扳把开关的安装

　　在明配线路的场所，应安装明装扳把开关。明装扳把开关的外形及内部结构如图 8-21 所示。安装明装扳把开关时，需要先把绝缘台固定在墙上，将导线甩至绝缘台以外，在绝缘台上安装开关和接线，接成扳把向上时开灯、扳把向下时关灯。

（2）暗装扳把开关的安装

　　暗装扳把开关接线时，把电源相线接到一个静触头接线桩上，另一动触头接线桩接来自灯具的导线，如图 8-22 所示。在接线时也应接成扳把向上时开灯、扳把向下时关灯（两处控制一盏灯的除外）。然后将开关芯连同支持架固定在盒上，开关的扳把必须安装正，再盖好开关盖板，用螺栓将盖板与支持架固定牢固，盖板应紧贴建筑物表面，扳把不得卡在盖板上。

图 8-21　明装扳把开关的外形及内部结构

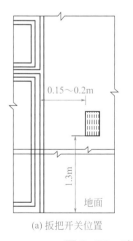

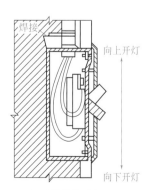

(a) 扳把开关位置　　(b) 暗装扳把开关

图 8-22　暗装扳把开关的安装

8.3.5　翘板开关的安装

翘板开关也称船形开关、跷板开关、电源开关。其触点分为单刀单掷和双刀双掷等几种，有些开关还带有指示灯。常用翘板开关的外形如图 8-23 所示。

暗装翘板开关安装接线时，应使开关切断相线，并应根据开关跷板或面板上的标志确定面板的装置方向。面板上有指示灯的，指示灯应在上面；面板上有产品标记的不能装反。

当开关的翘板和面板上无任何标志时，应装成将翘板下部按下时，开关应处于合闸的位置，将翘板上部按下时，开关应处于断开的位置，即从侧面看翘板上部突出时灯亮，下部突出时灯熄，如图 8-23 所示。

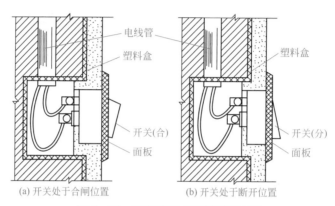

图 8-23　暗装翘板式开关通断位置

暗装翘板开关的安装方法与其他暗装开关的安装方法相同，由于暗装开关是安装在暗盒上的，在安装暗装开关时，要求暗盒（又称安装盒或底盒）已嵌入墙内并已穿线，暗装开关的安装如图 8-24 所示，先从暗盒中拉出导线，接在开关的接线端上，然后用螺钉将开关主体固定在暗盒上，再依次装好盖板和面板即可。

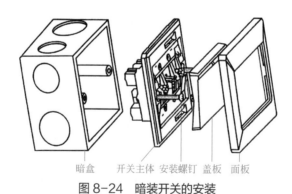

图 8-24　暗装开关的安装

8.3.6　触摸延时和声光控延时开关的安装

触摸延时开关的外形如图 8-25（a）所示。触摸延时开关有一个金属感应片在外面，触摸延时开关在使用时，只要用手指摸一下触摸点，灯就点亮，延时若干分钟后会自动熄灭。两线制可以直接取代普通开关，不必改变室内布线。

(a) 触摸延时开关　　　　　　　　　(b) 声光控延时开关

图8-25　触摸延时开关和声光控延时开关的外形

声光控延时开关是集声学、光学和延时技术于一体的自动照明开关，其外形如图8-25（b）所示。它是一种内无接触点，在特定环境光线下采用声响效果激发拾音器进行声电转换来控制用电器的开启，并经过延时后能自动断开电源的节能电子开关。常用的声光控延时开关有螺口型和面板型两大类，螺口型声光控延时开关直接设计在螺口平灯座内，不需要在墙壁上另外安装开关；面板型声光控延时开关一般安装在原来的机械开关位置处。

触摸延时开关和面板型声光控延时开关与机械开关一样，可串联在电灯回路中的相线上工作，因此，无需改变原来的线路，可根据固定孔及外观要求选择合适的开关进行直接更换，接线也不需要考虑极性。

安装螺口型声光控开关与平灯座照明灯的方法一样。

安装触摸延时开关和声光控延时开关时还应注意以下几点。

① 安装位置尽可能符合环境的实际照度，避免人为遮光或者受其他持续强光干扰。

② 普通型触摸延时开关和声光控延时开关所控制的电灯负载不得大于60W，严禁一个开关控制多个电灯。当控制负载较大时，可在购买时向生产厂商特别提出。如果要控制几个电灯，可以加装一个小型继电器。

③ 安装时不得带电接线，并严禁灯泡灯口短路，以防造成开关损坏。

④ 安装声光控延时开关时，采光头应避开所控灯光照射。要及时或定期擦净采光头的灰尘，以免影响光电转换效果。

8.3.7　遥控开关的安装

无线遥控开关是采用射频识别技术，用无线遥控器控制各类灯具、门、窗帘等家居用品的一种新型智能开关。遥控开关可对室内一个或者多个灯具进行控制。

遥控开关由遥控器（发射器）和接收装置（接收器）两部分组成，遥控开关的外形如图8-26所示。

（1）遥控开关的安装方法

安装灯具遥控开关的时候，首先应该看一下遥控开关的电路图，记住一般灯具遥控开关装置零线（中性线）和火线（相线）不能装反，很多施工队装插座的时候分零、火线，而对于灯线则不分零、火线，随便装。其实这个灯线虽然只有两个线，也是分零线、火线的，火线是进线，零线是出线，安装遥控装置时要先测一下零线和火线，不要接错了。有的遥控接收装置是用不干胶直接粘在灯具里。实际上电灯点亮以后，灯具里边温度很高，如果遥控接收装置是用不干胶直接粘在灯具里，可能用一段时间以后，这个不干胶就会脱落。所以应该用自攻螺钉将遥控接收装置固定在灯具上。

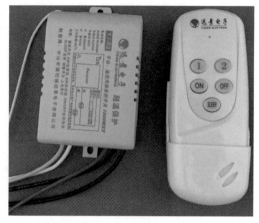

图8-26　遥控开关的外形

（2）灯具遥控开关的接线方法

① 断开电源，拉下电箱总闸断电。

② 拆下原来的灯口接线，取下灯口。

③ 把原来的灯的供电线火线接遥控开关的火线（一般为红色），原灯的供电零线接遥控开关的零线（一般为黑线）。

④ 把遥控开关输出零线（黑线）接灯口的外螺口接线柱，把遥控开关输出火线（一般为蓝色线）接灯口的内中心线柱。遥控开关的接收天线（一般为白线）散开不接。

⑤ 确认全部接线无误后包好绝缘胶布。

⑥ 连接完成后，盖上灯罩，灯的这一部分就算完成了。

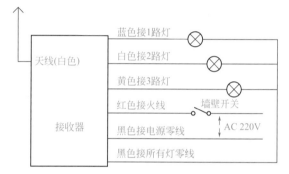

图8-27　单路多控遥控接收器的接线原理

下面就是遥控开关的部分，这部分很简单，主要是安装电池，打开盖子就能看到电池的安装地方，尽量用好一点的电池，免得来回更换。

上述安装工作完成后，就可以送电试验了。

单路多控遥控接收器的接线原理如图8-27所示。

（3）安装灯具遥控装置的注意事项

① 遥控电路安装要注意零线和火线，把多路接收装置开关与照明的火线连接。

② 遥控照明电路非常方便，尤其适宜距离较远的楼上、楼下双控双开的电路。

③ 安装前必须先切断电源，按开关上的标签纸所示接线。并把电线整理好，防止碰线短路造成开关损坏，严禁灯头或负载短路。

④ 多路多控的遥控器上与接收装置有对码，单路单控的不用对码。

⑤ 严禁带电安装。安装前必须先切断电源，防止触电。

8.3.8　常用插座的类型

插座（又称电源插座、开关插座）是指有一个或一个以上电路接线可插入的座，通过它可插入各种接线，便于与其他电路接通。电源插座是为家用电器提供电源接口的电气设备，也是住宅电气设计中使用较多的电气附件，它与人们生活有着十分密切的关系。插座按照用途可分为工业用插座、电源插座和移动插座等。

插座有明装插座和暗装插座之分，有单相两孔式、单相三孔式和三相四孔式；有一位式（一个面板上有一个插座）、多位式（一个面板上有 2 ~ 4 个插座）；有扁孔插座、扁孔和圆孔通用插座；有普通型插座、带开关插座和防溅型插座等。三相四孔式插座用于商店、加工场所等三相四线制动力用电，电压规格为 380V，电流等级分为 15A、20A、30A 等几种，并设有接地保护桩头，用来接保护地线，以确保用电安全。家庭供电为单相电源，所用插座为单相插座，分为单相两孔插座和单相三孔插座，后者设有接地保护桩头，单相插座的电压规格为 250V。

常用明装插座的外形如图 8-28 所示，常用暗装插座的外形如图 8-29 所示。

(a)　　　　　　　　　(b)　　　　　　　　　(c)

图 8-28　常用明装插座的外形

(a)　　　　　　　　　(b)　　　　　　　　　(c)

图 8-29　常用暗装插座的外形

带有 USB 接口的插座，包括普通插座主体和 USB 接口。USB 插座属于弱电电子产品，输出电压为 5V 左右。带有 USB 接口的插座的外形如图 8-30 所示。

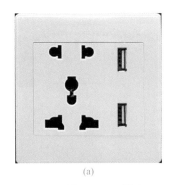 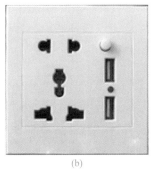

(a)　　　　　　　　　　　　(b)

图 8-30　带有 USB 接口的插座的外形

带有 USB 接口的插座的种类有以下几种。

① 直通 USB 插座。没有按钮，没有指示灯或者带指示灯的 USB 插座，成本较低。

② 带按钮 USB 插座。自带按钮，有或没有指示灯的 USB 插座，安全性能较高。

③ 自动通断 USB 插座。带或不带指示灯，内置开关，即插入则打开开关，拔出则关闭开关。

8.3.9　安装插座应满足的技术要求

① 插座垂直离地高度：明装插座不应低于 1.3m；暗装插座用于生活的允许不低于 0.3m，用于公共场所应不低于 1.3m，并与开关并列安装。

② 在儿童活动的场所，不应使用低位置插座，应装在不低于 1.3m 的位置上，否则应采取防护措施。

③ 浴室、蒸汽房、游泳池等潮湿场所内应使用专用插座。

④ 空调器的插座电源线，应与照明灯电源线分开敷设，应在配电板或漏电保护器后单独敷设，插座的规格也要比普通照明、电热插座大。导线截面积一般采用不小于 4mm² 的铜芯线。

⑤ 墙面上各种电器连接插座的安装位置应尽可能靠近被连接的电器，缩短连接线的长度。

8.3.10　插座的安装

插座是长期带电的电器，是线路中最容易发生故障的地方，插座的接线孔都有一定的排列位置，不能接错，尤其是单相带保护接地的三极插座，一旦接错，就容易发生触电伤亡事故。暗装插座接线时，应仔细辨别盒内分色导线，正确地与插座进行连接。

插座接线时应面对插座。单相两极插座在垂直排列时，上孔接相线（L 线），下孔接中性线（N 线），如图 8-31（a）所示。水平排列时，右孔接相线，左孔接中性线，如图 8-31（b）所示。

单相三极插座接线时，上孔接保护接地线（PE 线），右孔接相线（L 线），左孔接中性线（N 线），如图 8-31（c）所示。严禁将上孔与左孔用导线连接。

三相四极插座接线时，上孔接保护接地线（PE 线），左孔接相线（L1 线），下孔接相线（L2 线），右孔也接相线（L3 线），如图 8-31（d）所示。

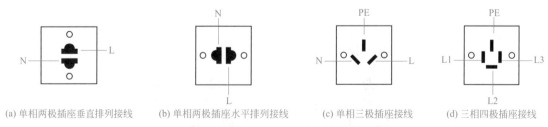

(a) 单相两极插座垂直排列接线　　(b) 单相两极插座水平排列接线　　(c) 单相三极插座接线　　(d) 三相四极插座接线

图 8-31　插座的接线

暗装插座接线完成后，不要马上固定面板，应将盒内导线理顺，依次盘成圆圈状塞入盒内，且不允许盒内导线相碰或损伤导线，面板安装后表面应清洁。

8.4 常用照明灯具

8.4.1 常用照明灯具的种类

灯具的作用是固定光源器件（灯管、灯泡等），防护光源器件免受外力损伤，消除或减弱眩光，使光源发出的光线向需要的方向照射，装饰和美化建筑物等。常用灯具按灯具安装部位及形式可分为以下几类。

① 吊灯。吊灯是用导线、金属链或钢管将灯具悬挂在顶棚上作为整体照明的灯具，通常还配用各种灯罩。这是一种应用最多的安装方式。

② 吸顶灯。吸顶灯是直接固定在顶棚上的灯具。吸顶灯的形式很多。为防止眩光，吸顶灯多采用乳白玻璃（或者塑料、亚克力）罩，或有晶体花格的玻璃罩，在楼道、走廊、居民住宅应用较多。嵌入顶棚式的吸顶灯有聚光型和散光型，其特点是灯具嵌入顶棚内，使顶棚简洁美观，视线开阔。在大厅、娱乐场所应用较多。

③ 壁灯。壁灯又称墙灯，这是因为它被安装在墙壁上而得名。壁灯是用托架将灯具直接安装在墙壁上，通常用于局部照明，也用于房间装饰。

④ 台灯和落地灯（立灯）。用于局部照明的灯具，使用时可移动，也具有一定的装饰性。

⑤ 射灯。射灯是一种局部照明灯具，它具有光线照射集中，局部光照效果特殊，可以起到突出主题或点缀某个局部被照物体的画龙点睛作用。

⑥ 床头灯。床头灯是因它用于床头而得名，有固定式和可移动式两类。

8.4.2 安装照明灯具应满足的基本要求

① 当采用钢管作灯具的吊杆时，钢管内径不应小于 10mm；钢管壁厚不应小于 1.5mm。

② 吊链灯具的灯线不应受拉力，灯线应与吊链编织在一起。

③ 软线吊灯的软线两端应做保护扣，两端芯线应搪锡。

④ 同一室内或场所成排安装的灯具，其中心线偏差应不大于 5mm。

⑤ 日光灯和高压汞灯及附件应配套使用，安装位置应便于检查和维修。

⑥ 灯具固定应牢固可靠。每个灯具固定用的螺钉或螺栓不应少于 2 个；当绝缘台直径为 75mm 及以下时，可采用 1 个螺钉或螺栓固定。

⑦ 当吊灯灯具质量大于 3kg 时，应采取预埋吊钩或螺栓固定；当软线吊灯灯具质量大于 1kg 时，应增设吊链。

⑧ 投光灯的底座及支架应固定牢固，枢轴应沿需要的光轴方向拧紧固定。

⑨ 固定在移动结构上的灯具，其导线宜敷设在移动构架的内侧；在移动构架活动时，导线不应受拉力和磨损。

⑩ 公共场所用的应急照明灯和疏散指示灯，应有明显的标志。无专人管理的公共场所照明宜装设自动节能开关。

⑪ 每套路灯应在相线上装设熔断器。由架空线引入路灯的导线，在灯具入口处应做防水弯。

⑫ 管内的导线不应有接头。

⑬ 导线在引入灯具处，应有绝缘保护，同时也不应使其受到应力。

⑭ 必须接地的灯具金属外壳应有专设的接地螺栓和标志，并和地线妥善连接。

⑮ 特种灯具（如防爆灯具）的安装应符合有关规定。

8.4.3 吊灯的安装

（1）软线吊灯的安装

软线吊灯的安装如图 8-32 所示。

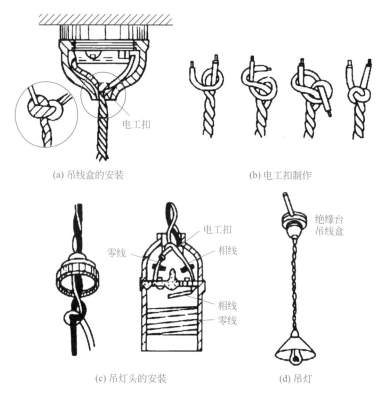

(a) 吊线盒的安装　　　　　　　　　(b) 电工扣制作

(c) 吊灯头的安装　　　　　(d) 吊灯

图 8-32 软线吊灯的安装

① 将电源线由吊线盒的引线孔穿出，用木螺钉将吊线盒固定在绝缘台上。

② 将电源线接在吊线盒的接线柱上。

③ 吊灯的导线应采用绝缘软线。

④ 应在吊线盒及灯座罩盖内将绝缘软线打结（称为电工扣或保险扣），以免导线线芯直接承受吊灯的重量而被拉断。

⑤ 将绝缘软线的上端接吊线盒内的接线柱，下端接吊灯座的接线柱。对于螺口灯座，还应将中性线（零线）与铜螺套连接，将相线与中心簧片连接。

（2）小（轻）型吊灯的安装

小（轻）型吊灯在吊顶上安装，应使用两个螺栓穿通吊顶板材，直接固定在吊顶的中龙骨上，如图 8-33 所示。

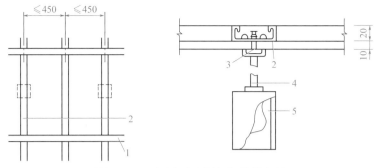

图 8-33　小（轻）型吊灯灯具的安装

1—大龙骨；2—中龙骨；3—固定灯具螺栓；4—灯具吊杆；5—灯具

　　小（轻）型吊灯在吊棚上安装时，必须在吊棚主龙骨上设灯具紧固装置，将吊灯通过连接件悬挂在紧固装置上。紧固装置与主龙骨的连接应可靠，有时需要在支持点处对称加设建筑物主体与棚面之间的吊杆，以抵销灯具加在吊棚上的重力，使吊棚不至于下沉、变形。吊杆出顶棚面最好加套管，这样可以保证顶棚面板的完整。安装时要保证牢固和可靠，如图 8-34 所示。

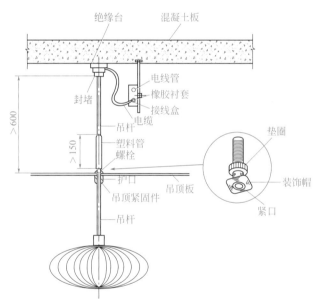

图 8-34　吊灯在顶棚上安装

（3）大（重）型吊灯的安装

　　质量超过 8kg 的大（重）型吊灯在安装时，需要直接吊挂在混凝土梁上或预制、现浇混凝土楼（屋）面板上，不应与吊顶龙骨发生任何受力关系。

　　常用吊钩、吊挂螺栓预埋方法如图 8-35 所示。

　　重量较重的吊灯在混凝土顶棚上安装时，要预埋吊钩或螺栓，或者用膨胀螺栓紧固。如图 8-36 所示。大型吊灯因体积大、灯体重，必须固定在建筑物的主体棚面上（或具有承重能力的构架上），不允许在轻钢龙骨吊棚上直接安装。采用膨胀螺栓紧固时，膨胀螺栓规格不宜小于 M6，螺栓数量至少要两个，不能采用轻型自攻型膨胀螺钉。

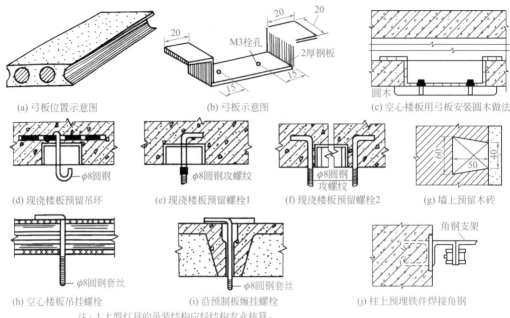

(a) 弓板位置示意图　　　　　(b) 弓板示意图　　　　　(c) 空心楼板用弓板安装圆木做法

(d) 现浇楼板预留吊环　(e) 现浇楼板预留螺栓1　(f) 现浇楼板预留螺栓2　(g) 墙上预留木砖

(h) 空心楼板吊挂螺栓　　(i) 沿预制板缠挂螺栓　　(j) 柱上预埋铁件焊接角钢

注：1.大型灯具的吊装结构应经结构专业核算。
　　2.较重灯具不能用塑料线承重吊挂。

图 8-35　常用吊钩、吊挂螺栓预埋方法

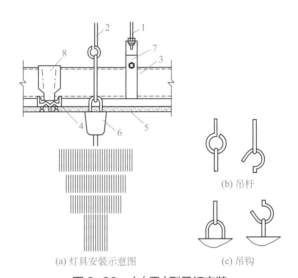

(a) 灯具安装示意图　　　　(c) 吊钩

图 8-36　大（重）型吊灯安装

1—吊杆；2—灯具吊钩；3—大龙骨；4—中龙骨；5—纸面石膏板；
6—灯具；7—大龙骨垂直吊挂件；8—中龙骨垂直吊挂件

8.4.4　吸顶灯的安装

（1）吸顶灯在预制天花板上的安装

吸顶灯在预制天花板上的安装如图 8-37 所示，用直径为 6mm 的钢筋制成图 8-37 所示的形状，吊件下段铰 6mm 螺纹。将吊件水平部分送入空心楼板内，绝缘台中间打孔，套在吊件下段上，与灯底盘一起用螺母固定，电源线穿出灯底盘，连接好灯座，罩好灯罩。

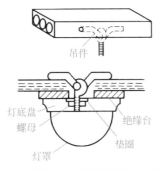

图 8-37　吸顶灯在预制天花板上的安装

（2）吸顶灯在浇注天花板上的安装

　　吸顶灯在混凝土浇注天花板上安装时，可以在浇筑混凝土前，根据图纸要求把木砖预埋在里面，也可以安装金属膨胀螺栓，如图 8-38 所示。在安装灯具时，把灯具的底台用木螺钉安装在预埋木砖上，或者用紧固螺栓将底盘固定在混凝土顶棚的膨胀螺栓上，再把吸顶灯与底台、底盘固定。

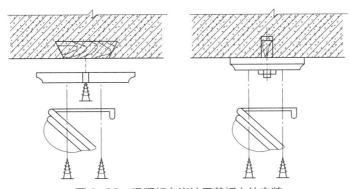

图 8-38　吸顶灯在浇注天花板上的安装

（3）吸顶灯在吊顶上的安装

　　小型、轻型吸顶灯可以直接安装在吊顶棚上，但不得用吊顶棚的罩面板作为螺钉的紧固基面。安装时应在罩面板的上面加装木方，木方要固定在吊棚的主龙骨上。安装灯具的紧固螺钉拧紧在木方上，如图 8-39 所示。较大型吸顶灯安装，可以用吊杆将灯具底盘等附件装置悬吊固定在建筑物主体顶棚上，或者固定在吊棚的主龙骨上；也可以在轻钢龙骨上紧固灯具附件，而后将吸顶灯安装至吊顶棚上。

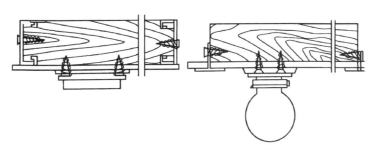

图 8-39　吸顶灯在吊顶上的安装

8.4.5　嵌入式照明灯具在吊顶上的安装

嵌入式照明灯具根据安装方式可以分为全嵌入式照明灯具和半嵌入式照明灯具两种。

全嵌入式照明灯具适用于有吊顶的房间，灯具是嵌入在吊顶内安装的，能有效地消除眩光，与吊顶结合能形成美观的装饰艺术效果。半嵌入式照明灯具是将灯具的一半或一部分嵌入顶棚内，另一半或一部分露在顶棚外面，它介于吸顶灯和嵌入式照明灯具之间。这种灯虽有消除眩光的效果，不如全嵌入式照明灯具好，但它适用于顶棚吊顶深度不够的场所，在走廊等处应用较多。

嵌入式照明灯具在吊顶上的安装方式如图 8-40 所示。

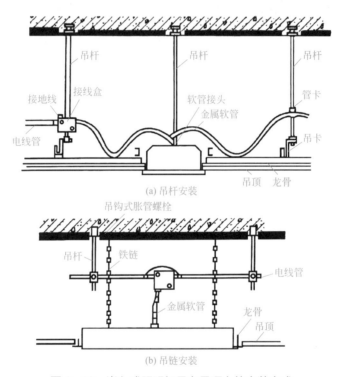

图 8-40　嵌入式照明灯具在吊顶上的安装方式

嵌入式照明灯具在顶棚吊顶上安装，应符合以下规定：当软线吊灯灯具的质量大于 1kg 时，应增设吊链；当灯具的质量大于 3kg 时，应采用预埋吊钩或用螺栓固定。

嵌入式照明灯具的安装程序为先在顶棚上开口，并在顶棚上做连接件或在吊顶上加开口边框等，再将各类吊杆、吊件与顶棚连接件固定或与补强格栅连接，然后就可安装灯具、玻璃或塑料片等。安装这类灯具时，除设计要周密细致外，在施工时也一定要把握好灯具的位置和装饰玻璃的平整度等。

8.4.6　壁灯的安装

壁灯一般安装在墙上或柱子上。当装在砖墙上时，一般在砌墙时预埋木砖，也可用预埋金属件或打膨胀螺栓的办法来解决。当采用梯形木砖固定壁灯灯具时，木砖需随墙砌入。

壁灯安装高度一般为灯具中心距地面 2.2m 左右，床头壁灯距地面 1.2 ～ 1.4m 较适宜。

在柱子上安装壁灯，可以在柱子上预埋金属构件或用抱箍将灯具固定在柱子上，也可以用膨胀螺栓固定的方法。壁灯的安装如图 8-41 所示。

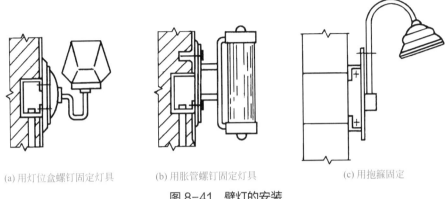

(a) 用灯位盒螺钉固定灯具　　(b) 用胀管螺钉固定灯具　　(c) 用抱箍固定

图 8-41　壁灯的安装

8.4.7　筒灯的安装

筒灯兼具照明和装饰两项功能，一般采用嵌入式的安装方式，如图 8-42 所示。

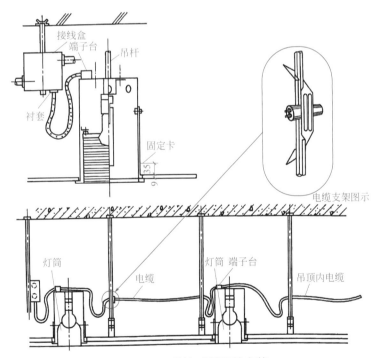

图 8-42　嵌入式筒灯的安装

筒灯的安装步骤如图 8-43 所示。在安装时，先根据筒灯的尺寸、安装位置在天花板上划线开孔，如图 8-43（a）所示。然后将天花板内的预留电源线与筒灯连接，如图 8-43（b）所示。再将筒灯上的弹簧扣扳直，并将筒灯往天花板孔内推入，如图 8-43（c）所示。当筒灯弹簧扣进入天花板后，将弹簧扣下扳，同时将筒灯完全推入天花板开孔处，依靠弹簧扣下压天花板的力量支撑住筒灯，如图8-43（d）所示。

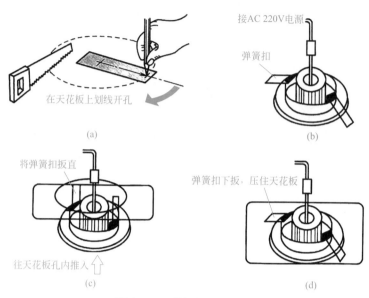

图 8-43　筒灯的安装步骤

8.5　照明配电箱

8.5.1　安装配电箱应满足的基本要求

①　安装配电箱（板）所需的木砖及铁件等均应在土建主体施工时进行预埋，预埋的各种铁件都应涂刷防锈漆。挂式配电箱（板）应采用金属膨胀螺栓固定。

②　配电箱（板）要安装在干燥、明亮、不易受震，便于抄表、操作、维护的场所。不得安装在水池或水道阀门（龙头）的上、下侧。如果必须安装在上列地方的左右时，其净距必须在 1m 以上。

③　配电箱（板）安装高度，照明配电板底边距地面不应小于 1.8m；配电箱安装高度，底边距地面为 1.5m。但住宅用配电箱也应使箱（板）底边距地面不小于 1.8m。配电箱（板）安装垂直偏差不应大于 3mm，操作手柄距侧墙面不小于 200mm。

④　在 240mm 厚的墙壁内暗装配电箱时，其后壁需用 10mm 厚石棉板及直径为 2mm、孔洞为 10mm 的钢丝网钉牢，再用 1∶2 水泥砂浆抹好，以防开裂。墙壁内预留孔洞大小，应比配电箱外廓尺寸略大 20mm。

⑤　明装配电箱应在土建施工时，预埋好燕尾螺栓或其他固定件。埋入铁件应镀锌或涂油防腐。

⑥　配电箱（板）安装垂直偏差不应大于 3mm。暗装时，其面板四周边缘应紧贴墙面，箱体与建筑物接触部分应刷防锈漆。

⑦ 配电箱（板）在同一建筑物内，高度应一致，允许偏差为 10mm。箱体一般宜突出墙面 10 ～ 20mm，尽量与抹灰面相平。

⑧ 对垂直装设的刀开关及熔断器等，上端接电源，下端接负荷；水平装设时，左侧（面对盘面）接电源，右侧接负荷。

⑨ 配电箱（板）的开关位置应与支路相对应，下面装设卡片框，标明路别及容量。

⑩ 配电箱（板）上的配线应排列整齐并绑扎成束，在活动部位要用长钉固定。盘面引出及引进的导线应留有余量以便于检修。

⑪ 配电箱的金属箱体应通过 PE 线或 PEN 线与接地装置连接可靠，使人身、设备在通电运行中确保安全。

8.5.2 明装（悬挂式）配电箱的安装

明装（悬挂式）配电箱可安装在墙上或柱子上，直接安装在墙上时，应先埋设固定螺栓，固定螺栓的规格应根据配电箱的型号和重量选择。其长度为埋设深度（一般为 120 ～ 150mm）加箱壁厚度以及螺母和垫圈的厚度，再加上 3 ～ 5 扣的余量长度，如图 8-44 所示。

施工时，先量好配电箱安装孔的尺寸，在墙上划好孔位，然后打洞，埋设螺栓（或用金属膨胀螺栓）。待填充的混凝土牢固后，即可安装配电箱。安装配电箱时，要用水平尺放在箱顶上，测量箱体是否水平。如果不平，可调整配电箱的位置以达到要求。同时在箱体的侧面用吊线锤，测量配电箱上、下端面与吊线的距离是否相等，如果相等，说明配电箱装得垂直。否则应查找原因，并进行调整。

配电箱安装在支架上时，应先将支架加工好，然后将支架埋设固定在地面上或墙上，也可用抱箍将支架固定在柱子上，再用螺栓将配电箱安装在支架上，并调整其水平和垂直。图 8-45 为配电箱在支架上安装的示意图。

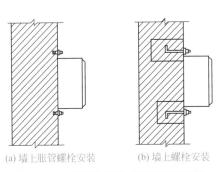

图 8-44　明装（悬挂式）配电箱安装

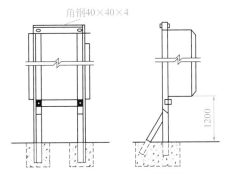

图 8-45　配电箱在支架上安装的示意图

8.5.3 暗装（嵌入式）配电箱的安装

暗装（嵌入式）配电箱就是将配电箱嵌入墙壁里。按配电箱嵌入墙体的尺寸可分为嵌入式配电箱安装和半嵌入式配电箱安装。嵌入式配电箱的安装如图 8-46 所示。当墙壁的厚度不能满足嵌入式安装时，可采用半嵌入式安装，使配电箱的箱体一半在墙外、一半嵌入墙内。

施工中应配合土建共同施工，在其主体施工时进行箱体预埋，配电箱的安装部位由放线员给出建筑标高线。安装配电箱的箱门前，抹灰粉刷工作应已结束。

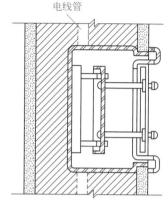

图 8-46　嵌入式配电箱的安装

嵌入式配电箱的安装程序如下。

① 预留配电箱孔洞。一般在土建施工图样中先找到设计指定的箱体位置，当土建砌墙时，就把与配电箱尺寸和厚度相等的木框架嵌在墙内，使墙上留出配电箱的孔洞。

② 安装并调整配电箱的位置。一般在土建施工结束，电气配管及配线的预埋工作结束时，就可以敲去预埋的木框架，而将配电箱嵌入墙内，并对配电箱的水平和垂直进行校正；垫好垫片将配电箱固定，并做好线管与箱体之间的连接固定。

③ 配电箱与墙体之间的固定。配电箱安装并固定好后，在箱体四周填入水泥砂浆，保证配电箱与墙体之间无缝隙，以利于后期的装修工作开展。

安装半嵌入式配电箱时，使配电箱的箱体一半在墙面外、一半嵌入墙内。在 240mm 墙上安装配电箱时，箱的后壁用 10mm 厚石棉板或用 10mm×10mm 钢丝网固定，并用 1：2 水泥砂浆抹平，以防止墙体开裂。

④ 配管与配电箱的连接。配电箱安装后，电气操作人员进行管路与配电箱的连接工作。配管进入配电箱箱体时，电源、负载管应该由左到右按顺序排列，并宜和各回路编号相对应。箱体各配管之间应间距均匀、排列整齐。入箱管路较多时，要把管路固定好，以防止倾斜，管入箱时应使其管口的入箱长度一致，用木板在箱内把管顶平即可。配管与箱体的连接应根据配管的种类采用不同的方法。

a. 钢管螺纹连接。钢管与配电箱采用螺纹连接时，应先将钢管口端部套螺纹，拧入锁紧螺母，然后插入箱体内，管口处再拧紧护圈帽（也可以再拧紧一个锁紧螺母，露出 2～3 扣的螺纹长度，拧上护圈帽）。若钢管为镀锌钢管，其与箱体的螺纹连接宜采用专用的接地线卡用铜导线做跨接接地线；若钢管为普通钢管，其与箱体的螺纹连接处的两端应用圆钢焊接跨接接地线，把钢管与箱体焊接起来。

b. 钢管焊接连接。暗配普通钢管与配电箱采用焊接连接时，管口宜高出箱体内壁 3～5mm。在管内穿线前，在管口处用塑料内护口保护导线或用 PVC 管加工制作喇叭口插入管口处保护导线。

⑤ 配电箱内盘面板的安装

a. 安装前，应对箱体的预埋质量与线管配置质量进行校验，确定符合设计要求及施工质量验收规范后再进行安装。

b. 要清除箱内杂物，检查各种元件是否齐全、牢固，并整理好配管内的电源和导线。

8.5.4　配电箱的检查与调试

配电箱安装完毕，应检查下列项目。

① 配电箱（板）的垂直偏差、距地面高度。

② 配电箱周边的空隙。

③ 照明配电箱（板）的安装和回路编号。

④ 配电箱的接地或接零。

⑤ 柜内工具、杂物等应清理出柜，并将柜体内外清扫干净。

⑥ 电气元件各紧固螺钉应牢固，刀开关、空气开关等操作机构应灵活，不应出现卡滞现象。

⑦ 检查开关电器的通断是否可靠，接触面接触是否良好，辅助触点通断是否准确可靠。

⑧ 电工指示仪表与互感器的变比、极性应连接正确可靠。

⑨ 母线连接应良好，其绝缘支撑件、安装件及附件应安装牢固可靠。

⑩ 检查熔断器的熔体规格选用是否正确，继电器的整定值是否符合设计要求，动作是否准确可靠。

⑪ 绝缘测试。配电箱中的全部电器安装完毕后，用 500V 绝缘电阻表对线路进行绝缘测试。测试相线与相线之间、相线与中性线之间、相线与地线之间的绝缘电阻时，由两人进行摇测，绝缘电阻应符合现行国家施工验收规范的规定，并做好记录且存档。

⑫ 在测量二次回路绝缘电阻时，不应损坏其他半导体元件，测量绝缘电阻时应将其断开。

零基础电工入门与实战

第9章
可编程控制器

9.1 概述

（1）可编程控制器的定义

可编程控制器是指可通过编程或软件配置改变控制对策的控制器，简称 PLC。可编程控制器是一种数字式运算操作的电子系统，是专为在工业环境下应用而设计的。它采用可编程序的存储器，用来在其内部存储执行逻辑运算、顺序控制、定时、计数和算术运算等操作的指令，并通过数字式或模拟式的输入 / 输出，控制各种类型的机械或生产过程。可编程控制器及有关外围设备，都是按易于与工业控制系统连成一个统一整体、易于扩充其功能的原则设计的，具有很强的抗干扰能力、广泛的适应能力和应用范围。

（2）可编程控制器的基本组成

可编程控制器外形的种类非常多，常用可编程控制器的外形如图 9-1 所示。

可编程控制器实质上是一种工业控制计算机，只不过它比一般的计算机具有更强的与工业过程相连接的接口和更直接的适应于控制要求的编程语言，故 PLC 与计算机的组成十分相似。从硬件结构看，它也有中央处理器（CPU）、存储器、输入 / 输出（I/O）接口、电源等，如图 9-2 所示。

PLC 的工作电源一般为单相交流电源，也有用直流 24V 供电的。PLC 对电源的稳定度要求不高，一般可允许电源电压波动率在 ±15% 的范围内。PLC 内部有一个稳压电源，用

(a) (b)

图 9-1 常用可编程控制器的外形

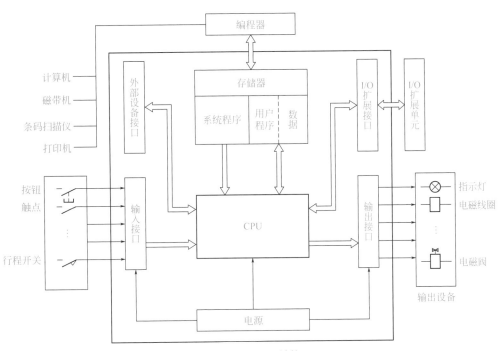

图 9-2 PLC 结构

于对 CPU 板、I/O 板及扩展单元供电。有的 PLC，其电源与 CPU 合为一体；有的 PLC，特别是大中型 PLC，备有专用电源模块。有些 PLC，电源部分还提供有 24VDC 稳压输出，用于对外部传感器等供电。

PLC 的外设除了编程器，还有 EPROM 写入器、盒式磁带录音机、打印机、软盘甚至硬盘驱动器以及高分辨率大屏幕彩色图形监控系统。其中有的是与编程器连接的，有的则通过接口直接与 CPU 等相连。

有的 PLC 可以通过通信接口，实现多台 PLC 之间及其与上位计算机的联网，从这个意义上说，计算机也可以看作是 PLC 的一种外设。

9.2 PLC的选择

随着 PLC 技术的发展，PLC 产品的种类也越来越多，如三菱、西门子、欧姆龙、松下、ABB 公司等。不同型号 PLC 的结构形式、性能、容量、指令系统、编程方式、价格等也各有不同，适用的场合也各有侧重。因此，合理选用 PLC，对于提高 PLC 控制系统的技术经济指标起着重要的作用。PLC 的选择主要应从 PLC 的机型、容量、I/O 模块、电源模块、特殊功能模块、通信联网能力等方面加以综合考虑。

9.2.1 PLC机型的选择

选择合适的机型是 PLC 控制系统硬件设计的关键问题。PLC 机型选择的基本原则是在满足控制要求及保证可靠、维护方便的前提下，力争最佳的性能价格比。一般来说，机型的选择主要考虑以下几点。

（1）结构形式的选择

从结构上分，PLC 主要有固定式（整体式）和组合式（模块式）两种。固定式 PLC 包括 CPU 板、I/O 板、显示面板、内存块、电源等，这些元素组合成一个不可拆卸的整体。模块式 PLC 包括 CPU 模块、I/O 模块、内存、电源模块、底板或机架，这些模块可以按照一定规则组合配置。整体式 PLC 的每一个 I/O 点的平均价格比模块式的便宜，且体积相对较小，一般用于系统工艺过程较为固定的小型控制系统中；而模块式 PLC 的功能扩展灵活方便，在 I/O 点数、输入点数与输出点数的比例、I/O 模块的种类等方面选择余地大，且维修方便，一般用于较复杂的控制系统。

（2）安装方式的选择

PLC 系统的安装方式分为集中式、远程 I/O 式及多台 PLC 联网的分布式。集中式不需要设置驱动远程 I/O 硬件，系统反应快、成本低；远程 I/O 式适用于大型系统，系统的装置分布范围很广，远程 I/O 可以分散安装在现场装置附近，连线短，但需要增设驱动器和远程 I/O 电源；多台 PLC 联网的分布式适用于多台设备分别独立控制，又要相互联系的场合，可以选用小型 PLC，但必须附加通信模块。

（3）相应的功能要求

一般小型（低档）PLC 具有逻辑运算、定时、计数等功能，对于只需要开关量控制的设备都可满足。对于以开关量控制为主，带少量模拟量控制的系统，可选用能带 A/D 和 D/A 转换单元，具有加减算术运算、数据传送功能的增强型低档 PLC。对于控制较复杂，要求实现 PID 运算、闭环控制、通信联网等功能，可视控制规模大小及复杂程度，选用中档或高档 PLC。但是中、高档 PLC 价格较贵，一般用于大规模过程控制和集散控制系统等场合。

（4）对响应速度的要求

PLC 是为工业自动化设计的通用控制器，不同档次 PLC 的响应速度一般都能满足其应用范围内的需要。如果要跨范围使用 PLC，或者对某些功能或信号有特殊的速度要求，则应该慎重考虑 PLC 的响应速度，可选用具有高速 I/O 处理功能的 PLC，或选用具有快速响应模块和中断输入模块的 PLC 等。

（5）对系统可靠性的要求

对于一般系统 PLC 的可靠性均可以满足。对于可靠性要求很高的系统，应考虑是否采用冗余系统或热备用系统。

（6）机型尽量统一

一个企业，应尽量做到 PLC 的机型统一。主要考虑以下三方面问题。

① 机型统一，其模块可互为备用，便于备品备件的采购和管理。

② 机型统一，其功能和使用方法类似，有利于技术力量的培训和技术水平的提高。

③ 机型统一，其外部设备通用，资源可共享，易于联网通信，配上位计算机后，易于形成一个多级分布式控制系统。

（7）I/O 点数的确定

I/O 点数是衡量可编程控制器规模大小的重要指标。首先必须清楚控制系统的 I/O 总点数，此外还要考虑将来生产工艺的改进及可靠性要求，再按实际所需总点数的 10% ～ 20% 留有余量。实际订货时，还需根据制造厂商 PLC 的产品特点，对输入输出点数进行圆整。

PLC 的 I/O 总点数和种类应根据被控对象所需的模拟量、开关量等输入 / 输出设备情况（包括模拟量、开关量等输入信号和需控制的输出设备数目及类型）来确定。一般控制系统，如果 I/O 总点数较少，且由 PLC 构成单机控制系统，应选用小型的 PLC。如果 I/O 总点数过多，且由 PLC 构成控制系统的控制对象分散，控制级数较多，应选用大、中型的 PLC。

（8）存储器容量的确定

存储器容量是可编程序控制器本身能提供的硬件存储单元大小，程序容量是存储器中用户应用项目使用的存储单元的大小，因此程序容量小于存储器容量。设计阶段，由于用户应用程序还未编制，因此，程序容量在设计阶段是未知的，需在程序调试之后才知道。为了设计选型时能对程序容量有一定估算，通常采用存储器容量的估算来替代。

用户程序所需内存量与很多因素有关，如开关量 I/O 点数、模拟量 I/O 点数、内存利用率、编程水平等，因此对用户存储容量只能做粗略的估算。一般根据经验，每个 I/O 点及有关功能元件占用的内存量如下。

开关量输入元件：10 ～ 20B/ 点。

开关量输出元件：5 ～ 10B/ 点。

定时器 / 计数器：3 ～ 5B/ 点。

模拟量：80 ～ 100B/ 点。

通信接口：每个接口需要 200B 以上。

最后，根据上面算出的总字节数的 50% 左右留有余量，从而选择合适的 PLC 内存。需要复杂控制功能时，应选择容量更大、档次更高的存储器。

（9）确定 PLC 的运行速度

PLC 采用扫描方式工作。从实时性要求来看，处理速度应越快越好，如果信号持续时间小于扫描时间，则 PLC 将扫描不到该信号，造成信号数据的丢失。

PLC 的处理速度与用户程序的长度、CPU 处理速度、软件质量等有关。目前，PLC 接点的响应快、速度高，因此能适应控制要求高的应用需要。对于以开关量为主的控制系统，不用考虑扫描速度，一般的 PLC 机型都可使用。但是，对于模拟量控制系统，特别是闭环系统，则需要考虑扫描速度，选择合适的 CPU 种类的 PLC 机型。

9.2.2　模块的选择

（1）I/O 模块的选择

I/O 模块包括开关量 I/O 模块和模拟量 I/O 模块。不同的 I/O 模块，其电路及功能也直接影响 PLC 的应用范围，应当根据实际需要加以选择。

1）输入模块的选择。

PLC 输入模块的任务是检测并转换来自现场设备（按钮、限位开关、接近开关、光电开关等）的高电平信号为机器内部的电平信号。

根据 PLC 输入 / 输出量的点数和性质可以确定 I/O 模块的型号和数量，选择输入模块时应注意以下几点。

① 输入信号的类型及电压等级。开关量输入模块有直流输入、交流输入和交流 / 直流输入 3 种类型。选择时主要考虑现场输入信号和周围环境因素等。直流输入模块的延迟时间较短，还可以直接与接近开关、光电开关等电子输入设备连接；交流输入模块可靠性好，适合于有油雾、粉尘的恶劣环境下使用。开关量输入模块的输入信号的电压等级包括：直流 5V、12V、24V、48V、60V 等；交流 110V、220V 等。选择时主要根据现场输入设备与输入模块之间的距离来考虑。距离较近时，可选择电压等级较低一些的模块，如 5V、12V、24V 等。例如，5V 输入模块最远不得超过 10m。距离较远的应该选用输入电压等级较高的模块。

② 输入接线方式。开关量输入模块主要有汇点式和分隔式两种接线方式，汇点式的开关量输入模块所有的输入点共用一个公共端（COM）；而分隔式的开关量输入模块是将输入点分为若干组，每一组（几个输入点）共用一个公共端，各组之间是分隔的。分隔式的开关量输入模块价格较汇点式的高，如果输入信号不需要分隔，一般应选用汇点式。

③ 注意同时接通的输入点数量。对于选用高密度的输入模块（如 32 点、48 点等），同时接通点数取决于输入电压和环境温度，一般来讲，同时接通的点数最好不超过模块总点数的 60%，以保证输入输出点承受负载能力在允许范围内。

④ 输入门槛电平。为了提高系统的可靠性，必须考虑输入门槛电平的大小。门槛电平越高，抗干扰的能力就越强，传输的距离也就越远，具体可参阅 PLC 说明书。

⑤ 模拟量输入模块的输入可以是电压信号或电流信号。在选用时一定要注意与现场过程检测信号范围相对应。

2）输出模块的选择。

PLC 输出模块的任务是将机器内部信号电平转换为外部过程的控制信号。

开关量输出模块按输出方式可分为继电器输出、双向晶闸管输出、晶体管输出模块。对于开关频率高、电感性、低功率因数的交流负载可选用晶闸管输出模块；对于开关频率较高的直流负载，可选用晶体管输出模块；对于不频繁动作的交直流负载，可选用继电器输出模块。

模拟量输出模块的输出类型有电压输出和电流输出两种，在使用时要根据负载情况选择。

（2）智能模块的选择

常用智能模块有高速计数模块、温度控制模块、位置控制模块、通信模块及电源模块等。当 PLC 内部的高速计数器的最高计数频率不能满足要求时，可选择高速计数器模块；在机械设备中，为保证加工精度而进行定位时，可选用位置控制模块；对于自动化程度要求高的控制系统，可以选用 PLC 与 PLC 之间的通信模块等。

9.2.3　I/O地址分配

输入 / 输出信号在 PLC 接线端子上的地址分配是进行 PLC 控制系统设计的基础。将系统中的输入和输出进行分类后，即可根据分类统计的参数和功能要求具体确定 PLC 的硬件配置，即 I/O 地址分配（I/O 分配表），表中包含 I/O 编号、设备代号、设备名称及功能等。注意在分配 I/O 编号时，尽量将相同种类的信号，相同电压等级的信号排在一起，或按被控对象分组。为了便于设计，根据工作流程需要，也可以将所需的定时器、计数器及辅助继电器按类列出表格，列出器件号、名称、设定值及用途等。

9.3　PLC的编程

9.3.1　PLC使用的编程语言

PLC 使用的编程语言，随生产厂家及机型的不同而不同。PLC 编程语言分类见表 9-1。其中的梯形图及助记符指令（语句表）用得最为广泛。

表 9-1　PLC 编程语言分类

类型	语言	功能特点		
		逻辑	顺序	高级
文本型	布尔代数	0		
	助记符（IL）	0		
	高级语言	0		◎
图示型	梯形图（LD）	◎		0
	功能块图（FBD）	◎		◎
	流程图		◎	
	顺序功能图（SFC）		◎	
表格型	判定表等		◎	

注：0—普通功能；◎—较强功能。

9.3.2 梯形图的绘制

梯形图是在原电气控制系统中常用的接触器、继电器线路图的基础上演变而来的，所以它与电气控制原理图相呼应。由于梯形图形象直观，因此极易为熟悉电气控制电路的技术人员所接受。

梯形图使用的基本符号，随生产厂家及机型的不同而不同。梯形图使用的基本符号如表 9-2 所示。

表 9-2　梯形图使用的基本符号

名称	符号
母线	
连线	
常开触点	
常闭触点	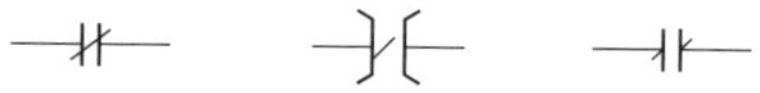
线圈	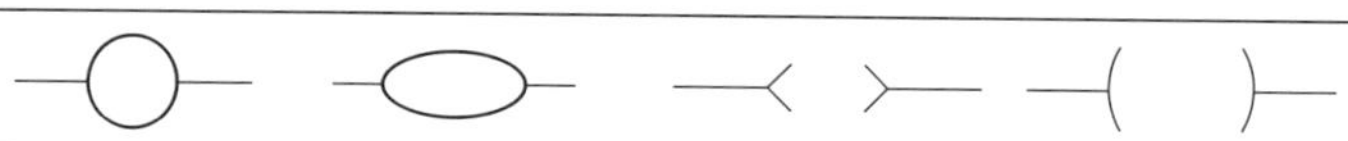
其他	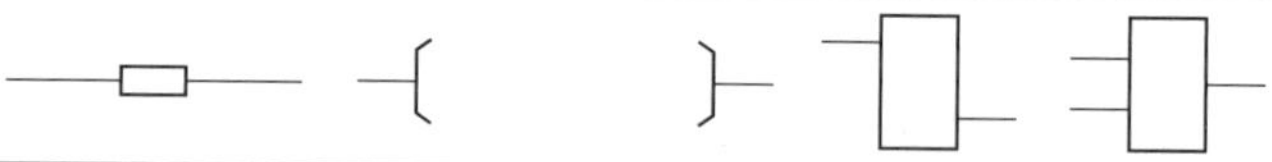

绘制梯形图的基本规则如下。

采用梯形图的编程语言要有一定的格式。每个梯形图网络由多个梯级组成，每个输出元素可构成一个梯级，每个梯级可由多个支路组成，每个支路中可容纳的编程元素个数，不同机型有不同的数量限制。

编程时要一个梯级、一个梯级按从上至下的顺序编制。梯形图两侧的竖线类似电气控制图的电源线，称作母线。梯形图的各种符号，要以左母线为起点，右母线为终点（有的允许省略右母线），从左向右逐个横向写入。左侧总是安排输入接点，并且把接点多的串联支路置于上边，把并联接点多的支路靠近最左端，使程序简洁明了，分别如图 9-3（a）、（b）所示。

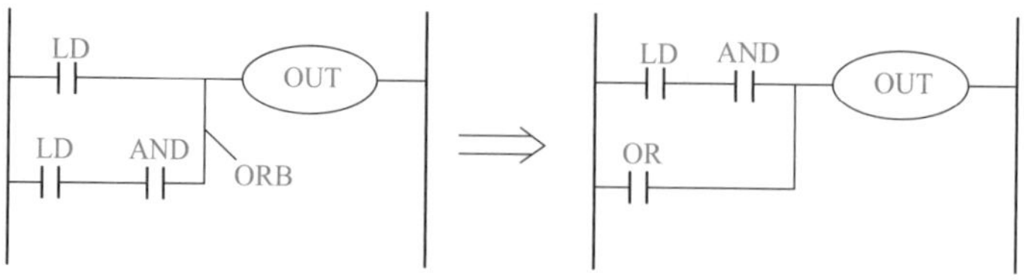

(a)

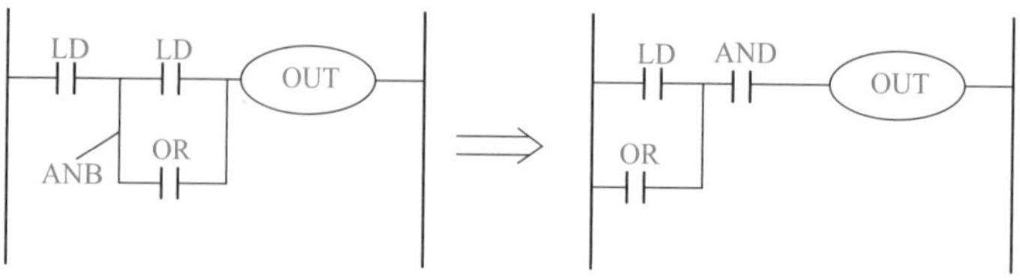

(b)

图 9-3　梯形图画法（一）

而且接点不能画在垂直分支上，如图 9-4（a）所示的桥式电路应改为图 9-4（b）。输出线圈、内部继电器线圈及运算处理框必须写在一行的最右端，它们的右边不容许再有任何接点，如图 9-5（a）应改为图 9-5（b）。线圈一般不许重复使用。

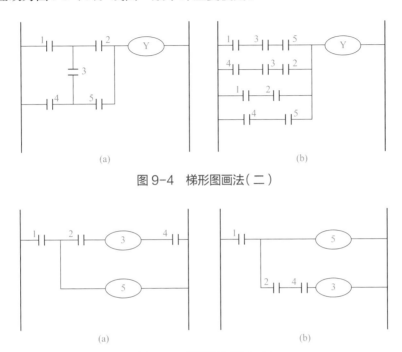

图 9-4　梯形图画法（二）

图 9-5　梯形图画法（三）

在梯形图中，每个编程元素应按一定的规则加标字母数字串，不同的编程元素常用不同的字母符号和一定的数字串来表示。

梯形图格式中的继电器不是物理继电器，每个继电器和输入接点均为存储器中的一位，相应位为"1"态时，表示继电器线圈通电或常开接点闭合或常闭接点断开。图中流过的电流不是物理电流，而是"概念"电流（又称想象信息流或能流），是用户程序解算中满足输出执行条件的形象表示方式。"概念"电流只能从左向右流动。梯形图中的继电器接点可在编制程序时多次重复使用。

梯形图中用户逻辑解算结果，立即可为后面用户程序的解算所用。梯形图中的输入接点和输出线圈不是物理接点和线圈。用户程序的解算是根据 PLC 内 I/O 映像区每位的状态，而不是解算时现场开关的实际状态。输出线圈只对应输出映像区的相应位，不能用该编程元素直接驱动现场机构，该位的状态必须通过 I/O 模块上对应的输出单元才能驱动现场执行机构。

9.3.3　常用助记符

PLC 的助记符指令都包含两个部分：操作码和操作数。操作码表示哪一种操作或者运算；操作数内包含为执行该操作所必需的信息，告诉 CPU 用什么地方的东西来执行此操作。

操作码用助记符如 LD、AND、OR 等表示（各机型部分常用助记符见表 9-3），操作数用内部器件及编号等来表示。每条指令都有特定的功能。用这种助记符指令，根据控制要求可编出程序，这种程序是一批指令的有序集合，所以有人把它称作指令表或语句表。

表 9-3　各机型部分常用助记符

操作性质	对应助记符
取常开接点状态	LD、LOD、STR
取常闭接点状态	LDI、LDNOT、LODNOT、STRNOT、LDN
对常开接点逻辑与	AND、A
对常闭接点逻辑与	ANI、AN、ANDNOT、ANDN
对常开接点逻辑或	OR、O
对常闭接点逻辑或	ORI、ON、ORNOT、ORN
对接点块逻辑与	ANB、ANDLD、ANDSTR、ANDLOD
对接点块逻辑或	ORB、ORLD、ORSTR、ORLOD
输出	OUT、=
定时器	TIM、TMR、ATMR
计数器	CNT、CT、UDCNT、CNTR
微分命令	PLS、PLF、DIFU、DIFD、SOT、DF、DFN、PD
跳转	JMP-JME、CJP-EJP、JMP-JEND
移位指令	SFT、SR、SFR、SFRN、SFTR
置复位	SET、RST、S、R、KEEP
空操作	NOP
程序结束	END
四则运算	ADD、SUB、MUL、DIV
数据处理	MOV、BCD、BIN
运算功能符	FUN、FNC

9.3.4　常用指令的使用

下面以梯形图和语句表对照来说明 FX_{2N} 系列 PLC 主要指令的使用。

由于不同 PLC 内部器件的编号、梯形图的符号以及助记符有所不同，为了不拘泥于某种 PLC，因此重点介绍编程思路。

（1）逻辑取指令和输出指令（LD、LDI、OUT）

逻辑取指令和输出指令的助记符、名称、功能、操作元件见表 9-4。

表 9-4　逻辑取指令和输出指令

指令助记符	名称	指令功能	操作元件
LD	取	从公共母线开始取用常开触点	X、Y、M、S、T、C
LDI	取反	从公共母线开始取用常闭触点	X、Y、M、S、T、C
OUT	输出	线圈驱动（输出）	Y、M、S、T、C（T、C 后紧跟常数）

① LD，取指令，用于编程元件的动合触点（常开触点）与母线的起始连接。

② LDI，取反指令，用于编程元件的动断触点（常闭触点）与母线的起始连接。

③ LD 和 LDI 的操作元件是输入继电器 X、输出继电器 Y、辅助继电器 M、状态元件 S、定时器 T、计数器 C 的接点，用于将接点连接到母线上，也可用于 ANB、ORB 等分支电路的起点。

④ OUT，输出指令，用于驱动编程元件的线圈，其操作元件是 Y、M、S、T、C，但不能是 X。OUT

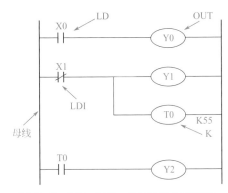

图 9-6　LD、LDI、OUT 指令梯形图

用于定时器 T、计数器 C 时需跟常数 K。图 9-6 为 LD、LDI、OUT 指令梯形图，其对应的指令见表 9-5。其中 T0 是定时器元素号，语句 4、5 表示延时 55s。

表 9-5　LD、LDI 和 OUT 指令表

语句号	指令	元素
0	LD	X0
1	OUT	Y0
2	LDI	X1
3	OUT	Y1
4	OUT	T0
5		K55
6	LD	T0
7	OUT	Y2
8	END	—

（2）单个触点串联指令（AND、ANI）

单个触点串联指令的助记符、名称、功能、操作元件见表 9-6。

表 9-6　单个触点串联指令

指令助记符	名称	指令功能	操作元件
AND	与	串联一个常开触点	X、Y、M、S、T、C
ANI	与非	串联一个常闭触点	X、Y、M、S、T、C

① AND，与指令，用于一个常开触点（动合触点）与另一个触点的串联连接。

② ANI，与非指令，用于一个常闭触点（动断触点）与另一个触点的串联连接。

③ AND 和 ANI 指令能够操作的元件是 X、Y、M、S、T、C。

④ AND 和 ANI 用于 LD、LDI 后一个常开或常闭触点的串联，串联的数量不受限制。也就是说，AND 和 ANI 指令是用来描述单个触点与别的触点或触点组组成的电路的串联连接关系的。单个触点与左边的电路串联时，使用 AND 和 ANI 指令。AND 和 ANI 指令能够连续使用，即几个触点串联在一起，且串联触点的个数没有限制。

⑤ 当串联的是两个或两个以上的并联触点时，要用到下面将要介绍的块与（ANB）指令。图9-7为AND、ANI指令梯形图，其对应的指令见表9-7。

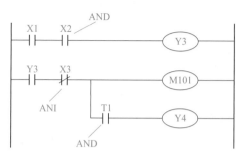

图9-7　AND、ANI指令梯形图

表9-7　AND和ANI指令表

语句号	指令	元素
0	LD	X1
1	AND	X2
2	OUT	Y3
3	LD	Y3
4	ANI	X3
5	OUT	M101
6	AND	T1
7	OUT	Y4
8	END	

在表9-7中，执行OUT　M101指令之后，通过T1的触点对Y4使用OUT指令（驱动Y4），称为连续输出（又称纵接输出）。只要按正确的次序设计电路，就可以重复使用连续输出。对T1的触点应使用串联指令，T1的触点和Y4的线圈组成的串联电路与M101的线圈是并联关系，但是T1的常开触点与左边的电路是串联关系。

（3）单个触点并联指令（OR、ORI）

单个触点并联指令见表9-8。

表9-8　单个触点并联指令

指令助记符	名称	指令功能	操作元件
OR	或	并联一个常开触点	X、Y、M、S、T、C
ORI	或非	并联一个常闭触点	X、Y、M、S、T、C

① OR，或指令，用于一个常开触点（动合触点）与另一个触点的并联连接。

② ORI，或非指令，用于一个常闭触点（动断触点）与另一个触点的并联连接。

③ OR和ORI指令能够操作的元件是X、Y、M、S、T、C。

④ OR和ORI用于LD、LDI后一个常开或常闭触点的并联，并联的数量不受限制。也

就是说，OR 和 ORI 指令是用来描述单个触点与别的触点或触点组组成的电路的并联连接关系的。由于单个触点与前面电路的并联，并联触点的左侧接到该指令所在电路块的起始点 LD 处，右端与前一条指令对应触点的右端相连。OR 和 ORI 指令能够连续使用，即几个触点并联在一起，且并联触点的个数没有限制。

⑤ 当并联的是两个或两个以上的串联触点时，要用到下面将要介绍的块或（ORB）指令。

图 9-8 为 OR、ORI 指令梯形图，其对应的指令见表 9-9。

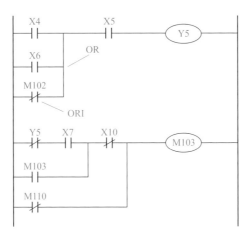

图 9-8　OR、ORI 指令梯形图

表 9-9　OR 和 ORI 指令表

语句号	指令	元素	语句号	指令	元素
0	LD	X4	6	AND	X7
1	OR	X6	7	OR	M103
2	ORI	M102	8	ANI	X10
3	AND	X5	9	ORI	M110
4	OUT	Y5	10	OUT	M103
5	LDI	Y5	11	END	—

（4）串联电路块并联指令和并联电路块串联指令（ORB、ANB）

串联电路块并联指令和并联电路块串联指令见表 9-10。

表 9-10　串联电路块并联指令和并联电路块串联指令

指令助记符	名称	指令功能	操作元件
ORB	块或	串联电路块的并联连接	无
ANB	块与	并联电路块的串联连接	无

1）串联电路块并联指令 ORB。

① 两个或两个以上触点串联的电路称为串联电路块，电路块的开始处用 LD 或 LDI 指令。

② 当一个串联电路块和上面的触点或电路块并联时，在串联电路块的结束处用块或（ORB）指令。即将串联电路块并联时，用 LD、LDI 指令表示分支开始，用 ORB 指令表示分支结束。

③ ORB 指令是不带操作元件的指令。即 ORB 指令不带元件号，只对电路块进行操作。

④ 在使用 ORB 指令时，有两种使用方法：一种是在要并联的两个电路块后面加 ORB 指令，即分散使用 ORB 指令，其并联电路块的个数没有限制；另一种是集中使用 ORB 指令，集中使用 ORB 指令的次数不允许超过 8 次。所以不推荐集中使用 ORB 指令的这种编程方法。

图 9-9 为 ORB 指令梯形图，其对应的指令见表 9-11 和表 9-12。

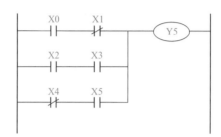

图 9-9　ORB 指令梯形图

表 9-11　ORB 指令表（推荐程序）

语句号	指令	元素
0	LD	X0
1	ANI	X1
2	LD	X2
3	AND	X3
4	ORB	
5	LDI	X4
6	AND	X5
7	ORB	
8	OUT	Y5

表 9-12　ORB 指令表（不推荐程序）

语句号	指令	元素
0	LD	X0
1	ANI	X1
2	LD	X2
3	AND	X3
4	LDI	X4
5	AND	X5
6	ORB	
7	ORB	
8	OUT	Y5

2）并联电路块串联指令 ANB。

① 两个或两个以上触点并联的电路称为并联电路块，电路块的开始处用 LD 或 LDI 指令。

② 当一个并联电路块和上面的触点或电路块串联时，在并联电路块的结束处用块与（ANB）指令。即将并联电路块与前面电路串联连接时，梯形图分支的起点用 LD 或 LDI 指令，在并联电路块结束后，使用 ANB 指令。

③ ANB 指令是不带操作元件的指令。即 ANB 指令不带元件号，只对电路块进行操作。

④ ANB 指令和 ORB 指令同样有两种使用方法，不推荐集中使用的方法。

图 9-10 为 ANB 指令梯形图，其对应的指令见表 9-13。

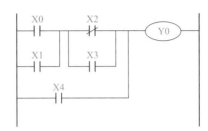

图 9-10　ANB 指令梯形图

表 9-13　ANB 指令表

语句号	指令	元素
0	LD	X0
1	OR	X1
2	LDI	X2
3	OR	X3
4	ANB	
5	OR	X4
6	OUT	Y0
7	END	—

3）ORB 和 ANB 指令的应用。

ORB 和 ANB 指令梯形图如图 9-11 所示，其对应的指令见表 9-14。表中可见 A、B 两个串联电路块用 ORB 语句使其并联；C、D 两个串联电路块也用 ORB 语句使其并联。而 E、F 两个并联电路块用 ANB 语句使其串联。

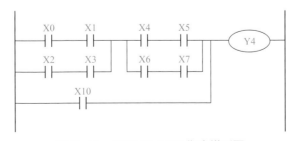

图 9-11　ORB 和 ANB 指令梯形图

表 9-14 ORB 和 ANB 指令表

语句号	指令	元素
0	LD	X0
1	AND	X1
2	LD	X2
3	AND	X3
4	ORB	—
5	LD	X4
6	AND	X5
7	LD	X6
8	AND	X7
9	ORB	—
10	ANB	—
11	OR	X10
12	OUT	Y4
13	END	—

（5）置位和复位指令（SET、RST）

置位和复位指令（又称自保持与解除指令）的助记符、名称、功能、操作元件见表 9-15。

表 9-15 置位和复位指令

指令助记符	名称	指令功能	操作元件
SET	置位	令元件动作自保持 ON	Y、M、S
RST	复位	清除动作保持，寄存器清零	Y、M、S、T、C、D、V、Z

① SET。置位指令，其功能是使操作保持 ON 的指令。用于对线圈动作的保持。

② RST。复位指令，其功能是使操作保持 OFF 的指令。用于解除线圈动作的保持。

③ SET 指令的操作元件可以为 Y、M、S，相当于使得操作元件状态置"1"；RST 指令的操作元件可以为 Y、M、S、T、C、D、V、Z，对 Y、M、S 操作时，相当于将其状态复位，即置"0"；对 T、C、D、V、Z 操作时，相当于将其数据清零。

④ 对于同一操作元件，SET、RST 指令可多次使用，顺序也可以随意，但只有最后执行的一条指令有效，即最后一次执行的指令将决定其当前的状态。

利用置位指令 SET 与复位指令 RST 可以维持辅助继电器的吸合状态，如图 9-12 所示，其对应的指令见表 9-16。当 X0 接通后，即使再断开，Y0 也保持接通。当 X1 接通后，即使再断开，Y0 也保持断开。

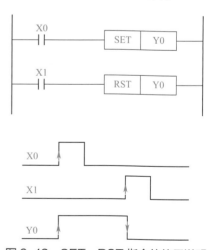

图 9-12 SET、RST 指令的使用说明

表 9-16 SET 和 RST 指令表

语句步	指令	元素
0	LD	X0
1	SET	Y0
⋮	可在中间插入其他程序	
n	LD	X1
n+1	RST	Y0

（6）脉冲输出指令（PLS、PLF）

脉冲输出指令见表 9-17。

表 9-17 脉冲输出指令

指令助记符	名称	指令功能	操作元件
PLS	上升沿脉冲	上升沿微分输出	Y、M
PLF	下降沿脉冲	下降沿微分输出	Y、M

① PLS。上升沿微分输出指令。当检测到控制触点闭合的一瞬间，输出继电器或辅助继电器的触点仅接通一个扫描周期。专用于操作元件的短时间脉冲输出。

② PLF。下降沿微分输出指令。当检测到控制触点断开的一瞬间，输出继电器或辅助继电器的触点仅接通一个扫描周期。控制线路由闭合到断开。

③ PLS 和 PLF 指令能够操作的元件为 Y 和 M，但不包括特殊辅助继电器。

④ PLS 和 PLF 指令只有在检测到触点的状态发生变化时才有效，如果触点一直是闭合或者断开，PLS 和 PLF 指令是无效的，即指令只对触发信号的上升沿和下降沿有效。

⑤ PLS 和 PLF 指令无使用次数的限制。

图 9-13 是 PLS 和 PLF 指令的使用说明，其对应的指令见表 9-18。操作元件 Y、M 只在驱动输入接通（PLS）或断开（PLF）后的第一个扫描周期内动作。

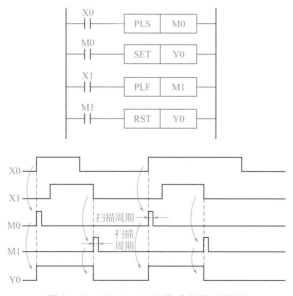

图 9-13　PLS、PLF 指令的使用说明

表 9-18　PLS 和 PLF 指令表

语句号	指令	元素
0	LD	X0
1	PLS	M0（2 步指令）
3	LD	M0
4	SET	Y0
5	LD	X1
6	PLF	M1（2 步指令）
8	LD	M1
9	RST	Y0
10	END	—

（7）空操作指令和程序结束指令（NOP 和 END）

空操作指令和程序结束指令见表 9-19。

表 9-19　空操作指令和程序结束指令

指令助记符	名称	指令功能	操作元件
NOP	空操作	无动作	无
END	结束	输入、输出处理，返回程序开始	无

1）空操作指令（NOP）。

① NOP。空操作指令，是一个无动作、无目标操作元件、占一个程序步的指令。它使该步序号做空操作。

② 执行 NOP 指令时，并不进行任何操作，有时可用 NOP 指令短接某些触点或用 NOP 指令将不要的指令覆盖。

③ 在修改程序时，可以用 NOP 指令删除触点或电路，也可以用 NOP 代替原来的指令，这样可以使步序号不变动，如图 9-14 所示。

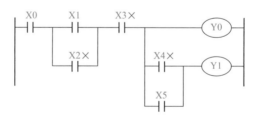

图 9-14　NOP 指令的用法

图 9-14 是 NOP 指令的用法，图 9-14 中未加入 NOP 指令时的指令见表 9-20，图 9-14 中加入 NOP 指令后的指令见表 9-21。用 NOP 指令删除串联和并联触点时，只需用 NOP 取代原来的指令即可，如图 9-14 中的 X2 和 X3。图 9-14 中的 X1 和 X2 是触点组，将 X2 删除后，X1 变成了单触点，但是可以把单触点 X1 看成触点组，这样步序中的 ANB 指令就可以不变了。

④ 如果用 NOP 删除起始触点（即用 LD、LDI、LDP、LDF 指令的触点），它的下一个触点就应改为起始触点，如图 9-14 中的 X4，X4 删除后，X5 要改用 LD 指令，见表 9-21。

表 9-20　未加入 NOP 指令时与图 9-14 对应的指令表

语句号	指令	元素
0	LD	X0
1	LD	X1
2	OR	X2
3	ANB	
4	AND	X3
5	OUT	Y0
6	LD	X4
7	OR	X5
8	ANB	
9	OUT	Y1
10	END	—

表 9-21　加入 NOP 指令后与图 9-14 对应的指令表

语句号	指令	元素
0	LD	X0
1	LD	X1
2	NOP	
3	ANB	
4	NOP	
5	OUT	Y0
6	NOP	
7	LD	X5
8	ANB	
9	OUT	Y1
10	END	—

⑤ 在普通指令之间加入 NOP 指令，PLC 将其忽略而继续工作；如果在程序中先插入一些 NOP 指令，则修改或追加程序时，可以减少程序号的改变。

⑥ 在正式使用的程序中，最好将 NOP 删除。

2）程序结束指令（END）。

PLC 反复进行输入处理、程序执行、输出处理。END 指令使 PLC 直接执行输出处理，程序返回第 0 步。另外，在调试用户程序时，也可以将 END 指令插在每一个程序的末尾，分段调试用户程序，每调试完一段，将其末尾的 END 指令删除，直至全部用户程序调试完毕。

9.3.5　梯形图编程前的准备工作

① 熟悉 PLC 的指令。

② 仔细阅读 PLC 说明书，清楚如何分配存储器中的地址和一些特殊地址的功能。

③ 了解硬件接线和与 PLC 连接的输入、输出设备的工作原理。

④ 在 PLC 存储器中，给输入、输出设备分配存储器地址。

⑤ 为 PLC 梯形图中需要的中间量（如计数器、定时器等元素）分配地址。

⑥ 清楚控制原理，确认每一个输出量、中间量和指令的得电条件和失电条件。即确认每一个输出量、中间量和指令在什么时候、什么条件下执行。

9.3.6　梯形图的等效变换

对于某种机型的 PLC，可以实现的梯形图等级是有明确规定的。遇到本机型 PLC 不许可的梯形图时，必须对其进行等效变换。

（1）含交叉的梯形图

多数 PLC 是不允许梯形图中有交叉的，例如图 9-15（a）所示的含交叉的梯形图应该改为 9-15（b）。

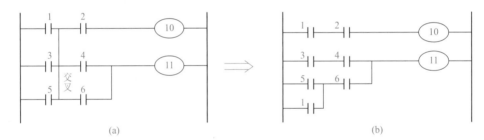

图 9-15　含交叉的梯形图

（2）含接点多分支输出

有些 PLC 不允许梯形图中有含接点的多分支输出。如图 9-16（a）所示的含接点多分支输出的梯形图应改为图 9-16（b）。

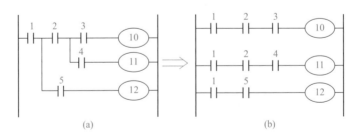

图 9-16　含接点多分支输出

（3）桥式电路

有些 PLC 的梯形图中不允许有桥式电路。所以图 9-17（a）所示的桥式电路应等效变换成图 9-17（b），由于图 9-17（a）所示的梯形图中接点 3 上不允许有从右向左的信息流，所以图 9-17（b）所示的等效梯形图中不应含 5 → 3 → 2 → 10 的支路。

如果这个桥式电路不是梯形图，而是一个电气控制线路图，则接点 3 上允许电流双方向流通，若想把其功能用梯形图实现，但使用的 PLC 的梯形图中不允许有桥式电路，这样的情况下，等效的梯形图则应如图 9-17（c）所示。

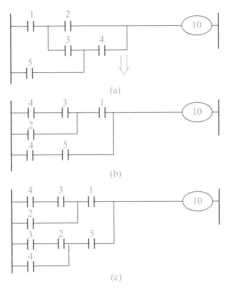

图 9-17　桥式电路

9.4　PLC的安装与接线

9.4.1　PLC的安装

（1）PLC 安装注意事项

在安装 PLC 时，要避开下列场所。

① 环境温度超出 0 ～ 50℃ 的范围。

② 相对湿度超过 85% 或者存在露水凝聚（由温度突变或其他因素所引起的）。

③ 太阳光直接照射。

④ 有腐蚀和易燃的气体，例如氯化氢、硫化氢等。

⑤ 有大量铁屑及灰尘。

⑥ 频繁或连续的振动，振动频率为 10 ～ 55Hz、幅度为 0.5mm（峰 - 峰）。

⑦ 超过 10g（重力加速度）的冲击。

为了使控制系统工作可靠，通常把可编程控制器安装在有保护外壳的控制柜中，以防止灰尘、油污、水溅。为了使其温度保持在规定环境温度范围内，安装机器应有足够的通风空间，基本单元和扩展单元之间要有 30mm 以上间隔。如果周围环境超过 55℃，要安装电风扇，强迫通风。为了避免其他外围设备的电磁干扰，可编程控制器应尽可能远离高压电源线和高压设备，可编程控制器与高压设备和电源线之间应留出至少200mm的距离。

（2）PLC安装的一般方法

安装和拆卸PLC的各种模块和相关设备时，必须首先切断电源，否则可能会导致设备的损坏和人身安全受到伤害。下面以S7-200系列PLC为例，介绍PLC安装的一般方法。

① PLC既可以安装在一块面板上，又可以安装在一个DIN导轨上，利用总线连接电缆可以很容易地把I/O模块和PLC或其他模块连接在一起，如图9-18所示。

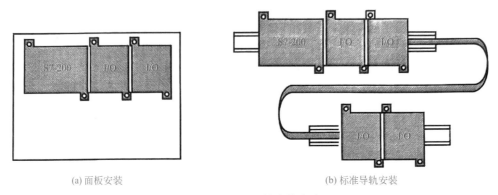

(a) 面板安装　　　　　　　　　　　　　　(b) 标准导轨安装

图9-18　PLC的安装方法

② 在安装时，应尽可能使PLC的各功能模块远离产生高电子噪声的设备（如变频器），以及产生高热量的设备，而且模块的周围应留出一定的空间，以便于正常散热。一般情况下，模块的上方和下方至少要留出25mm的空间，模块前面板与底板之间至少要留出75mm的空间，如图9-19所示。

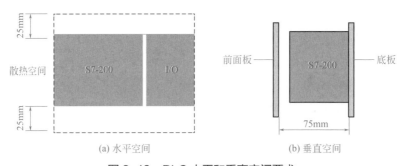

(a) 水平空间　　　　　　　　　　　　　　(b) 垂直空间

图9-19　PLC水平和垂直空间要求

③ 不要将连接器的螺钉拧得过紧，最大的转矩不要超过0.36N·m。

④ 采用多接线架敷设电缆时，如果各接线架平行，则各接线架之间至少相隔300mm，如图9-20所示。

⑤ 如果I/O接线和动力电缆必须敷设在同一电缆沟时，则需要用接地薄钢板将其相互屏蔽，如图9-21所示。

⑥ 应将交流线和大电流的直流线与小电流的信号线隔开。PLC应与动力电缆保持

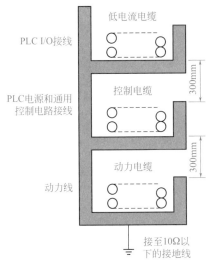

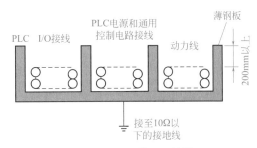

图 9-20　多接线架敷设　　　　　　　　　图 9-21　屏蔽 I/O 接线

200mm 以上距离。

9.4.2　PLC的接线

（1）电源接线

PLC 供电电源为 50Hz、220V ± 10% 的交流电。

如果电源发生故障，中断时间少于 10ms，PLC 工作不受影响。若电源中断超过 10ms 或电源下降超过允许值，则 PLC 停止工作，所有的输出点均同时断开。当电源恢复时，若 RUN 输入接通，则操作自动进行。

对于电源线来的干扰，PLC 本身具有足够的抵制能力。如果电源干扰特别严重，可以安装一个变比为 1 : 1 的隔离变压器，以减少设备与地之间的干扰。

（2）接地

良好的接地是保证 PLC 可靠工作的重要条件，可以避免偶然发生的电压冲击危害。接地线与机器的接地端相接。如果要用扩展单元，其接地点应与基本单元的接地点接在一起。为了抑制加在电源及输入端、输出端的干扰，应给可编程控制器接上专用地线，接地点应与动力设备（如电动机）的接地点分开。若达不到这种要求，也必须做到与其他设备公共接地，禁止与其他设备串联接地。接地点应尽可能靠近 PLC。

（3）直流 24V 接线端

PLC 上的 24V 接线端子，还可以向外部传感器（如接近开关或光电开关）提供电流。24V 端子用作传感器电源时，COM 端子是直流 24V 地端。如果采用扩展单元，则应将基本单元和扩展单元的 24V 端连接起来。另外，任何外部电源不能接到这个端子上。

如果发生过载现象，电压将自动跌落，该点输入对可编程控制器不起作用。

每种型号的 PLC 的输入点数量是有规定的。对每一个尚未使用的输入点，它不耗电，因此在这种情况下，24V 电源端子向外供电流的能力可以增加。

(4)输入接线

一般接受行程开关、限位开关等输入的开关量信号。输入接线端子是 PLC 与外部传感器负载转换信号的端口。输入接线，一般指外部传感器与输入端口的接线。

输入器件可以是任何无源的触点或集电极开路的 NPN 管。输入器件接通时，输入端接通，输入线路闭合，同时输入指示的发光二极管亮。

输入端的一次电路与二次电路之间采用光电耦合隔离。二次电路带 RC 滤波器，以防止由于输入触点抖动或从输入线路串入的电噪声引起 PLC 误动作。

若在输入触点电路串联二极管，在串联二极管上的电压应小于 4V。若使用带发光二极管的舌簧开关，串联二极管的数目不能超过两个。

(5)输出接线

可编程控制器有继电器输出、晶闸管输出、晶体管输出 3 种形式。输出端接线分为独立输出和公共输出。当 PLC 的输出继电器或晶闸管动作时，同一号码的两个输出端接通。在不同组中，可采用不同类型和电压等级的输出电压。但在同一组中的输出只能用同一类型、同一电压等级的电源。由于 PLC 的输出元件被封装在印制电路板上，并且连接至端子板，若将连接输出元件的负载短路，将烧毁印制电路板，因此，应用熔丝保护输出元件。

采用继电器输出时，承受的电感性负载大小影响继电器的工作寿命，因此继电器工作寿命要求长。

9.5　PLC的使用与维护

9.5.1　PLC系统的试运行

(1)上电之前的检查

PLC 系统在上电之前必须做细致的检查，检查的主要内容如下。

1)接线的检查。

① 检查电源输入线连接是否正确，尤其要确定是否有短路故障。

② 检查各输入输出线(包括电源线)的配线是否正确，连接是否牢固。

③ 检查各连接电缆的连接是否正确可靠。

④ 检查端子排上各压接端之间是否有短路或压接松动的现象。

⑤ 检查系统中各功能单元的装配是否正确和牢固。

2)设置的检查。

① 检查输入电源电压的设定(有的 PLC 没有这种设置，只能使用 220V)是否正确。

② 根据当前 PLC 实际使用的方式，将 PLC 上的工作方式选择开关设置于"编程""暂停"或"运行"位置。

③ 设置开关，在"编程"方式下，应置于"开放"(ON)位置，其他方式通常置于"封闭"(OFF)位置。

④ 检查外接存储器安装是否正确。

（2）PLC 程序调试和运行的步骤

① 程序的检查。将编好的程序输入编程器进行检查，改正语法和数据错误后，存入 PLC 的存储器中。

② 模拟运行。模拟系统的实际输入信号，并在程序运行中的适当时刻，通过扳动开关、接通或断开输入信号，来模拟各种机械动作，使检测元件状态发生变化，同时通过 PLC 输出端状态指示灯的变化观察程序执行的情况，并与执行元件应该完成的动作进行对照，判断程序的正确性。

③ 实物调试。采用现场的主令元件、检测元件及执行元件组成模拟控制系统，检验检测元件的可靠性及 PLC 的实际负载能力。

④ 现场调试。安装完毕进行现场调试，对一些参数（检测元件的位置、定时器的设定常数等）进行现场的整定和调整。

⑤ 投入运行。对系统的所有安全措施（接地、保护和互锁等）进行检查后，即可投入系统的试运行。试运行一切正常后，再把程序固化到 EPROM 中去。

（3）试运行过程

在做了上电之前的检查以后，并确认无误时，就可以做加电试运行，其过程大致如下。

① 闭合电源开关，此时"电源"的绿色指示灯应亮。

② 在一般情况下，首次上电均是首先做"编程"工作，因此可在"编程"状态下，用强制 ON/OFF 功能检查输出配线是否正确，或用输入单元的指示（或 I/O 监视、I/O 多点监视等）功能检查输入配线和信号是否正常。

③ 将编程器的工作方式选择开关设在"监视"或"运行"位置，此时"运行"（RUN）的绿色指示灯应亮。

④ 按原编程时设计的工作顺序，检查和校核 PLC 工作是否正常和是否符合原设计要求。

⑤ 如发现所编程序有错或不符合设计要求的地方，应逐条记录下来，然后加以分析、修改、补充或删除，最后重复第④步。如此反复，直到系统完全符合原设计要求为止。

⑥ 为进一步验证所编用户软件的正确性，应构造一个整个控制系统的实验环境，或直接在所控制系统上做"空运行"，模拟实际系统可能出现的各种状态和顺序，检查 PLC 工作是否正常。

⑦ 在实际系统中做试运行，并随时监视系统的工作情况，遇到有不合适的地方（如延时时间不合适、互锁条件不充分等）应及时记录下来，或随时停止工作，以便做进一步的修改。这种试运行的时间应足够长，因为系统的有些状态出现的次数很少，只有运行相当长的时间，才会出现一次。

9.5.2 PLC使用注意事项

PLC 是专门为工业生产环境设计的控制装置，一般不需采取什么特殊措施便可直接用于工业环境。但是，为了保证 PLC 的正常安全运行和提高控制系统工作的可靠性和稳定性，在使用中还应注意以下问题。

（1）工作环境

从 PLC 的一般技术指标中，可知 PLC 正常工作的环境条件，使用时应注意采取措施满足。例如，安装时应避开大的热源，保证足够大的散热空间和通风条件；当附近有较强振源时，应对 PLC 的安装采取减振措施；在有腐蚀性气体或浓雾、粉尘的环境中使用 PLC 时，应采取封闭安装，或在空气净化间里安装。

（2）安装与布线

PLC 电源、I/O 电源，一般采用带屏蔽层的隔离变压器供电，在有较强干扰源的环境中使用时，或对 PLC 工作的可靠性要求很高时，应将屏蔽层和 PLC 浮动地端子接地，接地线截面积不能小于 $2mm^2$，接地电阻不能大于 100Ω。接地线要采取独立接地方式，不能用与其他设备串联接地的方式。

PLC 电源线、I/O 电源线、输入信号线、输出信号线、交流线、直流线都应尽量分开布线。开关量信号线与模拟量信号线也应分开布线，而且后者应采用屏蔽线，并且将屏蔽层接地。数字传输线也要采用屏蔽线，并且要将屏蔽层接地。

（3）输入与输出端的接线

当输入信号源为感性元件，或输出驱动的负载为感性元件时，为了防止在电感性输入或输出电路断开时产生很高的感应电动势或浪涌电流对 PLC 输入与输出端点及内部电源的冲击，可采取以下措施。

① 对于直流电路，应在其两端并联续流二极管，如图 9-22（a）、（b）所示。二极管的额定电流一般应选为 1A、额定电压一般要大于电源电压的 3 倍。

② 对于交流电路，应在它们两端并联阻容吸收电路，如图 9-22（c）、（d）所示。

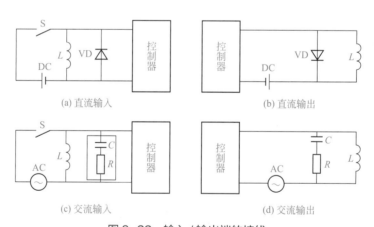

图 9-22　输入 / 输出端的接线

9.5.3　PLC 的维护

PLC 的主要构成元器件是以半导体器件为主体，考虑环境条件恶劣会使 PLC 元件变质，有必要对其进行日常维护与定期检修。定期维护检查时间为半年至 1 年一次。当外部环境较差时，可根据情况缩短间隔。

经常需要检查及维护的项目、内容及标准可参考表 9-22。

表 9-22　定期检查项目一览表

检查及维护项目	检查内容	标准
供电电源	在电源端子处测电压变化是否在标准内	电压变化范围： 上限不超过 110% 供电电压 下限不低于 80% 供电电压
外部环境	环境温度	$0 \sim 55℃$
	环境湿度	相对湿度 85% 以下
	振动	幅度小于 0.5mm。频率 $10 \sim 55Hz$
	粉尘	不积尘
输入输出用电源	在输入与输出端子处测电压变化是否在标准内	以各输入、输出规格为准
安装状态	各单元是否可靠牢固	无松动
	连接电缆的连接器是否完全插入并旋紧	无松动
	接线螺钉是否有松动	无松动
	外部接线是否损坏	外观无异常

9.5.4　备份电池的更换

PLC 的备份电池具有一定的寿命。更换电池时，首先给 PLC 充电 1min 以上，然后在 3min 之内更换完毕。具体的操作步骤如下。

① 切断电源。
② 打开存储单元盖板。
③ 拔下备份电池插头，并将其向上拉，直到拉开电池盖。
④ 拉出导线取下电池。
⑤ 安装新电池，并将它连接到 PLC 插座上。
⑥ 盖上电池盖和存储单元盖。
⑦ 接通 PLC 电源。

9.6　PLC应用实例

9.6.1　PLC控制电动机正向运转电路

PLC 控制三相异步电动机正向运转的电气控制电路图、PLC 端子接线图和梯形图如图 9-23 所示，其对应的指令见表 9-23。若 PLC 自带 DC24V 电源，则应将外接 DC24V 电源处短接。

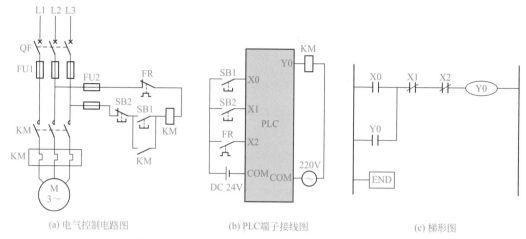

(a) 电气控制电路图　　　　　　(b) PLC端子接线图　　　　　　(c) 梯形图

图9-23　三相异步电动机正向运转的控制电路图

表9-23　与图9-23对应的指令表

语句号	指令	元素
0	LD	X0
1	OR	Y0
2	ANI	X1
3	ANI	X2
4	OUT	Y0
5	END	

应用PLC时，常开、常闭按钮在外部接线可都采用常开按钮。PLC控制三相异步电动机正向运转的工作原理如下。

合上断路器QF，启动时，按下启动按钮SB1，端子X0经DC24V电源与COM端连接，PLC内的输入继电器X0得电吸合，其常开触点闭合。PLC内的输出继电器Y0得电吸合并自锁，接触器KM线圈得电吸合，电动机启动运转。

停机时，按下停止按钮SB2，端子X1经DC24V电源与COM端连接，PLC内的输入继电器X1得电吸合，其常闭触点断开，PLC内的输出继电器Y0失电释放，接触器KM失电释放，电动机停止运行。

如果电动机过载，热继电器FR动作，其常开触点闭合，端子X2经DC24V电源与COM端连接，PLC内的输入继电器X2得电吸合，其常闭触点断开，PLC内的输出继电器Y0失电释放，接触器KM失电释放，电动机停止运行。

9.6.2　PLC控制电动机正、反转运转电路

PLC控制三相异步电动机正、反转运转的电气控制电路图、PLC端子接线图和梯形图如图9-24所示，其对应的指令见表9-24。

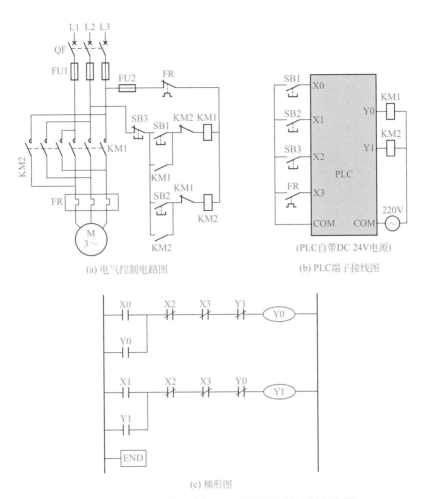

(a) 电气控制电路图 (b) PLC端子接线图

(PLC自带DC 24V电源)

(c) 梯形图

图 9-24　三相异步电动机正、反转运转的控制电路图

表 9-24　与图 9-24 对应的指令表

语句号	指令	元素
0	LD	X0
1	OR	Y0
2	ANI	X2
3	ANI	X3
4	ANI	Y1
5	OUT	Y0
6	LD	X1
7	OR	Y1
8	ANI	X2
9	ANI	X3
10	ANI	Y0
11	OUT	Y1
12	END	

PLC 控制三相异步电动机正、反转运转的工作原理如下。

合上断路器 QF，正向启动时，按下正向启动按钮 SB1，端子 X0 与 COM 端连接，PLC 内的输入继电器 X0 通过 PLC 内部的 DC24V 电源得电吸合，其常开触点闭合。PLC 内的输出继电器 Y0 得电吸合并自锁，接触器 KM1 线圈得电吸合，电动机正向启动运转。

反转时，应当先按下停止按钮 SB3，端子 X2 经 PLC 内部的 DC24V 电源与 COM 端连接，PLC 内的输入继电器 X2 得电吸合，其常闭触点断开，PLC 内的输出继电器 Y0 失电释放，接触器 KM1 失电释放，电动机停止运行。然后再按下反向启动按钮 SB2，端子 X1 与 COM 端连接，PLC 内的输入继电器 X1 通过 PLC 内部的 DC24V 电源得电吸合，其常开触点闭合。PLC 内的输出继电器 Y1 得电吸合并自锁，接触器 KM2 线圈得电吸合，电动机反向启动运转。

同理，电动机正在反向运转时，如果需要改为正向运转，也是应当先按下停止按钮 SB3，然后再按下正向启动按钮 SB1。

正、反向运转通过 PLC 内部输出继电器 Y0 和 Y1 的常闭触点实现电气互锁。在图 9-24（a）所示的电气控制电路中，还利用接触器 KM1 和 KM2 的常闭辅助触点进行了互锁。

停机时，按下停止按钮 SB3，端子 X2 经 PLC 内部的 DC24V 电源与 COM 端连接，PLC 内的输入继电器 X2 得电吸合，其常闭触点断开，PLC 内的输出继电器 Y0 或 Y1 失电释放，接触器 KM1 或 KM2 失电释放，电动机停止运行。

如果电动机过载，热继电器 FR 动作，其常开触点闭合，端子 X3 经 PLC 内部的 DC24V 电源与 COM 端连接，PLC 内的输入继电器 X3 得电吸合，其常闭触点断开，PLC 内的输出继电器 Y0 或 Y1 失电释放，接触器 KM1 或 KM2 失电释放，电动机停止运行。

第 10 章
变频器

10.1 变频器简介

变频器是一种将工频交流电转换成任意频率交流电的仪器，并且可以拖动电动机带负载运行，因此它又是一个驱动器。变频器的种类非常多，常用变频器的外形如图 10-1 所示。

(a)

(b)

图 10-1 常用变频器的外形

变频器是由主电路和控制电路组成的。主电路主要包括整流电路、中间直流电路和逆变电路三部分，其中，中间直流电路又由电源再生单元、限流单元、滤波单元、制动电路单元及直流电源检测电路等组成。控制电路主要由中央处理器 CPU，数字信号处理器 DSP，A/D、D/A 转换电路，I/O 接口电路，通信接口电路，输出信号检测电路，数字操作盘电路及控制电源等组成。

尽管目前应用的变频器的品牌很多，外观不同，结构各异，但基本电路结构是相似的。变频器的结构框图如图 10-2 所示。

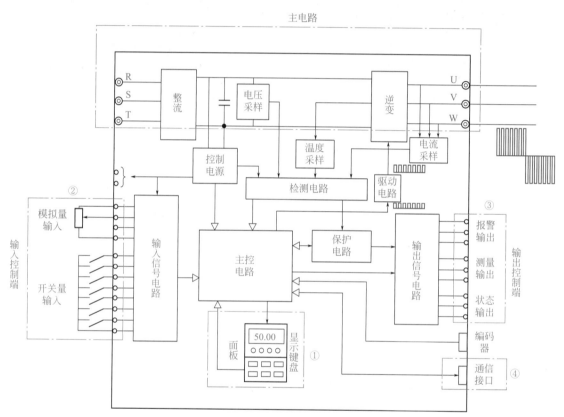

图 10-2　变频器的结构框图

10.1.1　变频器的用途

变频器是一种静止的频率变换器，它利用电力半导体器件的通断作用，可以把电力配电网 50Hz 恒定频率的交流电，变换成频率、电压均可调节的交流电。即变频器可以作为交流电动机的电源装置实现变频调速。变频调速系统的构成如图 10-3 所示。

一般的电动机控制电路只能对电动机进行启动、停止、正转和反转等控制，一些调速控制电路也只能对电动机进行几挡不连续的转速调节，而变频器除具有前述一般控制线路对电动机的控制功能外，还具有一些智能控制功能。

变频器不仅可以作为交流电动机的电源装置，实现变频调速，还可以用于中频电源加热器、不间断电源（UPS）、高频淬火机等。

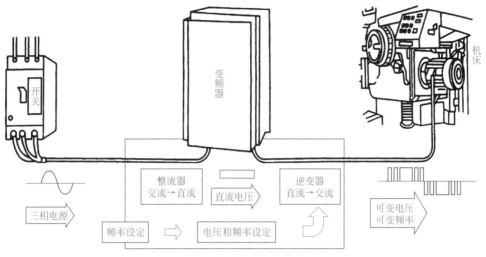

图 10-3　变频调速系统的构成

10.1.2　变频器的分类及特点

（1）变频器按变换频率的方法分类及特点

① 交 - 直 - 交变频器。交 - 直 - 交变频器又称间接变频器，它是先将工频交流电通过整流器变成直流电，再经过逆变器将直流电变换成频率、电压均可控制的交流电。

② 交 - 交变频器。交 - 交变频器又称直接变频器，它可将工频交流电直接变换成频率、电压均可控制的交流电。

（2）变频器按主电路工作方式分类及特点

① 电压型变频器。在电压型变频器中，整流电路产生逆变所需的直流电压，通过中间直流环节的电容进行滤波后输出。由于采用大电容滤波，故主电路直流电压波形比较平直，在理想情况下可看成一个内阻为零的电压源。电压型变频器多用于不要求正反转或快速加减速的通用变频器中。

② 电流型变频器。电流型变频器的特点是中间直流环节采用大电感滤波。由于电感的作用，直流电流波形比较平直，因而直流电源的内阻抗很大，近似于电流源。电流型变频器的最大优点是可以进行四象限运行，将能量回馈给电源，故该方式适用于频繁可逆运转的变频器和大容量变频器。

（3）变频器按电压调节方式分类及特点

① PAM 变频器。脉冲幅值调节方式（Pulse Amplitude Modulation）简称 PAM 方式，它是一种以改变电压源的电压 U_d 或电流源的电流 I_d 的幅值进行输出控制的方式。在此类变频器中，逆变器仅调节输出频率，而输出电压的调节则是由相控整流器或直流斩波器通过调节中间直流环节的直流电压来实现。该控制方式现在已很少采用。

② PWM 变频器和 SPWM 变频器。脉冲宽度调制方式（Pulse Width Modulation）简称 PWM 方式。它在变频器输出波形的一个周期中产生多个脉冲，其等值电压近似为正弦波，波形平滑且谐波较少。

脉冲宽度调制方式又分为等脉宽 PWM 法和正弦波 PWM 法（SPWM 法）等。按照调制脉冲的极性关系，PWM 逆变电路的控制方式分为单极性控制和双极性控制。

等脉宽 PWM 法是最为简单的一种，它每一脉冲的宽度均相等，改变脉冲列的周期可以调频，改变脉冲的宽度或占空比可以调压，采用适当方法可以使电压与频率协调变化。其缺点是输出电压中除基波外，还包含较大的谐波分量。

SPWM（Sinusoidal PulseWidth Modulation）法是为了克服等脉宽 PWM 法的缺点而发展来的，具体方法如图 10-4 所示，是以一个正弦波作为基准波（称为调制波），用一列等幅的三角波（称为载波）与基准正弦波相交 [图 10-4（a）]，由它们的交点确定逆变器的开关模式。当基准正弦波高于三角波时，使相应的开关器件导通；当基准正弦波低于三角波时，使开关器件截止。由此，使变频器输出电压波为图 10-4（b）所示的脉冲列，其特点是在半个周期中等距、等幅（等高）、不等宽（可调），总是中间的脉冲宽、两边的脉冲窄，各脉冲面积与该区间正弦波下的面积成比例。这样，输出电压中的谐波分量显然可以大幅减小。

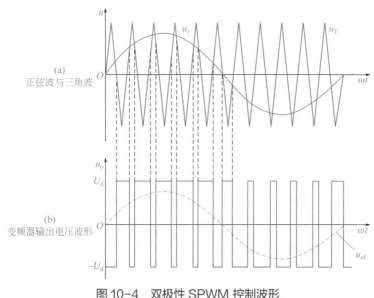

图 10-4 双极性 SPWM 控制波形

（4）变频器按控制方式分类及特点

异步电动机变频调速时，变频器可以根据电动机的特性对供电电压、电流、频率进行适当的控制，不同的控制方式所得到的调速性能、特性及用途是不同的。同理，变频器也可以按控制方式分类。

① U/f 控制变频器。U/f（电压和频率的比）控制方式又称 VVVF（Variable Voltage and Variable Frequency）控制方式。它的基本特点是对变频器输出的电压和频率同时进行控制，通过使 U/f 的值保持一定而得到所需的转矩特性。基频以下可以实现恒转矩调速，基频以上则可以实现恒功率调速。采用 U/f 控制方式的变频器控制电路成本较低，多用于对精度要求不太高的通用变频器。

② 转差频率控制变频器。转差频率控制方式是对 U/f 控制方式的一种改进。在采用转差频率控制方式的变频器中，变频器通过电动机、速度传感器构成速度反馈闭环调速系统。变频器的输出频率由电动机的实际转速与转差频率自动设定，从而达到在调速控制的

同时也使输出转矩得到控制。该控制方式是闭环控制，故与 U/f 控制方式相比，在负载发生较大变化时，仍能达到较高的速度精度和具有较好的转矩特性。但是，由于采用这种控制方式时，需要在电动机上安装速度传感器，并需要根据电动机的特性调节转差，故通用性较差。

③ 矢量控制变频器。矢量控制的基本思想是将交流异步电动机的定子电流分解为产生磁场的电流分量（励磁电流）和与其垂直的产生转矩的电流分量（转矩电流），并分别加以控制。由于这种控制方式中必须同时控制电动机定子电流的幅值和相位，即控制定子电流矢量。所以，这种控制方式被称为矢量控制。采用矢量控制方式的交流调速系统能够提高变频调速的动态性能，不仅在调速范围上可以与直流电动机相媲美，而且可以直接控制异步电动机产生的转矩。因此，已经在许多需要进行精密控制的领域得到了应用。

10.1.3　变频器的额定值

（1）输入侧的额定值

变频器输入侧额定值包括输入电源的相数、电压和频率。

① 额定输入电压。中小容量的变频器输入侧的额定值主要指电压和相数。在我国，输入电压的额定值（线电压）有以下几种：三相 380V、三相 220V（主要用于某些进口变频器）和单相 220V（主要用于家用电器中）3 种。

② 额定输入频率。变频器输入侧电源的额定频率一般规定为工频 50Hz 或 60Hz。

（2）输出侧的额定值

① 额定输出电压 U_{CN}。由于变频器在改变频率的同时也要改变电压，即变频器的输出电压并非常数，所以变频器输出电压的额定值是指输出电压的最大值。大多数情况下，变频器的额定输出电压就是输出频率等于电动机额定频率时的输出电压值。通常，输出电压的额定值总是与输入电压相等。

② 额定输出电流 I_{CN}。变频器输出电流的额定值是指变频器允许长时间输出的最大电流，是用户在选择变频器时的主要依据。

③ 额定输出容量 S_{CN}。变频器的额定输出容量 S_{CN} 由额定输出电压 U_{CN} 和额定输出电流 I_{CN} 的乘积决定，即

$$S_{CN} = \sqrt{3} U_{CN} I_{CN} \times 10^{-3} \qquad （10\text{-}1）$$

式中　S_{CN} ——变频器的额定输出容量，kV·A；

　　　U_{CN} ——变频器的额定输出电压，V；

　　　I_{CN} ——变频器的额定输出电流，A。

④ 适配电动机功率 P_{CN}。

适配电动机功率 P_{CN} 是指变频器允许配用的最大电动机功率。对于变频器说明书中规定的适配电动机功率说明如下。

a. 它是根据下式估算的结果。

$$P_{CN} = S_{CN} \cos\varphi_M \eta_M \qquad （10\text{-}2）$$

式中　P_{CN}——适配电动机的额定功率，kW；

　　　　S_{CN}——变频器的额定输出容量，kV·A；

　　$\cos\varphi_M$——电动机的功率因数；

　　　　η_M——电动机的效率。

由于电动机的功率的标称值是一致的，但是 $\cos\varphi_M$ 和 η_M 值不一致，所以配用电动机功率相同的变频器，品牌不同，其额定输出容量 S_{CN} 也不相同。

b. 在由于在许多负载中，电动机是允许短时过载的，所以变频器说明书中的配用电动机功率仅对长期连续不变负载才是完全适用的。对于各类变动负载则不适用，因此配用电动机功率需要降低档次。

⑤ 输出频率范围。输出频率范围是指变频器输出频率的调节范围。

⑥ 过载能力。变频器的过载能力是指允许其输出电流超过额定电流的能力。大多数变频器都规定为 $150\%I_{CN}$、1min（表示当变频器的输出电流为 150% 额定输出电流 I_{CN} 时、持续时间 1min）。过载电流的允许时间也具有反时限性，如果超过额定输出电流 I_{CN} 的倍数小于额定电流的 150%，则允许过载的时间可以适当延长。

10.2　变频器的选择

10.2.1　概述

选择变频器时，应进一步了解以下有关知识。

（1）变频器的容量

大多数变频器的容量均以所适用的电动机的功率（单位用 kW 表示）、变频器输出的视在功率（单位用 kV·A 表示）和变频器的输出电流（单位用 A 表示）来表征。其中，最重要的是额定电流，它是指变频器连续运行时，允许输出的电流。额定容量是指额定输出电流与额定输出电压下的三相视在功率。

至于变频器所适用的电动机的功率，是以标准的 4 极电动机为对象，在变频器的额定输出电流限度内，可以拖动的电动机的功率。如果是 6 极以上的异步电动机，在同样的功率下，由于其功率因数比 4 极异步电动机的功率因数低，故其额定电流比 4 极异步电动机的额定电流大，所以，变频器的额定电流应该相应扩大，以使变频器的电流不超出其允许值。

另外，电网电压下降时，变频器输出电压会低于额定值，在保证变频器输出电流不超出其允许值的情况下，变频器的额定容量会随之减小。可见，变频器的容量很难确切表达变频器的负载能力。所以，变频器的额定容量只能作为变频器负载能力的一种辅助表达手段。

由此可见，选择变频器的容量时，变频器的额定输出电流是一个关键量。因此，采用 4 极以上电动机或者多台电动机并联时，必须以负载总电流不超过变频器的额定输出电流为原则。

（2）变频器的输出电压和输入电压

变频器的输出电压的等级是为适应异步电动机的电压等级而设计的。通常等于电动机的工频额定电压。

变频器的输入电压一般是以适用电压范围给出，它是允许的输入电压变化范围。如果电源电压大幅上升，超过变频器内部器件允许电压时，则元（器）件会有被损坏的危险。相反，若电源电压大幅度下降，就有可能造成控制电源电压下降，引起 CPU 工作异常，逆变器驱动功率不足，管压降增加、损耗加大而造成逆变器模块永久性损坏。因此，电源电压过高、过低对变频器都是有害的。

（3）变频器的输出频率

变频器的最高输出频率根据机种不同而有很大的差别，一般有 50Hz、60Hz、120Hz、240Hz 以及更高的输出频率。以在额定转速以下范围内进行调速运转为目的，大容量通用变频器几乎都具有 50Hz 或 60Hz 的输出频率。最高输出频率超过工频的变频器多为小容量，在 50Hz 或 60Hz 以上区域，由于输出电压不变，为恒功率特性，要注意在高速区转矩的减小，而且还要注意，不要超过电动机和负载容许的最高速度。

（4）变频器的瞬时过载能力

基于主回路半导体开关器件的过载能力，考虑成本问题，通过变频器的电流瞬时过载能力设计为 150% 额定电流、持续时间 1min 或 120% 额定电流、持续时间 1min。与标准异步电动机（过载能力通常为 200% 左右）相比较，变频器的过载能力较小，允许过载时间很短。因此，在变频器传动的情况下，异步电动机的过载能力得不到充分的发挥。此外，如果考虑通用电动机散热能力的变化，在不同转速下，电动机的过载能力还要有所变化。

10.2.2　变频器类型的选择

根据控制功能，将通用变频器分为普通功能型 U/f 控制变频器、具有转矩控制功能的高性能 U/f 控制变频器、矢量控制高性能型变频器三种类型。变频器类型的选择要根据负载的要求来进行。

人们在实践中根据生产机械的特性将其分为恒转矩负载、恒功率负载和风机、泵类负载三种类型。选择变频器时自然应以负载的机械特性为基本依据。

（1）风机、泵类负载

风机、泵类负载又称平方转矩负载。风机、泵类负载的特点是负载转矩 T_L 与转速 n 的平方成正比（$T_L \propto n^2$），低速下负载转矩较小，通常可以选择普通功能型 U/f 控制变频器。

（2）恒转矩负载

对于恒转矩负载，则有两种选用情况。采用普通功能型变频器的例子不少，为了实现恒转矩调速，常采用加大电动机和变频器容量的方法，以提高低速转矩；如果采用具有转矩控制功能的高性能型变频器，来实现恒转矩负载的调速运行，则是比较理想的。因为这种变频器低速转矩大、静态机械特性硬度大、不怕冲击性负载，具有挖土机特性。

对动态性能要求较高的轧钢、造纸、塑料薄膜生产线，可以采用精度高、响应快的矢量控制的高性能型通用变频器。

（3）恒功率负载

对于恒功率负载特性是依靠 U/f 控制方式来实现的，并没有恒功率特性的变频器，通常可以选择普通功能型 U/f 控制变频器。如卷绕控制、机械加工设备，可利用变频器弱磁点以上的近似恒功率特性来实现恒功率控制。

对于动态性能和精确度要求高的卷取机械，需采用有矢量控制功能的变频器。

10.2.3　变频器防护等级的选择

变频器的防护等级见表 10-1。

表 10-1　变频器的防护等级

防护等级	适用场所
IP00	用于电控室内
IP20	干燥、清洁、无尘的环境
IP40	防溅水、不防尘
IP54	有一定防尘功能，用于一般温热环境
IP65	用于较多尘埃、有较高温度且有腐蚀性气体的环境

变频器在运行时，内部产生较大的热量，考虑散热的经济性，除小容量的变频器外，一般采用开启式或封闭式结构，即 IP00 或 IP20，根据要求也可选用 IP40、IP54 和 IP65 等。

10.2.4　变频器容量的选择

变频器容量的选择由很多因素决定，例如电动机功率、电动机额定电流、电动机加速时间等。其中，最主要的是电动机额定电流。

① 一台变频器驱动一台电动机时。

当连续恒载运转时，所需变频器的容量必须同时满足下列各项计算公式。

满足负载输出：$S_{CN} \geqslant \dfrac{kP_{M}}{\eta \cos\varphi}$　　　　　　　　　　　　（10-3）

满足电动机容量：$S_{CN} = \sqrt{3}kU_{M}I_{M} \times 10^{-3}$　　　　　　　　（10-4）

满足电动机电流：$I_{CN} = kI_{M}$　　　　　　　　　　　　　　（10-5）

式中　S_{CN} ——变频器的额定容量，kV·A；

　　　I_{CN} ——变频器的额定电流，A；

　　　P_{M} ——负载要求的电动机的轴输出功率，kW；

　　　U_{M} ——电动机的额定电压，V；

　　　I_{M} ——电动机的额定电流，A；

　　　η ——电动机的效率（通常约为 0.85）；

　　$\cos\varphi$ ——电动机的功率因数（通常约为 0.75）；

　　　k ——电流波形的修正系数（对 PWM 控制方式的变频器，取 1.05 ~ 1.10）。

② 一台变频器驱动多台电动机时。

当一台变频器同时驱动多台电动机（即成组驱动）时，一定要保证变频器的额定输出电流大于所有电动机额定电流的总和。对于连续运行的变频器，当过载能力为150%、持续时间为1min时，必须同时满足下列两项计算公式。

a. 满足驱动时容量。

$$jS_{CN} \geqslant \frac{kP_M}{\eta\cos\varphi}\left[N_T+N_S(k_S-1)\right]=S_{C1}\left[1+\frac{N_S}{N_T}(k_S-1)\right]$$ （10-6）

$$S_{C1}=\frac{kP_M N_T}{\eta\cos\varphi}$$ （10-7）

b. 满足电动机电流。

$$jI_{CN} \geqslant N_T I_M\left[1+\frac{N_S}{N_T}(k_S-1)\right]$$ （10-8）

式中　S_{CN} ——变频器的额定容量，kV·A；

I_{CN} ——变频器的额定电流，A；

P_M ——负载要求的电动机的轴输出功率，kW；

I_M ——电动机的额定电流，A；

η ——电动机的效率（通常约为0.85）；

$\cos\varphi$ ——电动机的功率因数（通常约为0.75）；

N_T ——电动机并联的台数；

N_S ——电动机同时启动的台数；

k ——电流波形的修正系数（对PWM控制方式的变频器，取1.05～1.10）；

k_S ——电动机启动电流与电动机额定电流之比；

S_{C1} ——连续容量，kV·A；

j ——系数，当电动机加速时间在1min以内时，$j=1.5$；当电动机加速时间在1min以上时，$j=1.0$。

③ 大惯性负载启动时。

$$变频器的容量应满足 S_{CN} \geqslant \frac{kn_M}{9550\eta\cos\varphi}\left(T_L+\frac{GD^2}{375}\times\frac{n_M}{t_A}\right)$$ （10-9）

式中　S_{CN} ——变频器的额定容量，kV·A；

GD^2 ——换算到电动机轴上的总飞轮力矩，N·m²；

T_L ——负载转矩，N·m；

η ——电动机的效率（通常约为0.85）；

$\cos\varphi$ ——电动机的功率因数（通常约为0.75）；

t_A ——电动机加速时间，s，根据负载要求确定；

k ——电流波形的修正系数（对PWM控制方式的变频器，取1.05～1.10）；

n_M ——电动机的额定转速，r/min。

10.2.5 变频器选择实例

【例10-1】

一台笼型三相异步电动机，极数为 4 极，额定功率为 5.5kW、额定电压 380V、额定电流为 11.6A、额定频率为 50Hz、额定效率为 85.5%、额定功率因数为 0.84。试选择一台通用变频器（采用 PWM 控制方式）。

解：因为采用 PWM 控制方式的变频器，所以取电流波形的修正系数 $k = 1.10$，根据已知条件可得

$$S_{CN} \geq \frac{kP_M}{\eta\cos\varphi} = \frac{1.10 \times 5.5}{0.855 \times 0.84} = 8.424(\text{kV} \cdot \text{A})$$

$$S_{CN} \geq \sqrt{3}kU_MI_M \times 10^{-3} = \sqrt{3} \times 1.10 \times 380 \times 11.6 \times 10^{-3} = 8.398(\text{kV} \cdot \text{A})$$

$$I_{CN} \geq kI_M = 1.10 \times 11.6 = 12.76(\text{A})$$

故可选用 L100-055HFE 型或 L100-055HFU 型通用变频器，其额定容量 $S_{CN} = 10.3\text{kV} \cdot \text{A}$，额定输出电流 $I_{CN} = 13\text{A}$，可以满足上述要求。

【例10-2】

一台笼型三相异步电动机，极数为 6 极、额定功率为 5.5kW、额定电压为 380V、额定电流为 12.6A、额定频率为 50Hz、额定效率为 85.3%、额定功率因数为 0.78。试选择一台通用变频器（采用 PWM 控制方式）。

解：因为采用 PWM 控制方式，所以取电流波形的修正系数 $k = 1.10$，根据已知条件可得

$$S_{CN} \geq \frac{kP_M}{\eta\cos\varphi} = \frac{1.10 \times 5.5}{0.853 \times 0.78} = 9.093(\text{kV} \cdot \text{A})$$

$$S_{CN} \geq \sqrt{3}kU_MI_M \times 10^{-3} = \sqrt{3} \times 1.10 \times 380 \times 12.6 \times 10^{-3} = 9.122(\text{kV} \cdot \text{A})$$

$$I_{CN} \geq kI_M = 1.10 \times 12.6 = 13.86(\text{A})$$

故可选用 L100-075HFE 型或 L100-075HFU 型通用变频器，额定容量 $S_{CN} = 12.7\text{kV} \cdot \text{A}$，额定输出电流 $I_{CN} = 16\text{A}$，可以满足上述要求。

10.2.6 通用变频器用于特种电动机时的注意事项

上述变频器类型、容量的选择方法，均适用于普通笼型三相异步电动机。但是，当通用变频器用于其他特种电动机时，还应注意以下几点。

① 通用变频器用于控制高速电动机时，由于高速电动机的电抗小，会产生较多的谐波，这些谐波会使变频器的输出电流值增加。因此，选择的变频器容量应比驱动普通电动机的变频器容量稍大一些。

② 通用变频器用于变极多速电动机时，应充分注意选择变频器的容量，使电动机的最大运行电流小于变频器的额定输出电流。另外，在运行中进行极数转换时，应先停止电动机工作，否则会造成电动机空载加速，严重时会造成变频器损坏。

③ 通用变频器用于控制防爆电动机时，由于变频器没有防爆性能，应考虑是否将变频器设置在危险场所之外。

④ 通用变频器用于齿轮减速电动机时，使用范围受到齿轮传动部分润滑方式的制约。润滑油润滑时，在低速范围内没有限制；在超过额定转速的高速范围内，有可能发生润滑油欠供的情况。因此，要考虑最高转速允许值。

⑤ 通用变频器用于绕线转子异步电动机时，应注意绕线转子异步电动机与普通异步电动机相比，绕线转子异步电动机绕组的阻抗小，因此容易发生由于谐波电流而引起的过电流跳闸现象，故应选择比通常容量稍大的变频器。一般绕线转子异步电动机多用于飞轮力矩（飞轮惯量）GD^2 较大的场合，在设定加减速时间时应特别注意核对，必要时应经过计算。

⑥ 通用变频器用于同步电动机时，与工频电源相比会降低输出容量 10% ~ 20%，变频器的连续输出电流要大于同步电动机额定电流。

⑦ 通用变频器用于压缩机、振动机等转矩波动大的负载及油压泵等有功率峰值的负载时，有时按照电动机的额定电流选择变频器，可能会发生峰值电流使过电流保护动作的情况。因此，应选择比其在工频运行下的最大电流更大的运行电流作为选择变频器容量的依据。

⑧ 通用变频器用于潜水泵电动机时，因为潜水泵电动机的额定电流比普通电动机的额定电流大，所以选择变频器时，其额定电流要大于潜水泵电动机的额定电流。

总之，在选择和使用变频器前，应仔细阅读产品样本和使用说明书，有不当之处应及时调整，然后再依次进行选型、购买、安装、接线、设置参数、试车和投入运行。

值得一提的是，通用变频器的输出端允许连接的电缆长度是有限制的，若需要长电缆运行，或一台变频器控制多台电动机时，应采取措施抑制对地耦合电容的影响，并应放大一、二挡选择变频器的容量或在变频器的输出端选择安装输出电抗器。另外，在此种情况下变频器的控制方式只能为 U/f 控制方式，并且变频器无法实现对电动机的保护，需在每台电动机上加装热继电器实现保护。

10.3　变频调速系统电动机功率的选择

在用通用变频器构成变频调速系统时，有时需要利用原有电动机，有时需要增加新电动机，但无论采用哪种情况，不仅要核算所必需的电动机功率，还要根据电动机的运行环境，选择相应的电动机的防护等级。同时，由于电动机由通用变频器供电，其机械特性与直接电网供电时有所不同，需要按通用变频器供电的条件选择，否则难以达到预期的目的，甚至造成不必要的经济损失。适用于通用变频器供电的电动机类型可分为普通异步电动机、专用电动机、特殊电动机等。下面以最常用的普通异步电动机为例，说明采用通用变频器构成变频调速系统时，如何选择或确定电动机的功率及一般需要考虑的因素。

① 所确定的电动机功率应大于负载所需要的功率，应以正常运行速度时所需的最大输出功率为依据，当环境较差时宜留一定的裕量。

② 应使所选择的电动机的最大转矩与负载所需要的启动转矩相比有足够的裕量。

③ 所选择的电动机在整个运行范围内，均应有足够的输出转矩。当需要拆除原有的减速箱时，应按原来的减速比考虑增大电动机的功率，或另外选择电动机的型式。

④ 应考虑低速运行时电动机的温升能够在规定的温升范围内，确保电动机的寿命周期。

⑤ 针对被拖动机械负载的性质，确定合适的电动机运行方式。

考虑以上条件，实际的电动机功率可根据电动机的功率＝被驱动负载所需的功率＋将负载加速或减速到所需速度的功率的原则来定。

10.4 变频器的安装

10.4.1 变频器的外围设备及用途

变频器的外围设备在变频器工作中起着举足轻重的作用。例如，变频器主电路设备直接接触高电压、大电流，主电路外围设备选用不当，轻则变频器不能正常工作，重则会损坏变频器。为了让变频调速系统正常可靠地工作，正确选用变频器的外围设备非常重要。

变频器主电路的外围设备有熔断器、断路器、交流接触器（主触头）、交流电抗器、噪声滤波器、制动电阻、直流电抗器和热继电器（发热元件）等。变频器主电路的外围设备和接线如图10-5所示，这是一个较齐全的主电路接线图。外围设备可根据需要选择，在实际中有些设备可不采用，但是，断路器、电动机等一般是必备的。

10.4.2 对变频器安装环境的要求

变频器是精密电子设备，为了确保其稳定运行，计划安装时，对其工作的场所和环境必须进行考虑，以使其充分发挥应有的功能。

（1）环境温度

变频器运行中，周围温度的允许值一般为 $-10 \sim +40℃$，避免阳光直射。如果散热条件好，其上限温度可提高到50℃。

温度对电子元件的寿命和可靠性影响很大，特别是当半导体元件的温度超过规定值

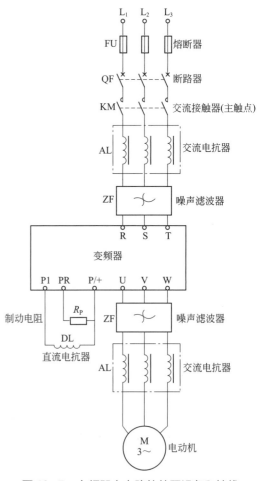

图10-5 变频器主电路的外围设备和接线

时，将会直接造成元器件的损坏。由于变频器内部存在着功率损耗，工作过程中会导致变频器发热，要使周围温度控制在允许范围内，必须在变频器安装柜内增设换气装置或通风口，甚至增设空调制冷，强迫降低周围温度。

（2）环境湿度

当空气中的湿度较大时，将会引起金属腐蚀，使绝缘性能变差，并由此引起漏电，甚至打火、击穿等现象。变频器厂家都在变频器的技术说明书中给出了对湿度的要求，一般要求相对湿度为（20%～90%）RH（无结露现象）。因此，应该按照厂家的要求采取各种必要的措施，以保证变频器内部不出现结露现象。如果设置场所有限，湿度较高，应采用密封式结构，并采取除湿措施。

（3）周围环境

不能有腐蚀性、爆炸性或可燃性气体。少尘埃、少油雾。腐蚀性气体会腐蚀变频器内的金属部分，不能维持变频器长期稳定地运行；如果有爆炸性气体的存在，则变频器内继电器和接触器动作时产生的火花，电阻等发热器件的高温，都有可能引发着火，发展为火灾或爆炸事故；如果尘埃和油雾过多，在变频器内附着、堆积，将会导致绝缘性降低，影响发热体散热，降低冷却进风量，使变频器内温度升高，不能稳定运行。

（4）振动

变频器设置场所的振动加速应限制在 $5.9m/s^2$（0.6g）以内，振动超值时会使变频器的紧固件松动，继电器和接触器等触点部件误动作，可能导致不稳定运行。所以在振动场所安装使用变频器时，应采取相应的防振措施，并进行定期检查和维护、加固。

（5）海拔高度

变频器应用的海拔高度应低于 1000m。如果海拔增高，空气含量降低，将影响变频器散热。因此，变频器设置环境海拔高度大于 1000m 时，变频器要降额使用。

（6）其他条件

变频器的安装环境还应满足以下条件。
① 结构房或电气室应湿气少，无水浸顾虑。
② 变频器易于搬进、搬出。
③ 定期的变频器维修和检查易于进行。
④ 应备有通风口或换气装置，以排出变频器产生的热量。
⑤ 应与易受高次谐波干扰的装置隔离。

10.4.3　导线的选择与布线

（1）主电路用导线

选择主电路电线与选择普通动力电缆一样，应考虑电路中电流容量、短路保护、因温度升高造成的容量减少和线路上的电压降以及接线端子构造等问题。

必须注意，因为变频器的输入功率因数小于 1，所以变频器的输入电流通常会大于电动机电流。而且，当变频器与电动机之间的配线距离很长时，线路上的压降增大，有时会出现因电压过低造成电动机转矩不足、电流增大、电动机过热等现象。特别是当变频器输出频率很低时，其输出电压也很低，对于采用 U/f 控制的通用变频器来说，线路的压降对 U/f 值也将有较大的影响，所以尤其需要注意。

一般来说，在选择主电路电线的线径时，应保证变频器与电动机之间的线路电压降在 2%～3%。而线路上的电压降一般由下式求得

$$\Delta U = \frac{\sqrt{3}R_0 lI}{1000} \qquad\qquad (10\text{-}10)$$

式中　ΔU——线路电压降，V；

　　　R_0——单位长度的电线电阻，mΩ/m；

　　　l——电线长度，m；

　　　I——线路中电流，A；

常用铜导线单位长度电阻值见表 10-2。

表 10-2　常用铜导线单位长度电阻值

截面积 /mm²	1.0	1.5	2.5	4.0	6.0	10.0	16.0	25.0	35.0
R_0/（mΩ/m）	17.4	11.9	6.92	4.40	2.92	1.74	1.10	0.69	0.49

另外，在配线距离较长的场合，为了减小低速运行区域的电压下降，避免造成电动机转矩不足，应使用线径较大的电线。当电线线径太大而无法在电动机和变频器的接线端子上直接接线时，可采用加转接头（设中继端子）的办法，如图 10-6 所示。

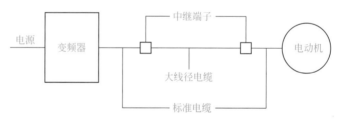

图 10-6　大直径电缆线中继连接

（2）控制电路用导线

① 电线截面积。小信号控制电路通过的电流很小，一般不进行线径计算。考虑导线的强度和连接要求，选用导线的截面积大于 0.75mm² 即可。另外，除电源电路外，其余配线应选用屏蔽线或双绞屏蔽线。

接触器、按钮等强电控制电路（即与控制电源电路本身及外部供电电源有关的电路）应选用截面积在 1mm² 以上的导线。

② 配线距离。由于频率指令、操作指令电线受到感应电压干扰会引起误动作，所以，在进行控制电路布线时，应该按照要求布线。配线距离较长时，要特别注意。一般在 100m 以内用屏蔽线或双绞屏蔽线，并与动力线分开走。配线距离超过该长度时，必须使用信号隔离器。

（3）变频器布线注意事项

① 当外围设备与变频器装入同一控制柜中且布线又很接近变频器时，可采取以下方法抑制变频器的干扰。

a. 将易受变频器干扰的外围设备及信号线远离变频器安装；信号线使用双绞线或屏蔽双绞线，屏蔽线的屏蔽层要良好接地（屏蔽层只能一端接地）。也可将信号电缆线套入金属管中；信号线穿越主电源线时确保正交。

b. 在变频器的输入/输出侧安装无线电噪声滤波器。滤波器的安装位置要尽可能靠近电源线的入口处，并且滤波器的电源输入线在控制柜内要尽量短。

c. 变频器到电动机的电缆要采用4芯电缆并将电缆套入金属管，其中一根的两端分别接到电动机外壳和变频器的接地侧。

② 避免信号线与动力线平行布线或捆扎成束布线；易受影响的外围设备应尽量远离变频器安装；易受影响的信号线尽量远离变频器的输入/输出电缆。

③ 当操作台与控制柜不在一处或具有远方控制信号线时，要对导线进行屏蔽，并特别注意各连接环节，以避免干扰信号窜入。

10.4.4　变频器安装区域的划分

由变频器的工作原理可知，变频器对外界的电磁干扰不可避免。变频器一般装在金属柜中，对于金属柜外面的仪器设备，受变频器本身的辐射发射影响很小。对外连接电缆是主要辐射发射源，依照有关的电缆要求接线，可以有效抑制电缆的辐射发射。

在变频器与电动机构成的传动系统中，变频器、接触器都可以是噪声源，自动化装置、编码器和传感器等易受噪声干扰。为了抑制变频器工作时的电磁干扰，安装时可依据各外围设备的电气特性，分别安装在不同的区域，如图10-7所示。

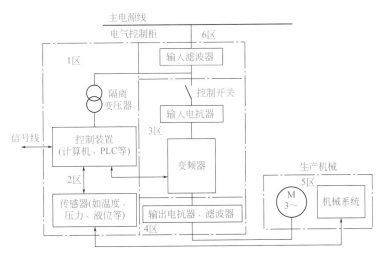

图10-7　变频器安装区域划分示意图

图10-7中各区域分别如下。

1区：控制电源变压器、控制系统和传感器等。

2区：信号和控制电缆接口部分，要求此区域有一定的抗扰度。

3区：进线电抗器、变频器、制动单元、接触器等主要噪声源。

4区：输出噪声滤波器及接线部分。

5区：电动机及电缆。

6 区：电源（包括无线电噪声滤波器接线部分）。

以上各区应空间隔离，各区间最小距离 20cm，以实现电磁去耦。各区间最好用接地隔板去耦，不同区域的电缆应放入不同电缆管道中。

滤波器应安装在区域间接口处。从柜中引出的所有通信电缆（如 RS-485）和信号电缆必须屏蔽。

10.4.5　变频器的安装方法

对变频器的逆变电路，温度一旦超过限值，会立即导致逆变管的损坏。我们知道，通用变频器运行的工作环境是 −10 ～ +50℃。变频器散热问题如果处理不好，会影响变频器的使用状态和使用寿命，甚至造成变频器的损坏。

变频器的散热方法通常有内装风扇散热、风机散热和空调散热等。在安装变频器时，首要的问题便是如何保证散热的途径畅通，不易被堵塞。为了改善冷却效果，要将变频器用螺栓垂直安装在坚固的墙体（或物体）上，从正面就可以看到变频器文字键盘，切勿上下颠倒或平放安装。变频器常用的安装方式有以下几种。

（1）壁挂式安装

由于变频器具有较好的外壳，所以在安装环境允许的前提下，可以采用壁挂式安装。即将变频器直接安装在坚固的墙体（或物体）上。变频器壁挂式安装方向与周围的空间如图 10-8 所示。

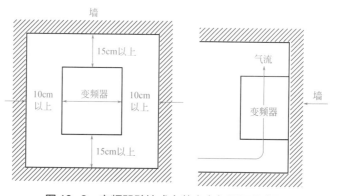

图 10-8　变频器壁挂式安装方向与周围的空间

变频器运行中会产生热量，为了保持通风良好，还要求变频器与周围物体之间的距离符合下列要求：两侧距离 ≥ 10cm；上下距离 ≥ 15cm。另外，为了保证变频器的出风口畅通不被异物阻塞，最好在变频器的出风口加装保护网罩。

（2）柜内安装

如果安装现场环境较差，如变频器在粉尘（特别是金属粉尘、絮状物等）多的场所时，或者其他控制电器较多需要和变频器一起安装时，可以选择柜内安装的方式。

1）变频器柜内安装方法。

如果将变频器安装在控制柜中，控制柜的上方需要安装排风扇，并应注意以下几点。

① 由于变频器内部热量从上部排出，故不要将变频器安装到不耐热的电器下面。

② 变频器在运行中，散热片附近的温度可上升到90℃，故变频器背面要使用耐热材料。

③ 将变频器安装在控制箱内时，要充分注意换气，防止变频器周围温度超过额定值。切勿将变频器安装在散热不良的小密闭箱内。

④ 将多台变频器安装在同一装置或控制箱内时，为减少相互影响，建议横向并列安放。必须上下安装时，为了使下部变频器的热量不致影响上部的变频器，应设置隔板等物（图10-9）。

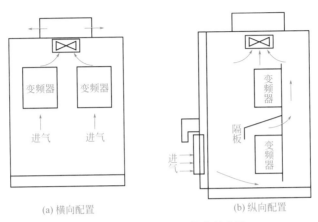

图10-9 多台变频器的安装方法

2）变频器柜内安装的冷却方式。

① 柜外冷却方式。柜外冷却方式是将变频器本体安装在控制柜内，而将散热片（冷却片）留在柜外，如图10-10所示。这种方式可以利用散热器，使变频器内部与控制柜外部产生热传导，因此，对控制柜内冷却能力的要求就可以低一些，这种冷却方式一般用在环境较恶劣的场合。此种安装方式对柜内温度的要求可参考图10-10中所标出的数值。

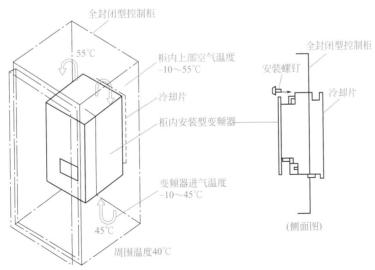

图10-10 将散热片留在控制柜外的安装方式

② 柜内冷却方式。柜内冷却方式是将整台变频器都安装在控制柜内。该冷却方式一般用于不方便使用柜外冷却的变频器。此时应采用强制通风的办法来保证柜内的散热。通常在

控制柜顶加装抽风式冷却风扇，风扇的位置应尽量在变频器的正上方。柜内安装风口位置如图 10-11 示。

3）变频器柜内安装设计要求。

变频器在控制柜内安装时，最好将变频器安装在控制柜的中部或下部，变频器的正上方和正下方应避免安装可能阻挡进风、出风的大部件，变频器四周距控制柜顶部、底部、隔板或其他部件的距离不应小于 300mm，变频器柜内安装位置如图 10-12 所示。

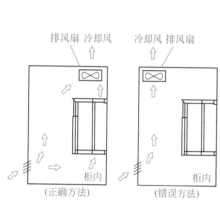

图 10-11　柜内安装风口位置

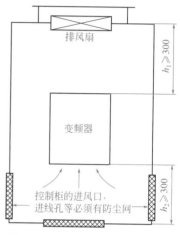

图 10-12　变频器柜内安装位置

4）控制柜通风、防尘要求。

控制柜应密封。控制柜顶部应设有出风口、防风网和防护盖；控制柜底部应设有地板、进线孔、进风口和防尘网。风道要设计合理，使排风通畅，不易产生积尘。控制柜的排风机的风口需设防尘网。

10.4.6　变频器安装注意事项

① 在搬运过程中要小心轻放，切勿碰撞；应用变频器侧面的扣孔进行搬运。

② 应选择清洁、干燥、无振动的安装场所，避免安装在日光直射及高温的场所，最高允许环境温度为 50℃。

③ 安装时，应使盖板上的铭牌处于操作者可见的方向；应将操作盘安装在易于操作的地方。

④ 电源端子 R、S、T 的接线可不必考虑相序问题，但是，输出端子 U、V、W 的接线应考虑相序问题，即当采用正转指令时，电动机旋转方向应正确。

⑤ 不允许将电源电压加到 U、V、W 端子上。

⑥ 在变频器的控制端子接线时应使用屏蔽线或绞合线，并应远离主电路或其他强电电路。

⑦ 由于频率设定信号属于微小电流信号，所以当需要接入触点时，为防止接触不良，应选用双并联触点。

⑧ 在主电路的电线端头上，应采用专门的压接端子头，以保证接触良好。

⑨ 用于接放电电阻的专用端子只能接入电阻，而不能接入其他任何元器件。

⑩ 为防止触电事故发生，要确保接地端子可靠接地。

⑪ 如果变频器的输入侧未设接触器，在启动开关处于启动状态下，发生短时间停电后，

再次通电，变频器会自动再启动。考虑机械动作变化的影响以及人身安全，可以设置一个接触器（有失电压保护作用）作为安全措施。

⑫ 在使用工频电源与变频器切换的过程中，应根据运转情况，调整相序，使电动机转动方向一致。

⑬ 由于频率设定信号和变频器内部的控制电路相连接，所以公共端子不能接地。

⑭ 不能将频率设定信号的电源端子与公共端子短路，否则将损坏变频器。

10.5　变频器的使用

10.5.1　变频器通电前的检查与空载通电检验

（1）变频器通电前应进行的检查

变频器在通电前，通常应进行下列检查。

1）检查变频器的安装空间和安装环境是否合乎要求，控制柜内应清洁、无异物。

2）检查铭牌上的数据是否与所控制的电动机相适应。

3）检查变频器的主电路接线和控制电路接线是否合乎要求。在检查接线过程中，主要应注意以下几方面的问题。

① 检查变频器主回路的进线端子（S、R、T）和出线端子（U、V、W）接线是否正确，进线和出线绝对不能接反。

② 变频器与电动机之间的接线不能超过变频器允许的最大布线距离，否则应加交流输出电抗器。

③ 交流电源线不能接到控制电路端子上。

④ 主电路地线和控制电路地线、公共端、中性线的接法是否合乎要求。

⑤ 在工频与变频相互转换的应用中，应注意电气与机械的互锁。

在检查中，要特别注意各接线端子的螺钉是否全部已经旋紧，检查时要用手轻轻拉动各导线，没有旋紧的，要补旋。

4）检查电源电压是否在容许值以内。

5）测试变频器的控制信号（模拟量和开关量）是否满足工艺要求。

（2）绝缘电阻检查

对主电路和接地端子之间进行绝缘电阻检查，如图 10-13 所示。在一般情况下，用 500V 级的绝缘电阻表进行检测，要求绝缘电阻的阻值大于 5MΩ。对控制电路，则不需要进行绝缘电阻检查。

（3）变频器的空载通电检验

① 将变频器的电源输入端子经过漏电保

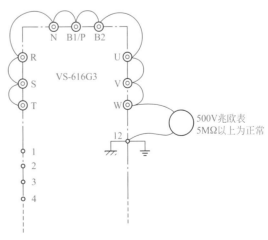

图 10-13　绝缘电阻检查

护开关接到电源上，以使机器发生故障时能迅速切断电源。

② 检查变频器显示窗的出厂显示是否正常。如果不正确，则复位。复位仍不能解决，则要求退换。

③ 熟悉变频器的操作键。关于这些键的定义参照有关产品的说明书。

10.5.2　变频器使用注意事项

① 应按规定接入电源，电压不得过高或过低。

② 不允许在变频器输出端子上输入电压或其他外部电源电压，否则将损坏变频器。特别是当变频器和电网电源转换运行时，一定要采取联锁措施。

③ 使用时，应保证环境温度符合要求，特别是安装在配电柜的变频器，应充分考虑配电柜的散热条件。

④ 不应用断路器或交流接触器直接进行电动机（变频器 - 电动机配合）的启动和停止操作，应用变频器上的运行 - 停止按钮（RUN-STOP）控制电动机的启动和停止。

⑤ 使用时，应在变频器的输入端接入改善功率因数用的交流电抗线圈。

⑥ 使用绝缘电阻表测试时，应按变频器说明书的要求进行。

⑦ 变频器不允许过载运行。如变频器热保护切断后，不允许立即复位使之返回运行状态。应查明原因，消除过载状态后方能再运行。如负载本身过大，则应考虑提高变频器的容量。

10.5.3　变频器操作注意事项

（1）准备工作

① 将面板上的运转开关拨到"STOP"。

② 将面板上的频率设定旋钮"FREQ.SET"往左（沿逆时针方向）旋到底。

③ 将变频器接通电源，约 0.5s 后频率显示成"00"。

④ 将运转开关拨到"RUN"。

⑤ 为确认电动机旋转方向，应将频率设定旋钮"FREQ.SET"沿顺时针方向稍加旋动（5～6Hz），输出频率在频率表中显示，若需要将其逆转，则应将断路器关断（OFF），再将输出端的任意两处换位。

（2）操作步骤

准备工作完成后，按下列步骤操作。

① 将频率设定旋钮徐徐向右转动，当频率上升到2Hz附近时，电动机应开始启动，继续旋转频率设定旋钮升高频率时，电动机转速也随之升高，当向右旋转到头，则频率上升到最高位置。对于小于最小频率分辨率的微小指令信号，输出频率不再变化。

② 当将频率设定旋钮向左（逆时针）返回时，频率下降，电动机转速下降。当频率下降到2Hz以下时，变频器输出停止，电动机自由转动、自制动后停止。

③ 频率设定旋钮如事先已置于右边某一位置，并保持不动，此时如接通变频器启动开关，则电动机将按面板上已设置的加速时间提高转速，并在到达所设置的频率点前保持连续运转。

④ 当过电流、过电压、瞬时停电、接地、短路等保护电路动作时，面板上的红色指示

灯亮，输出停止，保持这种状态直到电动机停止后，用下述方法复位。

a. 用断路器或接触器，将供电源切断一次后再接通。

b. 用控制电路的复位端子和公共端之间的复位开关短路一下（时间应大于 0.1s），再放开。

⑤ 频率计的指示（外接表）用刻度校正电位器调整，使之与面板上的数字显示值相同。

⑥ 在电动机运行中，如将启动开关关掉，则电动机将按减速设置盘上所设置的时间降低转速。当频率降至 2Hz 以下时，电动机自由旋转、自制动后停止。

10.5.4　变频器的运行

（1）变频器空载试运行

① 设置电动机的功率、极数，要综合考虑变频器的工作电流、容量和功率，根据系统的工况要求来选择设定功率和过载保护值。

② 设定变频器的最大输出频率、基频，设置转矩特性。如果是风机和泵类负载，要将变频器的转矩运行代码设置成变转矩和降转矩运行特性。

③ 将变频器设置为自带的键盘操作模式，按运行键、停止键，观察电动机是否能正常启动、停止。检查电动机的旋转方向是否正确。

④ 熟悉变频器运行发生故障时的保护代码，观察热保护继电器的出厂值，观察过载保护的设定值，需要时可以修改。

⑤ 变频器带电动机空载运行可以在 5Hz、10Hz、15Hz、20Hz、25Hz、35Hz、50Hz 等频率点进行。

（2）变频器带负载试运行

① 手动操作变频器面板的运行、停止键，观察电动机运行、停止过程变频器的显示窗，看是否有异常现象。

② 如果在启动 / 停止电动机过程中，变频器出现过电流动作，请重新设定加速 / 减速时间，当电动机负载惯性较大时，应根据负载特性设置运行曲线类型。

③ 如果变频器仍然存在运行故障，尝试增加最大电流的保护值，但是不能取消保护，应留有 10% ～ 20% 的保护余量。如果变频器运行故障仍没解除，应更换更大一级功率的变频器。

④ 如果变频器带动电动机在启动过程中达不到预设速度，可能有两种原因。

a. 系统发生机电共振（可以听电动机运转的声音进行判断）。采用设置频率跳跃值的方法，可以避开共振点。

b. 电动机的转矩输出能力不够。不同品牌的变频器出厂参数设置不同，在相同的条件下，带载能力不同。也可能因变频器控制方法不同，造成电动机的带载能力不同。或因系统的输出效率不同，造成带载能力有所不同。对于这种情况，可以增加转矩提升量的值。如果仍然不行，应改用新的控制方法。

⑤ 试运行时还应该检查以下几点。

a. 电动机是否有不正常的振动和噪声。

b. 电动机的温升是否过高。

c. 电动机轴旋转是否平稳。

d. 电动机升降速时是否平滑。

试运行正常以后，按照系统的设计要求进行功能单元操作或控制端子操作。

10.6 变频器的维护与保养

10.6.1 变频器的日常检查和定期检查

日常检查和定期检查主要目的是尽早发现异常现象，清除尘埃、紧固检查、排除事故隐患等。在通用变频器运行过程中，可以从设备外部目视检查运行状况有无异常，通过键盘面板转换键查阅变频器的运行参数，如输出电压、输出电流、输出转矩、电动机转速等，掌握变频器日常运行值的范围，以便及时发现变频器及电动机问题。

（1）日常检查

日常检查包括不停止变频器运行或不拆卸盖板进行通电和启动试验，通过目测变频器的运行状况，确认有无异常情况，通常检查以下内容。

① 键盘面板显示是否正常，有无缺少字符。仪表指示是否正确，是否有振动、振荡等现象。

② 冷却风扇部分是否运转正常，是否有异常声音等。

③ 变频器及引出电缆是否有过热、变色、变形、异味、噪声、振动等异常情况。

④ 变频器周围环境是否符合标准规范，温度与湿度是否正常。

⑤ 变频器的散热器温度是否正常。

⑥ 变频器控制系统是否有集聚尘埃的情况。

⑦ 变频器控制系统的各连接线及外围电气元件是否有松动等异常现象。

⑧ 检查变频器的进线电源是否异常，电源开关是否有电火花、缺相、引线压接螺栓松动等，电压是否正常。

⑨ 检查电动机是否有过热、异味、噪声、振动等异常情况。

（2）定期检查

定期检查时要切断电源，停止变频器运行并卸下变频器的外盖。主要检查不停止运转而无法检查的地方或日常难以发现问题的地方，电气特性的检查、调整等都属于定期检查的范围。检查周期根据系统的重要性、使用环境及设备的统一检修计划等综合情况来决定，通常为 6 ～ 12 个月。

开始检查时应注意，变频器断电后，主电路滤波电容器上仍有较高的充电电压，放电需要一定时间，一般为 5 ～ 10min，必须等待充电指示灯熄灭，并用电压表测试确认充电电压低于 DC25V 后才能开始作业。主要的检查项目如下。

① 周围环境是否符合规范。

② 用万用表测量主电路、控制电路电压是否正常。

③ 显示面板是否清楚，有无缺少字符。

④ 框架结构有无松动，导体、导线有无破损。

⑤ 检查滤波电容器有无漏液，电容量是否降低。高性能的变频器带有自动指示滤波电容容量的功能，由面板可显示出电容量，并且给出出厂时该电容的电容量初始值，并显示电

容量降低率，推算出电容器的寿命。普及型通用变频器则需要用电容量测试仪测量电容量，测出的电容量应大于初始电容量的 85%，否则应予以更换。

⑥ 电阻、电抗、继电器、接触器的检查，主要看有无断线。

⑦ 印制电路板检查应注意连接有无松动，电容器有无漏液，板上线条有无锈蚀、断裂等。

⑧ 冷却风扇和通风道检查。

10.6.2　变频器的基本测量

由于通用变频器输入/输出侧的电压和电流中含有不同程度的谐波含量，不同类别的测量仪表会测量出不同的结果，并有很大差别，甚至是错误的。因此，应区分不同的测量项目和测试点，选择不同类型的测量仪表。变频器主电路的测量项目见表 10-3。测量仪表接线图如图 10-14 所示。

此外，由于输入电流中包括谐波，功率因数不能用功率因数表进行测量，而应当采用实测的电压、电流值通过计算得到。

表 10-3　变频器主电路的测量项目

测定项目	测定位置（图 10-14）	测定值的基准
电源侧电压 U_1 和电流 I_1	R—S、S—T、T—R 之间和 R、S、T 中的线电流	通用变频器的额定输入电压和电流值
电源侧功率 P_1	R、S、T 和 R—S、S—T	$P_1 = P_{11}+P_{12}$（2 功率表法）
电源侧功率因数	测定电源电压、电源侧电流和功率后，按有功功率计算式计算，即 $\cos\varphi_1 = P_1/\sqrt{3}\,U_1 I_1$	
输出侧电压 U_2	U—V、V—W、W—U 之间	各相间的差应在最高输出电压的 1% 以下
输出侧电流 I_2	U、V、W 的线电流	各相的差应在变频器额定电流的 10% 以下
输出侧功率 P_2	U、V、W 和 U—V、V—W	$P_2 = P_{21}+P_{22}$，2 功率表法（或 3 功率表法）
输出侧功率因数	计算公式与电源侧的功率因数一样：$\cos\varphi_2 = P_2/\sqrt{3}\,U_2 I_2$	
整流器输出	P（+）和 N（-）之间	$1.35U_1$，再生时最大 850V（380V 级），仪表机身 LED 显示发光

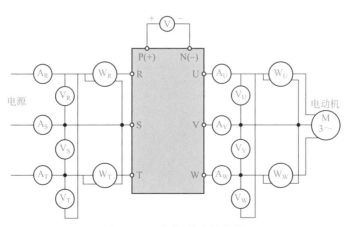

图 10-14　测量仪表接线图

10.6.3 变频器的保养

通用变频器在长期运行中，由于温度、湿度、灰尘、振动等使用环境的影响，内部零部件会发生变化或老化。为了确保变频器的正常运行，必须进行维护保养。通用变频器维护保养项目与定期检查的周期标准见表10-4。

表10-4 通用变频器维护保养项目与定期检查的周期标准

检查部位	检查项目	检查事项	检查周期		检查方法	使用仪器	判定基准
			日常	定期一年			
整机	周围环境	确认周围温度、相对湿度、有毒气体、油雾等	√		注意检查现场情况是否与变频器防护等级相匹配。是否有灰尘、水汽、有害气体影响变频器。通风或换气装置是否完好	温度计、湿度计、红外线温度测量仪	温度在 -10 ~ 40℃内、相对湿度在90%以下，不凝露。如有积尘，应用压缩空气清扫，并考虑改善安装环境
	整机装置	是否有异常振动、温度、声音等	√		观察法和听觉法，振动测量仪	振动测量仪	无异常
	电源电压	主回路电压、控制电源电压是否正常	√		测定变频器电源输入端子排上的相间电压和不平衡度	万用表、数字式多用仪表	根据变频器的不同电压级别，测量线电压，不平衡度 ≤ 3%
主回路	整体	检查接线端子与接地端子之间的绝缘电阻		√	拆下变频器接线，将端子 R、S、T、U、V、W 一起短路，用绝缘电阻表测量它们与接地端子之间的绝缘电阻	500V 绝缘电阻表	接线端子与接地端子之间的绝缘电阻应大于 5MΩ
		各个接线端子有无松动		√	加强紧固件		没有异常
		各个零件有无过热的迹象		√	观察连接导体、导线		没有异常
		清扫	√		清扫各个部位		无油污
	连接导体、电线	导体有无移位		√	观察法		没有异常
		电线表皮有无破损、劣化、裂缝、变色等		√			
	变压器、电抗器	有无异味、异常声音	√	√	观察法和听觉法		没有异常
	端子排	有无脱落、损伤和锈蚀		√	观察法		没有异常。如果锈蚀，则应清洁，并减少湿度
	IGBT 模块、整流模块	检查各端子之间电阻、测漏电流		√	拆下变频器接线，在端子 R、S、T 与 P、N 之间，U、V、W 与 P、N 之间用万用表测量	指针式万用表	
	滤波电容器	有无漏液	√		观察法	电容表、LCR 测量仪	没有异常
		安全阀是否突出、表面是否有膨胀现象	√				电容量为额定容量的85%以上，与接地端子的绝缘电阻不少于 5MΩ。有异常时及时更换新件，一般寿命为 5 年
		测定电容量和绝缘电阻		√	用电容表测量		

检查部位	检查项目	检查事项	检查周期 日常	检查周期 定期一年	检查方法	使用仪器	判定基准
主回路	继电器、接触器	动作时是否有异常声音	√		观察法、用万用表测量	指针式万用表	没有异常。有异常时，及时更换新件
		触点是否有氧化、粗糙、接触不良等现象		√			
	电阻器	电阻的绝缘是否损坏		√	观察法	万用表、数字式多用仪表	没有异常
		有无断线	√	√	对可疑点的电阻拆下一侧连接，用万用表测量		误差在标称阻值的±10%以内。有异常应及时更换
控制回路、电源、驱动与保护回路	动作检查	变频器单独运行		√	测量变频器输出端子U、V、W相间电压、各相输出电压是否平衡	数字式多用仪表、整流型电压表	相间电压平衡200V级在4V以内、400V级在8V以内。各相之间的差值应在2%以内
		顺序做回路保护动作试验、显示，判断保护回路是否异常		√	模拟故障，观察或测量变频器保护回路输出状态		显示正确、动作正确
	零件	全体 有无异味、变色		√	观察法		没有异常。如电容器顶部有凸起、体部中间有膨胀现象，则应更换
		全体 有无明显锈蚀		√			
		铝电解电容器 有无漏液、变形现象		√			
冷却系统	冷却风扇	有无异常振动、异常声音	√	√	在不通电时用手拨动，旋转		没有异常。有异常时及时更换新件，一般使用2～3年应考虑更换
		接线有无松动			加强固定		
		是否需要清扫			必要时拆下清扫		
显示	显示	显示是否缺损或变淡	√		检查LED的显示是否有断点		确认其能发光。显示异常或变暗时更换新板
		是否需要清扫		√	用棉纱清扫		
	外接仪表	指示值是否正常	√		确认盘面仪表的指示值满足规定值	电压表、电流表等	指示正常
电动机	全部	是否有异常振动、温度和声音	√	√	听觉、触觉、观察		没有异常
		是否有异味			由于过热等产生的异味		
		是否需要清扫			清扫		无污垢、油污
	绝缘电阻	全部端子与接地端子之间、外壳对地之间	√		拆下U、V、W的连接线	500V绝缘电阻表	应在5MΩ以上

10.7 变频器与变频调速系统的常见故障及排除方法

10.7.1 变频器的常见故障及排除方法

变频器的常见故障及排除方法见表 10-5。

表 10-5 变频器的常见故障及排除方法

故障部位	故障与分析	排除方法
主电路	① 送电跳闸，原因是误将（N-）作为接地线连接 ② 送电时将整流模块击穿，引起跳闸 ③ 由于误触发，引起变频器内部短路 ④ 主电路绝缘介质损坏对地短路 ⑤ 自整定不良	① 改变接线 ② 在进线端加装交流电抗器 ③ 在门极触发信号线前端加装限波器 ④ 修复绝缘结构 ⑤ 重新自整定
控制电路	① 存储器异常 ② 面板通信异常 ③ 过电流报警 ④ 过电压报警 ⑤ 欠电压报警 ⑥ 散热片过热报警	① 更换新控制板 ② 更换操作面板或控制板 ③ 更换电源板或模块 ④ 将减速时间延长或加制动单元和制动电阻 ⑤ 加大电源容量或正确操作 ⑥ 检修散热风扇或更换控制板
驱动电路	① 三相输出电压不平衡，引起电动机抖动 ② 电源板上的开关电源坏，通电以后无显示 ③ 模块坏，引起电动机运转时抖动 ④ 电源板未给控制板供电	① 更换电源板 ② 更换电源板 ③ 更换模块 ④ 更换电源板
现场常见的问题	① 变频器过载 ② 配线太长，造成跳闸，或产生电涌电压 ③ 不应采用电源 ON/OFF 方法控制 ④ 噪声或安全有问题	① 减小负载，或重新设置转矩提升值 ② 减短配线或加滤波器 ③ 改进操作方法 ④ 可靠接地

10.7.2 变频调速系统的常见故障及排除方法

（1）过电流故障

① 负载原因。

过电流故障负载原因有以下几种。

a. 电动机堵死。可把电动机电源线从变频器上拆下，有时工频启动也会失败。检查处理好电动机所带负载的问题。

b. 电动机负载增大，致使变频器过电流故障。非正常负载增大，检查处理负载增大的问题。正常性负载增大，必要时更换较大功率的变频器。

c. 电动机突发性负载增大，导致过电流故障。若故障属于偶然性，可以继续工作；若属于经常性，应检查解决突发性负载增大的问题。

d. 电动机内部损坏或电缆线破损，引起过电流故障。检查电动机，如果在变频器停机后发热严重，要更换电动机。

② 参数设定原因。

a. 加减速时间设定的时间过短，要重新设定合适的数值。

b. 转矩补偿设定过大，启动和升速时产生过电流，要重新设定。

（2）过电压故障

① 电源电压过高。

a. 测量变频器电源输入端，其电压超出正常值范围。检查电源电压偏高的原因，并处理，使其回到正常值范围。

b. 当测量电源电压时，其值正常，由于电网负载突变，使电网供电电压波动，产生较高的电源电压。这是暂时性现象，变频器可以继续启动运行。

② 降速时间过短。应调整减速时间，考虑增设制动电阻和制动单元。

③ 制动电阻和制动单元工作不理想。检查制动单元是否正常工作，如果制动单元正常，复验所用的制动电阻是否合适。

④ 负载突然减小或空载。电动机所带负载突然甩掉所引起。此时检查传动部分引起负载突然甩掉的原因。

（3）欠电压故障

这种故障除变频器原因外，主要由于变频器电源电压过低所致。变频器电源电压过低的原因有以下几种。

① 由于电网电压过低所致。

② 当变频器运行时电源电压正常，而在带负载运行时电源电压过低，是由于电源线路所致，必须检查电源电缆线路是否合适，电源控制部分如电源开关、熔丝等是否有接触不良现象。

10.8　变频器应用实例

10.8.1　变频器正转控制电路

（1）正转运行的基本控制电路

变频器在日常应用中，大部分情况下，只要求电动机正转运行，其基本控制电路如图 10-15 所示。

工作时，首先通过接触器 KM 的主触点接通变频器的电源，然后通过继电器 KA 的常开（动合）触点将正转 FWD 与公共端 CM（或 COM）相接，电动机即开始正转。

（2）电动机的启动

① 上电启动。上电启动是指通过接通电源直

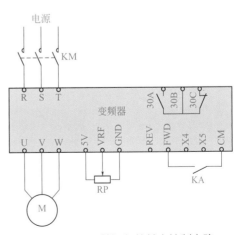

图 10-15　正转运行的基本控制电路

接启动电动机，如图 10-16（a）所示。变频器一般也可以采用上电启动，但是大多数变频器不希望采用这种方式来启动电动机，即一般不使用接触器 KM 来直接控制电动机的启动和停止。其原因包括：a. 容易误动作；b. 电动机容易自由制动。例如，当通过接触器 KM 切断电源来停机时，变频器将很快因欠电压而封锁逆变电路，电动机将处于自由制动状态，不能按预先设置的降速时间来停机。

但是，有的变频器经过功能预置，可以选择上电启动。

② 常用启动方式。

a. 键盘控制。键盘控制如图 10-16（b）所示，按下面板上的"RUN"键或"FWD"键，电动机即按预置的加速时间加速到所设定的频率。

b. 端子启动。端子启动（外接启动）如图 10-16（c）所示，在该图中采用继电器 KA，使变频器控制端子中的"FWD"（正转）端子和"CM"端子之间接通；或使"REV"（反转）端子和"CM"端子之间接通。

在停止状态下，如果接通"FWD"端子和"CM"端子，则变频器的输出频率开始按预置的升速时间上升，电动机随频率的上升而开始启动。

在运行状态下，如果断开"FWD"端子和"CM"端子，则变频器的输出频率将按预置的降速时间下降为 0Hz，电动机降速并停止。

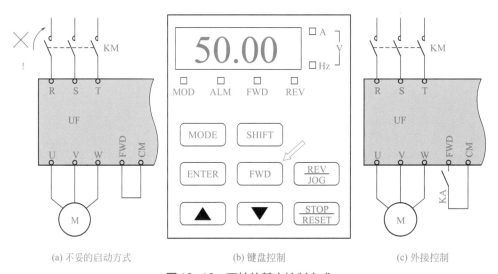

图 10-16　正转的基本控制方式

（3）采用外接继电器控制变频器驱动电动机正转运行的控制电路（1）

采用外接继电器控制变频器驱动电动机正转运行控制电路如图 10-17 所示。该控制电路中，接触器 KM 只用来控制变频器是否通电，而电动机的启动与停止是由中间继电器 KA 来控制的。

由图 10-17 可知，在接触器 KM 和中间继电器 KA 之间，有两个互锁环节。在接触器 KM 未吸合前（即未接通变频器电源前），中间继电器 KA 不能接通，从而防止了先接通继电器 KA 的误动作。另外，当中间继电器 KA 接通时，其并联在按钮 SB1 两端的常开触点 KA 闭合，使接触器 KM 的停止按钮 SB1 失去作用，这样保证了只有在电动机先停机的情况下，才能使变频器切断电源。

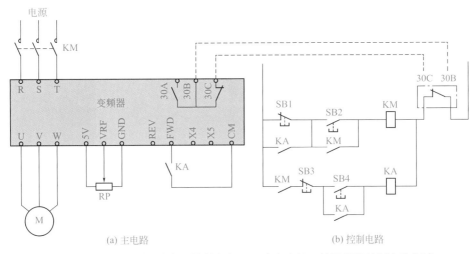

(a) 主电路　　　　　　　　　　　　　(b) 控制电路

图 10-17　采用外接继电器控制变频器驱动电动机正转运行的控制电路（1）

（4）采用外接继电器控制变频器驱动电动机正转运行的控制电路（2）

图 10-18 也是一种采用外接继电器控制变频器驱动电动机正转运行的控制电路。该控制电路中，断路器 QF 的作用是控制变频器总电源的通断电，不作为变频器的工作开关。当变频器长时间不用或维护保养时，应将此断路器断开，因此该断路器必须采用具有明显通断标志的产品。接触器 KM 只用来控制变频器是否通电，而电动机的启动与停止是由继电器 KA 来控制的。接触器 KM 和继电器 KA 可以方便地实现互锁控制和远程操作。控制电路中的 SB1 和 SB2 为变频器通、断电按钮，当按下 SB1 时，接触器 KM 的线圈通电，其主触点闭合，变频器通电；当按下 SB2 时，接触器 KM 的线圈失电，其主触点断开，变频器断电。

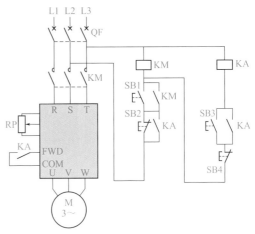

图 10-18　采用外接继电器控制变频器驱动电动机正转运行的控制电路（2）

电动机的正向转动由按钮 SB3 控制，电动机的停止由按钮 SB4 控制。由图 10-18 可知，继电器控制回路的电源由接触器线圈的两端引出，这就保证了只有接触器线圈得电吸合，保证变频器通电后，按下按钮 SB3，继电器 KA 的线圈才能得电吸合，其触点将变频器的 FWD 端子与 COM 端子接通，电动机正向转动。与此同时，中间继电器的另一动合触点封锁（短路）按钮 SB2，使其不起作用，这就保证了只有在电动机先停机的情况下，才能使变频器切断电源。

当需要停止时，必须先按下按钮 SB4，使继电器 KA 的线圈失电，其动合触点断开，将变频器的 FWD 端子与 COM 端子断开，电动机减速停止，与此同时，封锁按钮 SB2 的继电器动合触点 KA 复位（断开）。这时才可按下按钮 SB2，使接触器 KM 线圈失电，其主触点断开，变频器断电。由此可知，变频器的通断电是在停止输出状态下进行的，在运行状态下一般不允许切断电源。

10.8.2　变频器正反转控制电路

（1）改变电动机旋转方向的方法

① 改变相序。一般情况下，人们习惯于通过改变相序来改变三相异步电动机的旋转方向。但是，在使用变频器的情况下，需要注意以下几点。

a. 如图10-19（a）所示，交换变频器进线的相序是没有意义的，因为变频器的中间环节是直流电路，所以，变频器输出电路的相序与变频器输入电路的相序之间是毫无关系的。

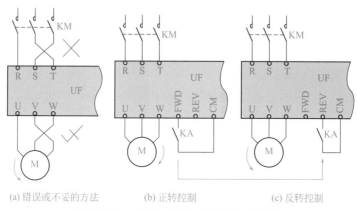

图 10-19　改变电动机旋转方向的方法

b. 如图10-19（a）所示，交换变频器输出线的相序是可以的，但却不是最佳方案。因为从变频器到电动机的电流比较大，导线比较粗，要改变主电路的相序，一般需要两个接触器，是比较费事的。

② 改变控制端子。变频器的输入控制端子中，有"正转控制端"（FWD）和"反转控制端"（REV）。如果需要改变电动机的转向，则分别将控制端子按图10-19（b）和（c）进行接线即可。

③ 改变功能预置。例如，康沃CVF-G2系列变频器中，功能码"b-4"用于预置"转向控制"。数据码为"0"时是正转，数据码为"1"时是反转。

（2）变频器正反转控制电路原理

变频器正反转控制电路如图10-20所示。在该控制电路中，接触器仍只作为变频器的通、断电控制，而不作为变频器运行与停止控制，因此断电按钮SB2仍由中间继电器KA1和KA2封锁（短路）。其中KA1为正转继电器，用于连接变频器的FWD端子和COM端子，从而控制电动机的正转运行；KA2为反转继电器，用于连接变频器的REV端子和COM端子，从而控制电动机的反转运行。按钮SB1、SB2用于控制接触器的接通或断开，从而控制变频器的通电或断电。按钮SB3为正转启动按钮，用于控制正转继电器KA1的吸合。按钮SB4为反转启动按钮，用于控制反转继电器KA2的吸合。按钮SB5为停止按钮，用于切断继电器KA1和KA2线圈的电源。另外，在继电器KA1和KA2各自的线圈回路中互相串联对方的一副动断辅助触点KA2和KA1，以保证继电器KA1和KA2的线圈不会同时通电。这两副动断辅助触点在电路中起互锁作用。

当按下按钮SB1时，接触器KM线圈得电吸合（通过KM的动合辅助触点）并自锁，其

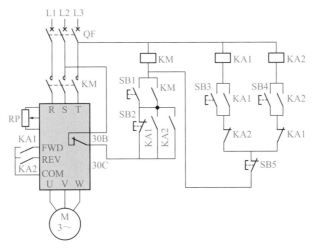

图 10-20 　变频器正反转控制电路

主触点闭合，变频器处于通电待机状态。这时如果按下正转启动按钮 SB3，正转继电器 KA1 线圈得电吸合（通过 KA1 的动合辅助触点）并自锁，其动合触点 KA1 接通变频器的 FWD 端子，电动机正转，与此同时，其动断辅助触点 KA1 断开，使反转继电器 KA2 线圈不能得电。如果要使电动机反转，应先按下 SB5，使继电器 KA1 线圈失电释放，其动合触点复位（断开），使变频器的 FWD 端子与 COM 端子断开，电动机降速停止，然后再按下反转启动按钮 SB4，反转继电器 KA2 线圈得电吸合（通过 KA2 的动合辅助触点）并自锁，其动合触点 KA2 接通变频器的 REV 端子，电动机反转，与此同时，其动断辅助触点 KA2 断开，使正转继电器 KA1 线圈不能得电。

不管电动机是正转运行还是反转运行，其两个继电器的另一副动合辅助触点 KA1、KA2 都将总电源停止按钮 SB2 短路。

10.8.3　用继电器-接触器控制实现变频器工频与变频切换的控制电路

在交流变频调速系统中，根据工艺要求，常常需要选择"工频运行"或"变频运行"。例如：一些关键设备在投入运行后就不允许停机，否则会造成重大经济损失，这些设备如果由变频器拖动，则变频器一旦出现异常，应马上将电动机切换到工频电源；另外，有一类负载，应用变频器拖动，是为了变频调速节能，如果变频器达到接近工频输出（即电动机不需要变频调速）时，就失去节能的作用，这时应将变频器切换到工频运行，反之，当需要电动机调速时，就应将工频电网运行切换到变频器上运行。因此，工频 - 变频切换电路是一种常用电路。而且还应注意，工频 - 变频切换时，工频电网与变频器输出的相序必须一致。

用继电器 - 接触器控制实现变频器工频与变频切换的控制电路如图 10-21 所示。

（1）工频运行

在图 10-21 中，由于在工频运行时，变频器不能对电动机提供过载保护，所以主电路中接入热继电器 FR，用于工频运行时的过载保护。同时，由于变频器输出端不允许与电源相连，所以，接触器 KM2 与 KM3 之间必须有互锁保护，防止这两个接触器同时接通。接触

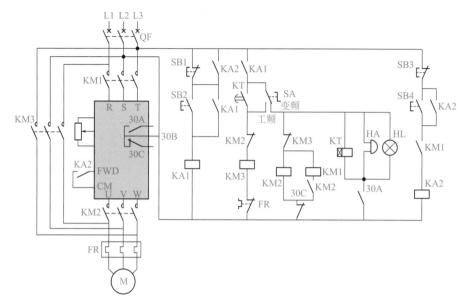

图 10-21　用继电器－接触器控制实现变频器工频与变频切换的控制电路

器 KM3 为工频运行接触器，当 KM3 主触点闭合时，电动机由工频电网供电。SA 为变频、工频切换旋转开关。当将旋转开关 SA 转到"工频运行"方式（即转到接触器 KM3 的线圈所在支路）时，按下总电源控制按钮 SB2，中间继电器 KA1 线圈得电吸合，其一组动合触点 KA1 闭合，实现 KA1 的自锁（自保持）；另一组动合触点 KA1 闭合，将接触器 KM3 线圈接通。KM3 线圈得电吸合，其主触点闭合，电动机由工频供电运行，与此同时，接触器 KM3 的动断辅助触点断开，切断了接触器 KM2 线圈所在的支路，实现了 KM3 与 KM2 的互锁。

当按下停止按钮 SB1 时，中间继电器 KA1 失电释放，其动合触点 KA1 断开（复位），接触器 KM3 的线圈也失电释放，KM3 的主触点断开，电动机停止运行。

（2）变频运行

当将旋转开关 SA 转到"变频运行"方式（即转到变频控制支路）时，按下总电源控制按钮 SB2，中间继电器 KA1 线圈得电吸合，其一组动合触点 KA1 闭合，实现 KA1 的自锁；另一组动合触点 KA1 闭合，将接触器 KM2 线圈接通。KM2 线圈得电吸合，KM2 的动合辅助触点闭合，使接触器 KM1 线圈得电吸合，即 KM2 吸合后 KM1 吸合，两接触器主触点闭合将变频器与电源和电动机接通，使其处于变频运行的待机状态，此时，串联在中间继电器 KA2 支路中的 KM1 的一组动合辅助触点闭合，为变频器启动做准备。与此同时，接触器 KM2 的动断辅助触点断开，切断了接触器 KM3 线圈所在的支路，实现了 KM2 与 KM3 的互锁。

当按下变频器工作按钮 SB4 时，中间继电器 KA2 线圈得电吸合，其一组动合触点将 SB4 短路自保，另一组动合触点接通变频器的 FWD 与 CM 端子，电动机正向转动。此时 KA2 还有一组动合触点将总电源停止按钮 SB1 短路，使它失效，以防止用总电源停止按钮停止变频器。

当变频器需要停止输出时，按下停止按钮 SB3，中间继电器 KA2 线圈失电释放，KA2 所有的动合触点断开，变频器的 FWD 与 CM 端子开路，变频器停止输出，电动机停止运行。如按下总电源停止按钮 SB1，中间继电器 KA1 释放，接触器 KM2、KM3 均释放，变频器断电。

（3）故障保护及切换

当变频器工作时，由于电源电压不稳定、过载等异常情况发生时，变频器的集中故障报警输出触点 30A、30C 动作。30C 动断触点由接通转为断开（此时变频器停止输出，电动机处于空转运行），接触器 KM1、KM2 线圈失电释放，其主触点断开，将变频器与电源及电动机切除；与此同时，30A 动合触点闭合，将通电延时继电器 KT、报警蜂鸣器 HA、报警灯 HL 与电源接通，发出声光报警。延时继电器通过一定延时，其延时动合触点将接触器 KM3 线圈接通，KM3 主触点闭合，电动机切换到由工频供电运行。当操作人员发现报警后，将 SA 开关旋转到工频运行位置，声光报警停止，时间继电器 KT 线圈断电释放。

10.8.4　用PLC控制变频器的输出频率和电动机的旋转方向

图 10-22 是用 PLC 控制变频器的输出频率和电动机的旋转方向的接线图，在该电路图中，PLC 的输入继电器 X0 和 X1 用来接收按钮 SB1 和 SB2 的指令信号，通过 PLC 的输出点 Y10 控制变频器电源的接通与断开；三位置旋钮开关 SA1 通过 PLC 输入继电器 X2 和 X3 控制电动机的正转、反转运行或停止。"正转运行 / 停止"开关接通时，电动机正转运行，断开时停机；"反转运行 / 停止"开关接通时，电动机反转运行，断开时停机。变频器的输出频率由接在模拟量输入端 A1 的电位器控制。用 PLC 控制变频器的输出频率和电动机的旋转方向的 PLC 梯形图如图 10-23 所示。

当按下"接通电源"按钮 SB1 时，PLC 的输入继电器 X0 变为"1"状态，使 PLC 的输出继电器 Y10 的线圈通电并保持，使接触器 KM 线圈得电吸合，其主触点闭合，接通变频器的电源。

当按下"断开电源"按钮 SB2 时，PLC 的输入继电器 X1 变为"1"状态，如果 PLC 的输入继电器 X2 和 X3 均为"0"状态（三位置旋转开关 SA1 在中间位置），即变频器还未运行，则 PLC 的输出继电器 Y10 被复位，使接触器 KM 线圈断电释放，其主触点断开，使变频器

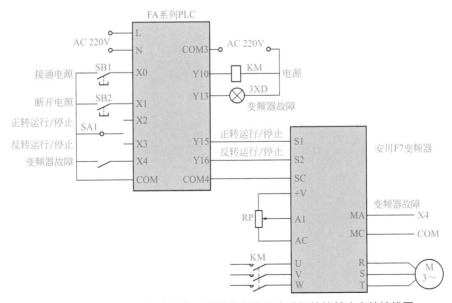

图 10-22　用 PLC 控制变频器的输出频率和电动机的旋转方向的接线图

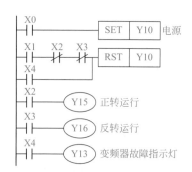

图 10-23　用 PLC 控制变频器的输出频率和电动机的旋转方向的梯形图

的电源被切断。

　　当变频器出现故障时，PLC 输入继电器 X4 变为"1"状态，X4 的常开触点接通，也使 Y10 复位，使接触器 KM 线圈断电释放，其主触点断开，使变频器的电源被切断。

　　当电动机正转或反转运行时，因为 PLC 输入继电器 X2 或 X3 已经变为"1"状态，X2 或 X3 的常闭触点断开，使"断开电源"按钮 SB2 和 PLC 输入继电器 X1 不起作用，以防止在电动机运行时切断变频器的电源。

　　将三位置旋转开关 SA1 旋至"正转运行"位置，PLC 输入继电器 X2 变为"1"状态，使 PLC 输出继电器 Y15 动作，变频器的 S1 端子被接通，电动机正转运行。

　　将 SA1 旋至"反转运行"位置，PLC 输入继电器 X3 变为"1"状态，使 PLC 输出继电器 Y16 动作，变频器的 S2 端子被接通，电动机反转运行。

　　将 SA1 旋至中间位置，PLC 输入继电器 X2 和 X3 均为"0"状态，使 PLC 输出继电器 Y15 和 Y16 的线圈断电，变频器的 S1 和 S2 端子都处于断开状态，电动机停机。

零基础电工入门与实战

参考文献

[1] 高玉奎. 维修电工手册. 北京：中国电力出版社，2012.

[2] 邓力等. 工业电气控制技术. 北京：科学出版社，2013.

[3] 孙克军. 维修电工技术问答. 第2版. 北京：中国电力出版社，2015.

[4] 孙克军. 精讲电动机控制电路. 北京：中国电力出版社，2017.

[5] 杜增辉等. 变频器选型、调试与维修. 北京：机械工业出版社，2018.

[6] 张振国. 工厂电气与PLC控制技术. 第5版. 北京：机械工业出版社，2017.

[7] 田淑珍. 电机与电气控制技术. 北京：机械工业出版社，2012.

[8] 张还. 三菱FX系列PLC原理、应用与实训. 北京：机械工业出版社，2017.

[9] 刘昌明. 建筑供配电与照明技术. 北京：中国建筑工业出版社，2013.

[10] 刘振全. 西门子PLC从入门到精通. 北京：化学工业出版社，2018.

[11] 徐第. 物业电工上岗技能一读通. 北京：机械工业出版社，2014.

[12] 孙克军. 维修电工实用技术300问. 北京：机械工业出版社，2018.